建筑施工百问系列丛书

建筑节能技术

北京建工培训中心　组织编写

中国建筑工业出版社

图书在版编目（CIP）数据

建筑节能技术/北京建工培训中心组织编写. —北京：中国建筑工业出版社，2011.11
（建筑施工百问系列丛书）
ISBN 978-7-112-13601-8

Ⅰ.①建… Ⅱ.①北… Ⅲ.①建筑-节能-问题解答 Ⅳ.①TU111.4-44

中国版本图书馆 CIP 数据核字（2011）第 192176 号

建筑施工百问系列丛书
建筑节能技术
北京建工培训中心　组织编写
*
中国建筑工业出版社出版、发行（北京西郊百万庄）
各地新华书店、建筑书店经销
霸州市顺浩图文科技发展有限公司制版
北京圣夫亚美印刷有限公司印刷
*
开本：850×1168 毫米　1/32　印张：10⅜　字数：279 千字
2012 年 1 月第一版　　2012 年 1 月第一次印刷
定价：**26.00** 元
ISBN 978-7-112-13601-8
（21311）

本书是“建筑施工百问系列丛书”之一。作者以建筑节能技术为专题，对工程中所涉及人的各类问题作了详细解答。主要内容有：建筑节能基本知识、建筑墙体节能技术、建筑幕墙节能技术、建筑屋面节能技术等。语言力求通俗易懂、图文并茂，便于基层技术、管理人员和操作人员掌握，起到自学辅导用书的作用，同时也可作为技术培训参考用书。

* * *

责任编辑：周世明
责任设计：张　虹
责任校对：肖　剑　王雪竹

北京建工培训中心
《建筑施工百问系列丛书》
编写委员会

主任委员： 张云方

副主任委员： 马建立　张武波　姜　伟　李　巍

顾　　问： 杨嗣信　王庆生　侯君伟　刘东兴　钟为德　樊存曾

委　　员：（按姓氏笔画排序）

马守仁　王小瑞　王友祥　王金富　王玲莉
牛　犇　邓春方　申晋忠　乔聚甫　刘国明
刘昌武　孙　强　孙晓明　孙晓玲　孙朝阳
杜长青　李　静　李志斌　李晓烨　杨立萍
张长胜　张玉荣　陆　岑　陈长华　罗京石
郝振国　袁　嫄　袁志旭　徐　伟　徐冠男
高　原　高军芳　高晓茹　黄都育　常　宏
梁建刚　鲁　锐

本册主编： 王庆生　黄都育　孙晓玲

前　言

根据国内建筑市场的发展需要，为了使广大从事建筑施工的人员能对当前新材料、新工艺、新技术的飞速发展，以及对国家和行业规范规程不断更新的现状有一个比较深入全面的了解与掌握，北京建工培训中心在多年从事建筑施工人员岗位培训的基础上，邀请组织集团资深技术人员和顾问专家编写建筑施工百问系列丛书。该系列分：地基和基础工程、砌筑工程、混凝土结构工程（包括模板、钢筋、预应力、混凝土工程）、钢结构工程、防水工程（包括地下、屋面、楼层防水）、装饰装修工程、给排水及建筑设备安装工程、建筑电气安装工程、建筑节能技术、测量工程。

这次组织编写的内容，采取一问一答的形式，力求所答的内容做到“新”即符合新标准，属于新技术；“详”即问题回答详细，通俗易懂，目的是既便于基层技术管理人员掌握，也使操作人员能看懂，起到继续再教育的作用。

本系列丛书在编写中正处于国家行业标准大量修订中，本书编写尽量采用新标准。另外，由于编写者水平限制，难免存在挂一漏万和错误，恳请广大读者指正。

目　　录

一、建筑节能基本知识

1-1 什么是建筑节能？什么是节能建筑？

建筑节能是活动，节能建筑是成果。

建筑节能的活动是与时俱进的，早在20世纪80年代开展建筑节能，学习发达国家的做法，主要是指节约和减少建筑使用中的能耗，即建筑供暖、空调、通风、热水、炊事、照明、家电等方面的能耗。但随着世界能源问题的凸显和人们认识的提高，建筑节能含义有所拓展，即在建筑中合理使用和有效利用化石能源，提高能源利用效率，积极倡导利用可再生能源。如今，随着绿色建筑的倡导，建筑节能应赋予新的含义：即在保证建筑物舒适度和减少温室气体排放的前提下，从项目初期规划、建筑材料的确定及生产、建筑物建造及使用过程直至拆除的环境保护、能源及可再生能源的综合利用。

节能建筑也是有时代和地域特征的。当前节能建筑可以认为是遵循气候设计和节能的基本方法；但随着绿色建筑的发展，节能建筑应赋予新的含义，即建筑物应在满足人们不断增长的物质和精神生活的需求和减少温室气体排放的前提下，实现建筑物全生命周期规划、设计、使用与自然协调，满足低能耗的要求。

节能建筑是在满足使用功能的前提下，通过对建筑整体规划分区、群体和单体、建筑朝向、间距、太阳辐射、风向以及外部空间环境进行研究；对建筑用能给予综合评判和优化；考虑建筑使用管理等综合因素后，设计出的建筑可视为节能建筑。因此建筑节能的关键是项目的前期调研、规划和后期使用管理。

1-2 什么是绿色建筑？

绿色建筑系指在建筑的全寿命周期内，最大限度地节约资源（节能、节地、节水、节材）、保护环境和减少污染，为人们提供健康、适用和高效的使用空间与自然和谐共生的建筑。

1-3 建筑节能的意义是什么？

目前，建筑能耗约占全社会商品能耗的30%，并将继续上升，建筑能源需求快速增长问题已经成为制约国民经济发展和全面建设小康社会的主要因素之一。建筑节能作为节约能源的重点领域，在现阶段党中央、国务院号召降低单位国内生产总值GDP能耗的重要时期，对节能工作意义十分重大。

1. 可以减少常规能源的使用

建筑节能主要通过采取各种节能措施，提高建筑物的保温隔热性能和用能系统的运行效率，从而提高能源使用效率，减少能源的消耗量。此外，建筑节能强调在资源许可的条件下，提倡充分利用可再生能源进行建筑的采暖、制冷和生活热水供应，以及照明和发电等。

2. 可以有效改善大气环境

我国的建筑用能结构以煤炭为主，而且各类建筑面积持续增长，建筑能耗的加剧显著增加了二氧化碳排放量，建筑用能已成为大气污染的主要因素。而通过建筑节能的途径，可以有效减少常规能源的使用量，尤其是煤炭的消耗，从而减少排放二氧化碳、二氧化硫和粉尘等污染物，对于改善大气环境质量具有直接的作用。

3. 可以改善生活和工作环境

20世纪六七十年代，因片面强调降低建筑造价，节约一次投资（即建造费用），只保证安全，不考虑保温，各地都盲目减薄了外墙厚度，致使建筑物的保温隔热性能很差，采暖系统热效率低，存在严重的挂霜、结露和冷（热）桥现象，单位建筑面积采暖能耗很高，并且居住环境的热舒适性较差。通过开展建筑节能工作，对既有建筑物进行节能改造，改善围护结构保温隔热性能，提高供热系统效率，一方面可以降低建筑能耗，另一方面可以增强居住和生活空间的舒适性。综上所述，建筑节能对于实现国家节能战略目标、保证国家能源安全方面具有非常重要的作用。

4. 可以延长建筑物的使用寿命

在自然环境不断变化的条件下，建筑围护结构的有效保温隔热能改善建筑物的生态条件，减少墙体等材料因受外界气候变化，所带来的耐久性的降低，延长建筑主体结构的使用寿命。同样建筑节能智能化的控制，也有利于建筑物使用寿命的改善。

1-4　什么是温室气体?

联合国有一个政府间气候变化专门委员会（IPCC）。这个委员会的 3000 多名著名专家于 1990 年提出的气候变化第一次评估报告中指出，在过去的 100 多年中，全球地面平均温度提高了 0.3℃～0.6℃。英国采用全球 2000 个陆地观测站的大约 1 亿个数据以及 6000 万个海洋观测数据，并对城市热岛效应做了校正后的结果分析表明，1981～1990 年全球平均气温比 100 年前的 1861～1880 年上升了 0.48℃。

地球温度升高 0.5℃、1℃，有人可能以为这算不了什么，其实这是一个十分惊人的数字。要知道，这是全世界温度的平均数。由于体积极为巨大，地球表面的平均温度只要升高一点点，也需要非常非常多的热量。从 18000 年前最近一次的冰河期到现在，即大约平均用了 1000 年，地球温度才升高 0.5℃。而最近这 100 来年就已经升高了约 0.5℃。也就是说，最近一个世纪地球实际升温速度比以往加快了 10 倍！问题是这才只是地球气候变暖的开端，严重得多的灾祸随后正在到来，在能源高速消耗的同时也是能源枯竭的来临。预计到 21 世纪末，地球表面平均温度比现在还要提高 1.4℃～5.8℃，变暖的过程将比过去 100 万年发生的更快，这对人类和生物界是个极为严重的威胁。

许多检测结果也证明了地球越来越暖的事实。中美等国科学家在喜马拉雅山希夏邦马峰的达索普冰川钻取冰样分析表明，20 世纪 90 年代至少是最近 1000 年中最热的 10 年。世界气象组织 2000 年年底发表公报，指出自有全球平均气温统计的 1860 年以来的 140 年中，10 个全球平均高峰年中有 8 个出现在 1990 年以后，其中 1998 年是最热的年份，创历史最高水平。在中国，自 1986 年出现明显的暖冬不断，2001～2002 年已是第 16 个暖冬年。

专家们研究发现，地球变暖是人类活动产生的温室效应造成的结果。产生温室效应的气体统称为温室气体（greenhouse gas）。大气中能产生温室效应的气体已经发现有近 30 种，二氧化碳（CO_2）和其他微量气体如甲烷（CH_4）、一氧化二氮（N_2O）、臭氧（O_3）、氯氟碳（CFC）以及水蒸气等一些气体就是温室气体。在各种温室气体中，对于产生温室效应所起到的作用，二氧化碳大约占到 66％，甲烷占到 16％、氯氟碳占到 12％，其余则为其他气体造成的。

从封闭在南极冰盖内空气中二氧化碳体积所占的比例进行分析，公元 1750 年以前的大气二氧化碳体积所占的比例基本维持在 280×10^{-6}，即万分之 2.8。工业革命后，二氧化碳体积所占的比例迅速上升，特别在 1960 年以后上升速度更快，到 2001 年，二氧化碳体积所占的比例已上升到 366×10^{-6}。19 世纪，全球每年向大气排放的二氧化碳大体为 900 万 t（以碳计，下同），到 1990 年则已超过 60 亿 t，其中 49 亿 t 来自燃烧矿物燃料，11 亿 t 来自汽车废气。现在二氧化碳排放总量最多的是美国，约占世界排放总量的 23％，其次是中国约占 13％；但是以人均二氧化碳排放量计，我国只有美国的 1/9。在中国二氧化碳排放量中，建筑用能所排放的二氧化碳约占1/40。到本世纪中叶，世界能源消费总的格局不会发生根本性的变化。届时全球人口将达到90亿左右，对能源的需求将大幅度增加，主要能源仍然是矿物燃料，因而预计大气中的二氧化碳体积所占的比例将上升至560×10^{-6}以上，这样，温室效应将更为显著，地球表面温度必将进一步大幅度增加。

1-5 我国建筑节能的标准体系建立的如何？

中国地域广阔，南北温差较大，依据《建筑气候区划标准》（GB 50178—1993）的规定，中国建筑气候区可划分为五个区，分别是：严寒地区、寒冷地区、夏热冬冷地区、夏热冬暖地区和温和地区。不同地区对采暖和空调有着不同的需求，如严寒和寒冷地区，以采暖能耗为主；夏热冬冷地区和夏热冬暖地区，以空调能耗为主。因此，建筑节能工作要结合不同区域的气候条件、经济水平、能源供应、消费观念等各种因素组织开展。

我国的建筑节能工作也主要是分气候区域逐步开展的。

由于北方地区采暖能耗较大，且污染严重，根据先居住建筑后公共建筑，先北方后南方，先城镇后农村的原则，建设部于1986年3月颁发了行业标准《民用建筑节能设计标准（采暖居住建筑部分）》JGJ 26—86，并于1986年8月1日试行，这是我国第一部建筑节能设计标准，规定严寒和寒冷地区采暖居住建筑在1980～1981年当地通用设计的基础上节能30％，开始了严寒和寒冷地区的建筑节能工作。随着建筑节能工作的推进，节能水平的进一步提高，1995年建设部组织对《民用建筑节能设计标准（采暖居住建筑部分）》JGJ 26—86进行了修订，出台《民用建筑节能设计标准（采暖居住建筑部分）》JGJ 26—95，1996年7月1日施行，规定严寒和寒冷地区采暖居住建筑在1980～1981年当地通用设计的基础上节能50％。

2001年由建设部发布的行业标准《夏热冬冷地区居住建筑

节能设计标准》JGJ 134—2001，规定夏热冬冷地区（主要在长江中下游一带）居住建筑节能 50%，夏热冬冷地区 2001 年 10 月 1 日起执行该标准。

2003 年建设部发布的行业标准《夏热冬暖地区居住建筑节能设计标准》JGJ 75—2003，规定夏热冬暖地区（包括海南、广东和广西大部、福建南部、云南小部分）居住建筑节能 50%，夏热冬暖地区 2003 年 10 月 1 日执行《夏热冬暖地区新建居住建筑节能设计标准》。

2005 年建设部和国家质量监督检验检疫总局联合发布的国家标准《公共建筑节能设计标准》GB 50189—2005，规定节能率为 50%。2005 年 7 月 1 日《公共建筑节能设计标准》GB 50189—2005 开始实施。

2010 年修编了《严寒和寒冷地区居住建筑节能设计标准》JGJ 26—2010。至此，这些标准的发布和实施，意味着从北到南、从居住建筑到公共建筑，覆盖我国三大气候区域和两大建筑类型的建筑节能设计标准体系基本建立，对于全国建筑节能工作的开展提供了依据和手段。

1-6 《公共建筑节能设计标准》 适用于哪些建筑?

《公共建筑节能设计标准》适用于新建、扩建、改建的公共建筑的节能设计。办公建筑，如写字楼、政府部门办公楼等；商业建筑，如商场、金融建筑等；旅游建筑，如旅馆、饭店、娱乐场所等；科教文卫建筑，如文化、教育、科研、医疗、卫生、体育建筑等；通信建筑，如邮电、通信、广播用房等；交通运输建筑，如机场、车站等。

该标准的节能途径和目标是，通过改善建筑围护结构保温、隔热性能，提高采暖、通风和空调设备、系统的能效比，采取增进照明设备效率等措施，在保证相同的室内热环境舒适参数条件下，与20世纪80年代初建成的公共建筑相比，全年采暖、通风、空调和照明的总能耗要达到减少50%的目标。

1-7 哪些因素与建筑能耗有关?

建筑能耗的因素很多，其中主要有建筑物所在的区域环境；建筑物使用的功能；建筑围护结构形式及材料性能；建筑采暖通风、空调形式及系统；建筑用电用能设备的选取和配置及运行管理的状况等。

1-8 什么是建筑物用能系统?

建筑物用能系统是指与建筑物同步设计、同步安装的用能设备和设施。居住建筑的用能设备主要是指采暖空调系统，公共建筑的用能设备主要是指采暖空调系统和照明两大类；设施一般是指与设备相配套的、为满足设备运行需要而设置的服务系统。

1-9 什么是“参照建筑对比法”?

当设计建筑各部分围护结构的传热系数均符合或优于标准的规定，且窗墙比在标准推荐范围内时，该建筑设计可以直接判定为节能（采暖）设计；而当设计建筑物外窗和保温外墙传热系数不能满足标准规定或窗墙比大于标准的推荐值时，应采用“参照建筑对比法”进行采暖节能建筑设计判定。

参照建筑是"虚拟"建筑，形成的方法是采用设计建筑原型，将设计建筑各部分围护结构的传热系数均调整到符合标准的限值，将不符合标准的窗墙比调整为标准的推荐值，修改后的建筑就是设计建筑的参照建筑。因为参照建筑符合标准的传热系数限值和推荐的窗墙比，所以是采暖节能建筑。只需将设计建筑与节能参照建筑进行对比，即可判定设计建筑是否为节能建筑。

1-10 什么是基准建筑?

选择建筑层数、体形系数、朝向和窗墙面积比等在某一地区具有代表性的住宅建筑，以此作为基准，将建筑物耗热量控制指标分解为各项围护结构传热系数限值，以便从总体上控制该地区居住建筑能耗，此建筑称为基准建筑。

1-11 什么是设计建筑?

设计建筑是指正在设计的、需要进行节能设计判定的建筑。

1-12 什么是建筑物体形系数?

建筑物体形系数是指建筑物与室外大气接触的外表面积与其所包围的体积的比值。外表面积中不包括地面和不采暖楼梯间隔墙和户门的面积。它实质上是指单位建筑体积所分摊到的外表面积。体积小、体形复杂的建筑，以及平房和低层建筑，体形系数较大，对节能不利；体积大、体形简单的建筑，以及多层和高层建筑，体形系数较小，对节能较为有利。

1-13 什么是窗墙面积比?

窗墙面积比是窗户洞口面积与房间立面单元面积（即房间层高与开间定位线围成的面积）的比值。窗墙面积比反映房间开窗面积的大小。

1-14 什么是围护结构？什么是外围护结构？

（1）围护结构：围护结构是指建筑及房间各面的围挡物。它分透明和不透明两部分：

不透明围护结构有墙、不透明幕墙、屋顶和楼板等；

透明围护结构有窗户、透明幕墙、天窗和阳台门等。

（2）按是否同室外空气直接接触，又可分为外围护结构和内围护结构：

外围护结构是指同室外空气直接接触的围护结构，如外墙、幕墙、屋顶、外门和外窗等，这些部位需要做好保温、隔热，以降低能耗，尤其要考虑夏季内部发热量便于散发以减少空调能耗。因此大型公共建筑节能不能简单地以提高外围护结构的保温隔热性能来达到节约建筑能耗的目的，还应有足够的可开启面积，便于必要时散发内部的发热量。在优先采用自然通风的基础上，采取有组织的机械排风可以达到一定效果。

另外围护结构还应有必要的透光面积，以满足自然采光的要求，减少照明能耗。

1-15 什么是保温材料？什么是建筑保温材料？

保温材料是指对热流具有显著阻抗性的材料或材料复合体。材料保温隔热性能的好坏是由材料导热系数的大小所决定的。导热系数越小，保温隔热性能越好。

用于建造节能建筑的各种保温材料被称为建筑保温材料。主要有屋面、墙面保温材料及节能型门窗。

保温材料的品种很多，按材质可分为无机保温材料、有机保温材料和金属保温材料三大类。按形态又可分为纤维状、多孔（微孔、气泡）状、层状等数种。目前在我国建筑市场上应用比较广泛的纤维状保温材料，如岩（矿）棉、玻璃棉、硅酸铝棉及其制品，以木纤维、各种植物秸秆、废纸等有机纤维为原料制成的纤维板材；多孔状保温材料如膨胀珍珠岩、膨胀蛭石、微孔硅酸钙、泡沫石棉、泡沫玻璃以及加气混凝土；泡沫塑料类如聚苯乙烯、聚氨酯、聚氯乙烯、聚乙烯以及酚醛、脲醛泡沫塑料等；层状保温材料如铝箔、各种类型的金属或非金属镀膜玻璃以及以各种织物等为基材制成的镀膜制品。

1-16 保温和隔热有何区别?

建筑物围护结构（包括屋顶、外墙、门窗等）的保温和隔热性能，对于冬、夏季室内热环境和采暖、空调能耗有着重要影响。围护结构保温和隔热性能优良的建筑物，不仅冬暖夏凉、室内热环境好，而且采暖、空调能耗低。随着国民经济的发展，人民生活水平的提高，人们对改善冬、夏季室内热环境、节约采暖和空调能耗问题日益重视，提高围护结构保温和隔热性能问题也日益突出。那么，什么是围护结构的保温性能？什么是围护结构的隔热性能？两者的区别何在？

围护结构的保温性能通常是指在冬季室内外条件下，围护结构阻止由室内向室外传热，从而使室内保持适当温度的能力。

围护结构的隔热性能通常是指在夏季自然通风情况下，围护结构在室外综合温度（由室外空气和太阳辐射合成）和室内空气温度波作用下，其内表面保持较低温度的能力。两者的主要区别在于：

（1）传热过程不同。保温性能反映的是冬季由室内向室外的传热过程，通常按稳定传热考虑；隔热性能反映的是夏季由室外向室内以及由室内向室外的传热过程，通常按以 24h 为周期的波动传热来考虑。

（2）评价指标不同。保温性能通常用围护结构的传热系数 K 值［单位：W/(m^2 · K)］或传热阻 R_0 值［单位：(m^2 · K)/W］来评价；隔热性能通常用夏季室外和室内计算条件下（即当地较热的天气），围护结构内表面最高温度 $\theta_{i\cdot\max}$（单位：℃）来评价。如果在同样的夏季室外和室内计算条件下，其内表面最高温度 $\theta_{i\cdot\max}$不高于当地夏季室外计算最高温度 $t_{e\cdot\max}$，（大体上相当于 240mm 厚砖墙的内表面最高温度），则认为符合夏季隔热要求。

（3）构造措施不同。由于围护结构的保温性能主要取决于其传热系数 K 值或传热阻 R_0 的大小，而围护结构的隔热性能主要取决于夏季室外和室内计算条件下内表面最高温度 $\theta_{i\cdot\max}$的高低。对于外墙来说，由多孔轻质保温材料构成的轻型墙体（如彩色钢板聚苯或聚氨酯泡沫夹芯墙体）或多孔轻质保温材料内保温墙体，其传热系数 K 值可能较小，或其传热阻 R_0 值可能较大，亦即其保温性能可能较好，但因其是轻质墙体，热稳定性较差，或因其是轻质保温材料内保温墙体，其内侧的热稳定性较差，在夏季室外综合温度和室内空气温度波作用下，内表面温度容易升得较高，亦即其隔热性能可能较差。也就是说，保温性能通常受构造层次排列的影响较小，而隔热性能受构造层次排列的影响较大。相同材料和厚度的复合墙体，内保温构造隔热性能较差；外保温构造隔热性能较好。造成上述情况的原因从保温和隔热性能指标的计算方法和计算结果中可以了解得更为清楚。

1-17 什么是导热系数？

导热系数是指在稳态条件下，1m 厚的物体，两侧表面温差 1℃，1h 内通过 1m² 面积传递的热量，用 λ 表示，单位是 W/(m·K)。材料导热系数在数值上等于热流密度除以负温度梯度。

$$\lambda = -\frac{\overline{q}}{gradT}$$

式中 λ——材料导热系数［W/(m·K)］；

q——热流密度（W/m²）；

T——温度（K）。

热流密度（q）是指垂直于热流方向的单位面积热流量，单位 W/m^2。

$$q=\frac{d\Phi}{dA}$$

式中 Φ——热流量（W）；

A——面积（m^2）。

材料的导热系数，与其自身的成分、表观密度、内部结构以及传热时的平均温度和材料的含水量有关。一般地说，表观密度越小，导热系数越小。但对松散的纤维材料而言，当表观密度小于最佳极限值时，其导热系数会随表观密度的减小而增大。在材料成分、表观密度、平均温度、含水量等完全相同的条件下，多孔材料单位体积中气孔数量越多，导热系数越小；松散颗粒材料的导热系数，随单位体积中颗粒数量的增多而减小；松散纤维材料的导热系数，则随纤维截面的减小而减小。当材料的成分、表观密度、结构等条件完全相同时，多孔材料的导热系数随平均温度和含水量的增大而增大，随温湿度的减小而减小。绝大多数建筑材料的导热系数介于 0.023W/(m・K)～3.49W/(m・K) 之间，通常把 λ 值不大于 0.23 的材料称为绝热材料，而将其中 λ 值小于 0.14 的绝热材料称为保温材料。根据材料的适用温度范围，将可在 0℃以下使用的称为保冷材料，适用温度超过 1000℃者称为耐火保温材料。习惯上通常将保温材料分为三档，即：

低温保温材料，使用温度低于 250℃；

中温保温材料，使用温度 250℃～700℃；

高温保温材料，使用温度 700℃以上。

1-18 什么是热阻？

（1）热阻是表征围护结构本身或其中某层材料阻抗传热能力的物理量。在稳态状态下，与热流方向垂直的物体两表面温度差除以热流密度即为热阻，单位为（$m^2 \cdot K$)/W。

$$R=\frac{T_1-T_2}{q}$$

式中　R——热阻［($m^2 \cdot K$)/W］；

T_1、T_2——物体两表面温度（K）。

单一材料层的热阻等于材料层厚度除以材料的导热系数：

$$R=\frac{\delta}{\lambda}$$

多层围护结构的热阻等于各层材料热阻之和。

$$R=R_1+R_2+\cdots+R_n$$

式中　δ——材料层厚度（m）；

R_1、$R_2 \cdots R_n$——各层材料的热阻［($m^2 \cdot K$)/W］。

（2）什么是传热阻？什么是最小传热阻？

传热阻是表征围护结构（包括两侧表面空气边界层）阻抗传热能力的物理量。为传热系数的倒数，单位为（$m^2 \cdot K$)/W。传热阻可按下式进行计算。

$$R_0=R_i+R+R_e$$

式中　R_0——传热阻［($m^2 \cdot K$)/W］；

R_i——内表面换热阻［($m^2 \cdot K$)/W］，通常取 0.11；

R_e——外表面换热阻［($m^2 \cdot K$)/W］，通常取 0.04。

最小传热阻特指设计计算中容许采用的围护结构传热阻的下限值。规定最小传热阻的目的，是为了限制通过围护结构的传热量过大，防止内表面冷凝，以及限制内表面与人体之间的辐射换热量过大而使人体受凉。

1-19　什么是传热系数？什么是外墙平均传热系数？

传热系数是指在稳态条件下，围护结构两侧空气温度差为1℃，1h 内通过 $1m^2$ 面积传递的热量，单位为 W/($m^2 \cdot K$)。传热系数的倒数即为传热阻。

$$K=\frac{1}{R_0}$$

式中　K——传热系数［$W/(m^2 \cdot K)$］。

外墙平均传热系数（K_m）是考虑了墙上存在的热桥影响后得到的外墙传热系数，单位为 $W/(m^2 \cdot K)$。

一个单元墙体的平均传热系数用下式计算：

$$K_m=K+\frac{\sum \psi_j l_j}{A}$$

式中　K_m——单元墙体的平均传热系数［$W/(m^2 \cdot K)$］；

K——单元墙体的主断面传热系数［$W/(m^2 \cdot K)$］；

ψ_j——单元墙体上的第 j 个结构性热桥的线传热系数［$W/(m \cdot K)$］；

l_j——单元墙体第 j 个结构性热桥的计算长度（m）；

A——单元墙体的面积（m^2）。

对于一般普通的建筑，墙体的平均传热系数也可以进行简化计算：

$$K_m=\varphi \cdot K$$

式中　K_m——外墙平均传热系数［$W/(m^2 \cdot K)$］；

K——外墙主断面传热系数［$W/(m^2 \cdot K)$］；

φ——外墙主断面传热系数的修正系数。φ 按墙体保温构造和传热系数综合考虑取值，其数值见表 1-1 所列。

外墙主断面传热系数的修正系数 φ　　　　表 1-1

外墙传热系数限值 K_m	外保温		内保温		夹心保温	
	普通窗	凸窗	普通窗	凸窗	普通窗	凸窗
0.70	1.1	1.2	1.3	1.5	1.3	1.5
0.65	1.1	1.2	1.3	1.5	1.4	1.6
0.60	1.1	1.3	1.3	1.6	1.4	1.7
0.55	1.2	1.3	1.4	1.7	1.5	1.7

续表

外墙传热系数限值 K_m	外保温		内保温		夹心保温	
	普通窗	凸窗	普通窗	凸窗	普通窗	凸窗
0.50	1.2	1.3	1.4	1.7	1.6	1.8
0.45	1.2	1.3	1.5	1.8	1.6	2.0
0.40	1.2	1.3	1.5	1.9	1.8	2.1
0.35	1.3	1.4	1.6	2.1	1.9	2.3
0.30	1.3	1.4	1.7	2.2	2.1	2.5
0.25	1.4	1.5	1.8	2.5	2.3	2.8

墙面典型的热桥如图 1-1 所示，其平均传热系数 K_m 为

$$K_m=K+\frac{\psi_{W-P}H+\psi_{W-F}B+\psi_{W-C}H+\psi_{W-R}B+\psi_{W-W_L}h+\psi_{W-W_B}b+\psi_{W-W_R}h+\psi_{W-W_U}b}{A}$$

式中 ψ_{W-P}——外墙和内墙交接形成的热桥的线传热系数［W/(m·K)］；

ψ_{W-F}——外墙和楼板交接形成的热桥的线传热系数［W/(m·K)］；

ψ_{W-C}——外墙墙角形成的热桥的线传热系数［W/(m·K)］；

ψ_{W-R}——外墙和屋顶交接形成的热桥的线传热系数［W/(m·K)］；

ψ_{W-W_L}——外墙和左侧窗框交接形成的热桥的线传热系数［W/(m·K)］；

ψ_{W-W_B}——外墙和下边窗框交接形成的热桥的线传热系数［W/(m·K)］；

ψ_{W-W_R}——外墙和右侧窗框交接形成的热桥的线传热系数［W/(m·K)］；

ψ_{W-W_U}——外墙和上边窗框交接形成的热桥的线传热系数［W/(m·K)］。

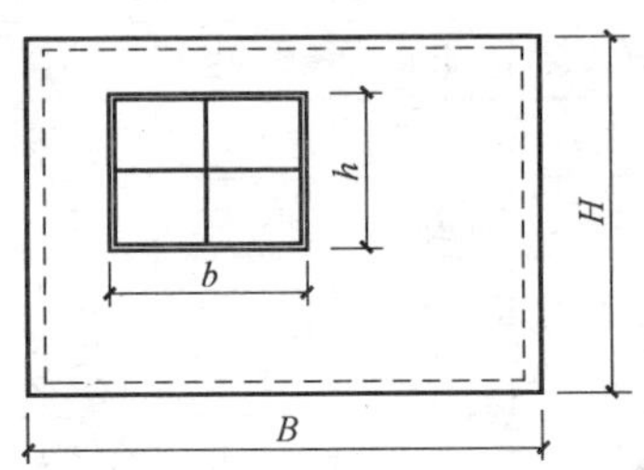

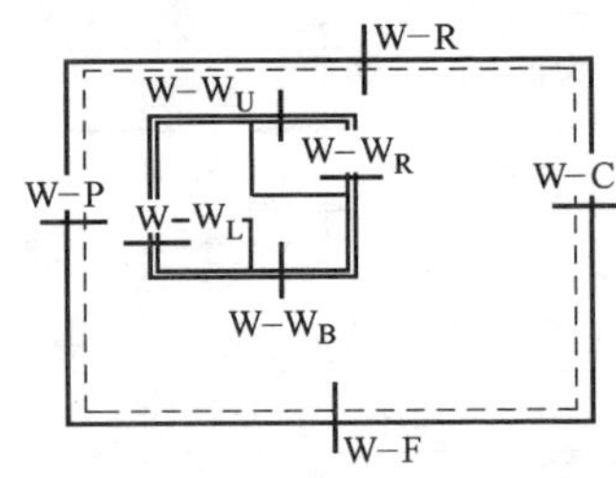

图 1-1　墙面典型结构性热桥示意图

1-20　什么是热工缺陷?

当保温材料缺失、受潮、分布不均或其中混入灰浆或围护结构存在空气渗透的部位，称该围护结构在此部位存在热工缺陷。

1-21　什么是围护结构传热系数的修正系数?

考虑太阳辐射和天空辐射对围护结构传热的影响而引进的修正系数。不同地区、不同朝向的围护结构，因受太阳辐射和天空辐射的影响，使得其在两侧空气温差同样为 1K 情况下，在单位时间内通过单位面积围护结构的传热量要改变。这个改变后的传热量与未受太阳辐射和天空辐射影响的原有传热量的比值，即围护结构传热系数的修正系数。

外墙主断面传热系数的修正系数值 φ 受到保温类型、墙主断面传热系数以及结构性热桥节点构造等因素的影响。表 1-1 中给出了外保温、内保温及夹心保温这三种常用的保温做法中，对应不同的外墙平均传热系数值时，墙体主断面传热系数的 φ 值。

1-22 什么是热桥（冷桥）？

建筑围护结构的一些部位，在室内外温差的作用下，形成热流相对密集、内表面温度较低的区域。这些部位成为传热较多的桥梁，故称为热桥（thermal bridges），有时又可称为冷桥。

在建筑外围护结构中，墙角、窗间墙、凸窗、阳台、屋顶、楼板、地板等处形成的热桥称为结构性热桥（图 1-2）。结构性热桥对墙体、屋面传热的影响利用线传热系数 ψ 来描述。

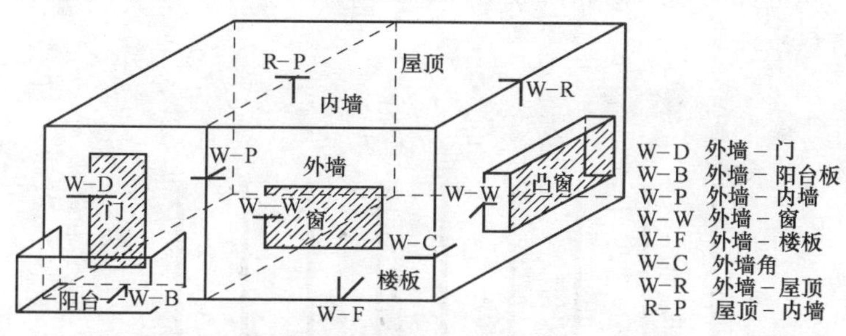

图 1-2 建筑外围护结构的结构性热桥示意图

1-23 什么是蓄热系数？什么是表面蓄热系数？

蓄热系数是指当某一足够厚度单一材料层一侧受到谐波热作用时，表面温度将按同一周期波动，通过表面的热流波幅与表面温度波幅的比值。其值越大，材料的热稳定性越好。当材料层表面在周期热作用下，通过材料表面的热流波振幅 A_q 与表面温度波振幅 A_t 的比值，即蓄热系数，单位为 W/(m^2·K)。

$$S=A_q/A_t=\sqrt{2\pi \cdot \lambda \cdot c_p \cdot \rho / T}$$

式中 S——蓄热系数［W/(m^2·K)］；

c_P——材料的比热容［J/(kg·K)］；

ρ——材料的密度（kg/m^3）；

T——周期波的周期（s）。

表面蓄热系数是指在周期性热作用下，物体表面温度升高或降低1℃时，在1h内，$1m^2$表面积贮存或释放的热量，用Y表示。

（1）表面蓄热系数应按如下方法进行计算：

1）多层围护结构各层外表面蓄热系数应按下列规定由内到外逐层（图1-3）进行计算：

如果任何一层的热惰性指标$D \geqslant 1$，则$Y = S$，即取该层材料的蓄热系数。

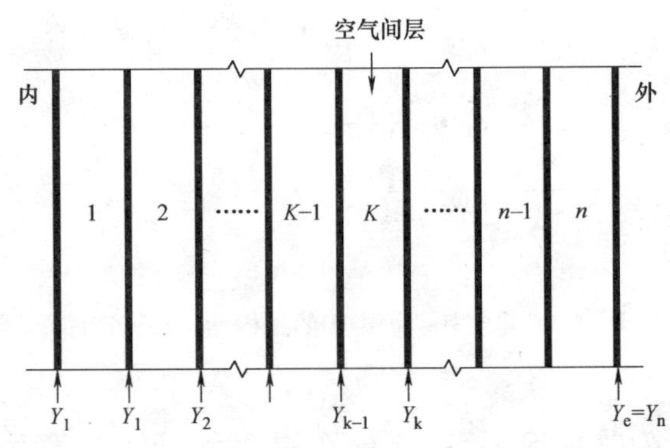

图1-3　多层围护结构的层次排列

如果第一层的$D < 1$，则：

$$Y_1 = \frac{R_1 S_1^2 + \alpha_i}{1 + R_1 \alpha_i}$$

如果第二层的$D < 1$，则：

$$Y_2 = \frac{R_2 S_2^2 + Y_1}{1 + R_2 Y_1}$$

其余类推，直到最后一层（第n层）：

$$Y_n=\frac{R_n S_n^2+Y_{n-1}}{1+R_n Y_{n-1}}$$

式中 S_1、S_2…S_n——各层材料的蓄热系数［$W/(m^2\cdot K)$］；

R_1、R_2…R_n——各层材料的热阻［$(m^2\cdot K)/W$］；

Y_1、Y_2…Y_n——各层材料的外表面蓄热系数［$W/(m^2\cdot K)$］；

α_i——内表面换热系数［$W/(m^2\cdot K)$］。

2）多层围护结构外表面蓄热系数应取最后一层材料的外表面蓄热系数，即 $Y_e=Y_n$。

（2）多层围护结构内表面蓄热系数应按下列规定计算：

1）如果多层围护结构中的第一层（即紧接内表面的一层）$D_1\geqslant 1$，则多层围护结构内表面蓄热系数应取第一层材料的蓄热系数，即 $Y_i=S_1$。

2）如果多层围护结构中最接近内表面的第 m 层，其 $D_m\geqslant 1$，则取 $Y_m=S_m$，然后从第 m-1 层开始，由外向内逐层（层次排列见图 1-3）计算，直至第一层的 Y_1，即为所求的多层围护结构内表面蓄热系数。

3）如果多层围护结构中的每一层 D 值均小于 1，则计算应从最后一层（第 n 层）开始，然后由外向内逐层计算，直至第一层的 Y_1，即所求的多层围护结构内表面蓄热系数。

1-24 什么是露点温度？

露点温度是指在大气压力一定、含湿量不变的情况下，未饱和的空气因冷却而达到饱和状态时的温度。

1-25 什么是冷凝或结露？

冷凝或结露特指围护结构表面温度低于附近空气露点温度时，表面出现冷凝水的现象。

1-26 什么是蒸汽渗透系数？什么是蒸汽渗透阻？

蒸汽渗透系数是指 1m 厚的物体，两侧水蒸气分压力差为 1Pa，1h 内通过 $1m^2$ 面积渗透的水蒸气量。

蒸汽渗透阻是指围护结构或某一材料层，两侧水蒸气分压力差为 1Pa，通过 $1m^2$ 面积渗透 1g 水分所需要的时间。

1-27 什么是热惰性指标？

热惰性指标（D 值）是表征围护结构对温度波衰减快慢程度的无量纲指标。单一材料围护结构，$D=RS$；多层材料围护结构，$D=\sum RS$。式中 R 为围护结构材料层的热阻，S 为相应材料层的蓄热系数。D 值越大，温度波在其中的衰减越快，围护结构的热稳定性越好。

1-28 什么是内表面换热系数？什么是内表面换热阻？

内表面换热系数是指围护结构内表面温度与室内空气温度之差为 1℃，1h 内通过 $1m^2$ 表面积传递的热量，单位是 W/(m^2·K)。

内表面换热阻是内表面换热系数的倒数，单位是 (m^2·K)/W。

1-29 什么是外表面换热系数？什么是外表面换热阻？

外表面换热系数是指围护结构外表面温度与室外空气温度之差为 1℃，1h 内通过 $1m^2$ 表面积传递的热量，单位是 W/(m^2·K)。

外表面换热阻是外表面换热系数的倒数，单位是(m^2·K)/W。

1-30 什么是围护结构热工性能权衡判断法？

当建筑设计不能完全满足规定的围护结构热工设计要求时，计算并比较参照建筑和所设计建筑的全年采暖和空调能耗，判定围护结构的总体热工性能是否符合节能设计要求的方法。

权衡判断法就是先构想出一栋虚拟的建筑，称之为参照建筑，然后分别计算参照建筑和实际设计的建筑的全年采暖和空调能耗，并依照这两个能耗的比较结果作出判断。

每一栋实际设计的建筑都对应一栋参照建筑。与实际设计的建筑相比，参照建筑除了在实际设计建筑不满足标准的一些重要规定之处作了调整外，其他方面都相同。参照建筑在建筑围护结构的各个方面均应完全符合节能设计标准的规定。

权衡判断法的核心是对参照建筑和实际所设计的建筑的采暖和空调能耗进行比较并作出判断。用动态方法计算建筑的采暖和空调能耗是一个非常复杂的过程，很多细节都会影响能耗的计算结果。因此，为了保证计算的准确性，必须作出许多具体的规定。

需要指出的是，实施权衡判断法时，计算出的并非是实际的采暖和空调能耗，而是某种“标准”工况下的能耗。

1-31 什么是围护结构的热稳定性？ 什么是房间的热稳定性？

围护结构的热稳定性是指在周期热作用下，围护结构本身抵抗温度波动的能力。围护结构的热惰性是影响其热稳定性的主要因素。

房间的热稳定性是指在室内外周期性热作用下，整个房间抵抗温度波动的能力。房间的热稳定性主要取决于内外围护结构的热稳定性。

1-32 建筑保温材料如何分类?

建筑保温材料种类繁多，一般可按材质、使用温度、形态和结构来分类。

按材质可分为有机保温材料、无机保温材料和金属保温材料三类。

按形态又可分为多孔状保温材料、纤维状保温材料、粉末状保温材料和层状保温材料。多孔状保温材料又叫泡沫保温材料，具有质量轻、保温性能好、弹性好、尺寸稳定、耐高温性差等特点。主要有泡沫塑料、泡沫玻璃、泡沫橡胶、硅酸钙等。纤维状保温材料可按材质分为有机纤维、无机纤维、金属纤维和复合纤维等。

1-33 什么是硬质聚氨酯泡沫塑料（PUR）?

硬质聚氨酯泡沫塑料（PUR）主要用于建筑业，表观密度通常为25kg/m^3～70kg/m^3。在国外大量用于建筑物的屋面和墙体保温。主要应用形式有复合板材、现场喷涂两类。硬质聚氨酯泡沫塑料是由聚醚或聚酯多元醇与多异氰酸酯为主要原料，再加催化剂、稳泡剂和发泡剂等，经混合、搅拌产生化学反应而形成发泡体。其吸水率小，导热系数低，一般为0.024W/(m·K)，强度较高（大于0.2MPa），常用来做保冷和低温范围的保温（如管道保温、建筑保温），使用温度一般为－100℃～100℃，可预制成制品，也可进行现场喷涂发泡，是目前应用最为广泛的有机保温材料之一。其用于建筑保温产品标准是《建筑物隔热用硬质聚氨酯泡沫塑料》（GB/T 10800）和《喷涂聚氨酯硬泡体保温材料》（JC/T 998—2006）。

1-34 什么是聚苯乙烯泡沫塑料（EPS、XPS）？

聚苯乙烯泡沫塑料（EPS、XPS）是目前墙体保温中广泛采用的保温材料之一，聚苯乙烯泡沫塑料是以聚苯乙烯发泡而成。按生产工艺分为模塑聚苯乙烯泡沫塑料（EPS）和挤塑聚苯乙烯泡沫塑料（XPS）。

模塑聚苯乙烯泡沫板（EPS板）由98%的空气和2%的聚苯乙烯组成。其性能应符合《绝热用模塑聚苯乙烯泡沫塑料》（GB/T 10801.1—2002）（保温隔热用模塑聚苯乙烯泡沫塑料）的要求。

EPS的原料是直径约0.38～0.6mm的小颗粒，一般呈白色或淡青色。颗粒内含有膨胀剂，当用蒸汽或热水加热时，则变为气体状态。这些小颗粒需要预先膨胀。生产低密度泡沫时，采用蒸汽加热；生产高密度泡沫时可采用热水加热，受热后，膨胀剂汽化成气体，使软化的聚苯乙烯膨胀，形成具有微小闭孔的轻质颗粒。然后，将这些膨胀颗粒置于所要求形状的模型中，再喷入蒸汽，利用蒸汽热压，使孔隙中的气体膨胀，将颗粒间的空气和冷凝蒸汽排除出去，同时使聚苯乙烯软化并粘合在一起，制成制品。常用的EPS的表观密度为16～30kg/m^3，导热系数为0.034～0.044W/(m·K)，它的吸水率比聚氨酯泡沫塑料的还低，EPS有一定的机械强度，有较强的恢复变形能力，是很好的耐冲击材料。聚苯乙烯树脂在高温下容易软化变形，故聚苯乙烯泡沫塑料的安全使用温度为70℃以下，最低使用温度为－150℃。

挤塑聚苯乙烯（XPS）保温板是以聚苯乙烯树脂及其添加剂特殊工艺连续挤出发泡成型的硬质板材，其内部为独立的闭孔式蜂窝结构。这些蜂窝结构的互联壁有一致的厚度，不会出现空隙，产品具有优越的保温性能，导热系数为0.028～0.032 W/(m·K)。高抗压性能，在表观密度不超过40kg/m^3 情况下抗压强度可达

350kPa以上。良好的抗湿性能，水蒸气透湿系数小于2ng/(Pa·m·s)，吸水性能小，在长期与水气接触的情况下，保温性能保持不变，这种性能是其他保温材料所不具有的。和EPS相比，其防潮性较强，机械强度高，其吸水率比EPS更低，但XPS的尺寸稳定性一般比EPS差，其产生变形时的应力一般比EPS的大。XPS的产品标准为《绝热用模塑聚苯乙烯泡沫塑料》（GB/T 10801.1—2002）（保温隔热用挤塑聚苯乙烯泡沫塑料）。

1-35 什么是酚醛树脂泡沫塑料（PF）?

酚醛树脂泡沫塑料，俗称“粉泡”。近年来，我国在酚醛树脂合成工艺和发泡技术上有了很大提高，逐步克服传统发泡必须在一定温度条件下才能发泡的不足，发展出室温可发泡的关键技术，也逐步克服了酚醛树脂泡沫塑料脆性、强度低，吸水率高，略有腐蚀性等物理性能上的缺点，在保持其原有优点基础上进行改性，生产不同物理性能指标的系列产品。在成型手段上，可用浇注机并配备机械连续式或间歇式成型，制成带有饰面的复合板材，不但能保证泡沫质量，而且提高生产速度，降低生产成本，使酚醛树脂泡沫塑料应用领域逐渐拓宽。

用于生产酚醛泡沫塑料的树脂有两种：热塑性树脂及热固性树脂。由于热固性树脂工艺性能良好，可以连续生产酚醛泡沫塑料，制品性能较佳，故酚醛泡沫材料大多采用热固性树脂。

根据其特点，酚醛树脂泡沫塑料广泛适用于防火保温要求较高的建筑，如屋面、地下室墙体的内外保温、地下室的顶棚（绝热层位于楼板之下）、礼堂及扩音室隔声材料；石油化工过热管道、反应设备、输油管道与储存罐的保温隔热；飞机、舰船、机车车辆的防火保温等。

1-36 什么是膨胀珍珠岩?

珍珠岩矿是由地壳中的酸性岩浆在地表水中凝结成的一种玻

璃熔岩的矿石。

膨胀珍珠岩是由珍珠岩矿经过破碎、筛分至一定粒度，再经预热、瞬时高温焙烧膨胀而制成的一种保温隔热材料。一般为白色、粒状，具有保温隔热、吸声、无毒、无臭、无腐蚀、不燃等特性，其最大的缺点是易吸水。膨胀珍珠岩的产品标准为《膨胀珍珠岩》[JC 209—92（96）]，膨胀珍珠岩除了可作为散状保温隔热材料外，主要用于制造各种保温隔热制品。制品以膨胀珍珠岩为骨料，配合适量的各种胶凝材料经搅拌、成型、干燥、焙烧或养护而制成。其制品的产品标准为《膨胀珍珠岩绝热制品》（GB/T 10303—2001）和《建筑保温砂浆》（GB/T 20473—2006）。

膨胀珍珠岩及其制品可广泛应用于各种工业设备、管道、建筑工程及低温地下工程的保温隔热。但应注意的是：未憎水的膨胀珍珠岩及其制品吸水率较高，可达250%～700%，吸水后将降低其保温隔热性能和强度等，因而使用时应注意采取防水措施。近年来，开发应用了憎水珍珠岩制品、珍珠岩砂浆等，由于我国珍珠岩资源丰富，生产投资少、见效快，很适合国情，预计到本世纪末，膨胀珍珠岩仍是建筑保温材料中占重要地位的品种。

1-37 什么是玻化微珠保温砂浆？

玻化微珠保温砂浆是一种新型无机保温砂浆。玻化微珠保温砂浆是指以无机玻璃质矿物材料——玻化微珠为保温骨料，水泥为胶凝材料，聚丙烯单丝抗拉纤维和可分散胶粉为增强和抗裂材料，并掺入其他外加剂，经过充分搅拌加工而成的建筑外墙保温砂浆材料。作为一种单组分的无机保温砂浆，玻化微珠保温砂浆具有优良的保温隔热性能和抗老化、耐候及防火性能。其强度高，粘结性能好，无空鼓、开裂现象，现场施工加水搅拌即可使用，可直接施工于干状墙体上。它克服了传统的无机保温砂浆吸水率大、易粉化、料浆搅拌过程中体积收缩率大、易造成产品后期保温性能降低和空鼓、开裂等不足之处。产品标准为《膨胀玻化微珠轻质砂浆》JG/T 283。

1-38 什么是胶粉聚苯颗粒保温砂浆?

胶粉聚苯颗粒保温砂浆是以聚苯乙烯泡沫颗粒为轻骨料，无机胶凝材料为胶粘剂，通过界面改性和聚合物、纤维增韧等综合措施配制的新型节能材料。组成材料主要为水泥、粉煤灰、聚苯乙烯泡沫颗粒、高分子胶粘剂、纤维、膨胀珍珠岩等。其表观密度小，保温隔热性、耐化学腐蚀性优良，为闭孔憎水结构，吸水率低。韧性、耐水性、耐候性优于膨胀珍珠岩。将废弃 EPS 加工成粒径为 0.5～4mm 的颗粒，作为轻骨料。

1-39 什么是岩（矿）棉及制品?

岩棉、矿渣棉是指以天然岩石、工业矿渣等为主要原料，经高温熔融，用离心力甩制或高压载能气体喷吹而成的棉。岩棉、矿渣棉可加入酚醛树脂制成或直接贴面缝合制成毡、板、带、管壳、缝毡、贴面毡等各种制品。

岩棉、矿渣棉制品的生产主要包括原材料的准备和配料、熔制、成纤、集棉、固化成型、尺寸加工等工序。在岩（矿）棉纤维中加入一定的胶粘剂、防尘油、憎水剂，经过固化、切割、贴面等工序加工成用途各异的岩棉制品。

岩（矿）棉及制品的特点：具有良好的保温、隔热、隔声、吸声、耐热、不燃等性能以及有较强的化学稳定性。可广泛用于有保温、隔热、隔声要求的房屋建筑、工业设备、管道、高温窑炉和运输工具等有关部位。其最高使用温度一般不超过600℃。不同品种有不同的适用范围。矿棉板适用于房屋建筑有保温、隔热、隔声要求的部位。目前执行的产品标准为《建筑用岩棉、矿渣棉绝热制品》（GB 19686），对于制品，其主要的性能指标为：密度、导热系数、有机物含量、燃烧性能及热荷重收缩温度。

1-40 什么是玻璃棉及制品?

玻璃棉是指用熔融状玻璃制成的一种矿物棉，玻璃棉施加热固性胶粘剂可制成玻璃棉板、带、毡、管壳等各种制品，也可用不含胶粘剂的玻璃棉，并用纸、布或金属网等作贴面增强材料，制成板状的玻璃棉毯。玻璃棉有短棉和超细棉两种。超细棉的纤维细而柔，其纤维直径小于 4μm，其特点是：密度小、导热系数低、燃点高、耐腐蚀、耐振动，是较好的保温隔热、吸声、减振材料，用途较广。在玻璃棉纤维中加入一定量的胶粘剂和其他添加剂，经固化、切割、贴面等工序加工成各种用途的玻璃棉制品，其最高使用温度一般低于 300℃。目前指引的产品标准为《绝热用玻璃棉及制品》GB/T 13350。

玻璃棉制品的特点：具有良好的保温、隔热、隔声、吸声、不燃、耐腐蚀等性能。

1-41 什么是蒸压加气混凝土砌块?

蒸压加气混凝土砌块主要将 70%左右的粉煤灰与定量的水泥、生石灰胶结料、铝粉、石膏等按配合比混合均匀，加入定量水，经搅拌成浆后注入模具发气成型，经静停固化后切割成坯体，再经高压蒸养固化而成制品，是一种新型多孔轻质墙体材料，其特点是热阻大、重量轻，具有良好的防火、隔热、保温、隔声性能。保温隔热墙体使用时应选择密度等级小于 B07 级的砌块，其他等级的砌块保温效果差，仅作为承重使用。

1-42 什么是混凝土保温砌块?

保温砌块是指用于填充的非承重砌块，主要是指轻集料混凝土小型空心砌块和轻集料混凝土保温砌块。采用高炉水碴、炉碴、粉煤灰、浮石、石屑等材料加水泥搅拌压制、养护而成的空心砌块或在轻集料砌块孔内填充聚苯板等高效保温材料。也可以是其他具备自保温功能的砌块，产品具有重量轻、保温隔热等特点。

1-43 什么是遮阳系数及外窗的综合遮阳系数？

遮阳系数是指通过窗户（包括窗玻璃、遮阳和窗帘）投射到室内的太阳辐射量与照射到窗户上的太阳辐射量的比值。外窗的综合遮阳系数是指考虑窗本身和窗口的建筑外遮阳装置综合遮阳效果的一个系数，其值为窗本身的遮阳系数与窗口的建筑外遮阳系数的乘积。

1-44 寒冷地区公共建筑围护结构传热系数和遮阳系数限值是什么？

寒冷地区围护结构传热系数和遮阳系数限值见表 1-2 所列。

寒冷地区围护结构传热系数和遮阳系数限值　　表 1-2

围护结构部位		体形系数≤0.3 传热系数 K[W/(m^2·K)]		0.3<体形系数≤0.4 传热系数 K[W/(m^2·K)]	
屋面		≤0.55		≤0.45	
外墙(包括非透明幕墙)		≤0.60		≤0.50	
底面接触室外空气的架空或外挑楼板		≤0.60		≤0.50	
非采暖空调房间与采暖空调房间的隔墙或楼板		≤1.5		≤1.5	
外窗(包括透明幕墙)		传热系数 K[W/(m^2·K)]	遮阳系数 SC(东、南、西向/北向)	传热系数 K[W/(m^2·K)]	遮阳系数 SC(东、南、西向/北向)
单一朝向外窗(包括透明幕墙)	窗墙面积比≤0.2	≤3.5	—	≤3.0	—
	0.2<窗墙面积比≤0.3	≤3.0	—	≤2.5	—
	0.3<窗墙面积比≤0.4	≤2.7	≤0.70	≤2.3	≤0.70
	0.4<窗墙面积比≤0.5	≤2.3	≤0.60	≤2.0	≤0.60
	0.5<窗墙面积比≤0.7	≤2.0	≤0.50	≤1.8	≤0.50
屋顶透明部分		≤2.7	≤0.50	≤2.7	≤0.50

注：1. 有外遮阳时，遮阳系数＝玻璃的遮阳系数×外遮阳的遮阳系数；
2. 无外遮阳时，遮阳系数＝玻璃的遮阳系数。

1-45 夏热冬冷地区和夏热冬暖地区公共建筑围护结构传热系数和遮阳系数限值是什么？

夏热冬冷地区围护结构传热系数和遮阳系数限值见表 1-3 所列。

夏热冬冷地区围护结构传热系数和遮阳系数限值　表 1-3

<table>
<tr><td colspan="2">围护结构部位</td><td colspan="2">传热系数 K[W/(m²·K)]</td></tr>
<tr><td colspan="2">屋面</td><td colspan="2">⩽0.70</td></tr>
<tr><td colspan="2">外墙(包括非透明幕墙)</td><td colspan="2">⩽1.0</td></tr>
<tr><td colspan="2">底面接触室外空气的架空或外挑楼板</td><td colspan="2">⩽1.0</td></tr>
<tr><td colspan="2">外窗(包括透明幕墙)</td><td>传热系数 K
[W/(m²·K)]</td><td>遮阳系数 SC
(东、南、西向/北向)</td></tr>
<tr><td rowspan="5">单一朝向外窗
(包括透明幕墙)</td><td>窗墙面积比⩽0.2</td><td>⩽4.7</td><td>—</td></tr>
<tr><td>0.2＜窗墙面积比⩽0.3</td><td>⩽3.5</td><td>⩽0.55</td></tr>
<tr><td>0.3＜窗墙面积比⩽0.4</td><td>⩽3.0</td><td>⩽0.50/0.60</td></tr>
<tr><td>0.4＜窗墙面积比⩽0.5</td><td>⩽2.8</td><td>⩽0.45/0.55</td></tr>
<tr><td>0.5＜窗墙面积比⩽0.7</td><td>⩽2.5</td><td>⩽0.40/0.50</td></tr>
<tr><td colspan="2">屋顶透明部分</td><td>⩽3.0</td><td>⩽0.40</td></tr>
</table>

注：1. 有外遮阳时，遮阳系数＝玻璃的遮阳系数×外遮阳的遮阳系数；
　　2. 无外遮阳时，遮阳系数＝玻璃的遮阳系数。

夏热冬暖地区围护结构传热系数和遮阳系数限值见表 1-4 所列。

夏热冬暖地区围护结构传热系数和遮阳系数限值　表 1-4

<table>
<tr><td colspan="2">围护结构部位</td><td colspan="2">传热系数 K[W/(m²·K)]</td></tr>
<tr><td colspan="2">屋面</td><td colspan="2">⩽0.90</td></tr>
<tr><td colspan="2">外墙(包括非透明幕墙)</td><td colspan="2">⩽1.5</td></tr>
<tr><td colspan="2">底面接触室外空气的架空或外挑楼板</td><td colspan="2">⩽1.5</td></tr>
<tr><td colspan="2">外窗(包括透明幕墙)</td><td>传热系数 K
[W/(m²·K)]</td><td>遮阳系数 SC
东、南、西向/北向)</td></tr>
<tr><td rowspan="5">单一朝向外窗
(包括透明幕墙)</td><td>窗墙面积比⩽0.2</td><td>⩽6.5</td><td>—</td></tr>
<tr><td>0.2＜窗墙面积比⩽0.3</td><td>⩽4.7</td><td>⩽0.50/0.60</td></tr>
<tr><td>0.3＜窗墙面积比⩽0.4</td><td>⩽3.5</td><td>⩽0.45/0.55</td></tr>
<tr><td>0.4＜窗墙面积比⩽0.5</td><td>⩽3.0</td><td>⩽0.40/0.50</td></tr>
<tr><td>0.5＜窗墙面积比⩽0.7</td><td>⩽3.0</td><td>⩽0.35/0.45</td></tr>
<tr><td colspan="2">屋顶透明部分</td><td>⩽3.5</td><td>⩽0.35</td></tr>
</table>

注：1. 有外遮阳时，遮阳系数＝玻璃的遮阳系数×外遮阳的遮阳系数；
　　2. 无外遮阳时，遮阳系数＝玻璃的遮阳系数。

1-46　什么是设计计算用采暖期天数?

设计计算用采暖期天数（days of heating period for design and calculation）是指累年日平均温度低于或等于 5℃的天数。这一天数仅用于建筑热工设计计算，故称设计计算用采暖天数。各地实际的采暖期天数，应按当地行政或主管部门的规定执行。

1-47　什么是采暖期度日数?

采暖期度日数（degree days of heating period）是指室内基准温度 18℃与采暖期室外平均温度之间的温差，乘以采暖期天数的数值，单位为℃·d，又称采暖度日数（heating degree days）。

采暖度日数是一个按照建筑采暖要求反映某地气候寒冷程度的参数。室外空气温度是随时随地变化的，每个地方每天都有一个不同的日平均温度，一年 365 天就有 365 个日平均温度。我们规定一个室内基准温度，例如 18℃，那么在某地的这 365 个日平均温度中，一定是有些高于 18℃，有些低于 18℃。将每一个低于 18℃的日平均温度与 18℃之间的差乘以 1 天，得到一个以“度·日”（℃·d）为单位的数值，将所有这些数值累加起来，就得到了某地以 18℃为基准的采暖度日数，可以用 HDD18 表示。同样的道理，也可以统计出以其他温度为基准的采暖度日数，例如以 20℃为基准的 HDD20。

将统计的时间从一年缩短到一个采暖期，就得到采暖期的采暖度日数。

一个地方的采暖度日数大致反映了该地气候的寒冷程度，采暖度日数越大表示该地越寒冷，例如，哈尔滨的采暖度日数就远大于北京的采暖度日数。

1-48 什么是采暖期室外平均温度？

采暖期室外平均温度是指在采暖期起止日期内，室外逐日平均温度的平均值。

1-49 什么是采暖能耗？

采暖能耗是指用于建筑物采暖所消耗的能量，主要指建筑物耗热量和采暖耗煤量。

1-50 什么是建筑物耗热量指标？

建筑物耗热量指标是指在采暖期室外平均温度条件下，为保持室内计算温度，单位建筑面积在单位时间内消耗的、需由室内采暖设备供给的热量，单位为 W/m^2。

1-51 什么是采暖耗煤量指标？

采暖耗煤量指标是指在采暖期室外平均温度条件下，为保持室内计算温度，单位建筑面积在一个采暖期内消耗的标准煤量，单位为 kg/m^2。

1-52 什么是采暖设计热负荷指标？

采暖设计热负荷指标是指在采暖室外计算温度条件下，为保持室内计算温度，单位建筑面积在单位时间内需由锅炉或其他供热设施供给的热量，单位为 W/m^2。

1-53 什么是采暖供热系统?

采暖供热系统是指锅炉机组、室外管网、室内管网和散热器等设备组成的系统。

1-54 什么是建筑物耗冷量指标?

建筑物耗冷量指标是指按照夏季室内热环境设计标准和设定的计算条件，计算出的单位建筑面积在单位时间内消耗的需要由空调设备提供的冷量。

1-55 什么是空调年耗电量?

空调年耗电量是指按照夏季室内热环境设计标准和设定的计算条件，计算出的单位建筑面积空调设备每年所要消耗的电能。

1-56 什么是采暖年耗电量?

采暖年耗电量是指按照冬季室内热环境设计标准和设定的计算条件，计算出的单位建筑面积采暖设备每年所要消耗的电能。

1-57 什么是空调度日数 (CDD26)?

空调度日数（CDD26）是指一年中，当某天室外日平均温度高于 26℃时，将高于 26℃的度数乘以 1 天，并将此乘积累加。

1-58 寒冷和严寒地区冬季室内热环境计算参数是什么？为什么？

寒冷和严寒地区冬季室内热环境计算参数是采暖室内计算温度为18℃，采暖计算换气次数为0.5h^{-1}。

室内热环境质量的指标体系包括温度、湿度、风速、壁面温度等多项指标。标准只提了温度指标和换气次数指标，原因是考虑到一般住宅极少配备集中空调系统，湿度、风速等参数实际上无法控制。另一方面，在室内热环境的诸多指标中，对人体的舒适以及对采暖能耗影响最大的也是温度指标，换气指标则是从人体卫生角度考虑的一项必不可少的指标。

冬季室温控制在18℃，基本达到了热舒适的水平。

规定的18℃只是一个计算能耗时所采用的室内温度，并不等于实际的室温。在严寒和寒冷地区，实际的室温由采暖系统保证。

换气次数是室内热环境的另外一个重要的设计指标。冬季室外的新鲜空气进入室内，一方面有利于确保室内的卫生条件，但另一方面又要消耗大量的能量，因此要确定一个合理的换气次数。换气次数也只是一个计算能耗时所采用的换气次数数值，并不等于实际的新风量。实际的换气次数是由住户自己控制的。在北方地区，由于冬季室内外温差很大，居民很注意窗户的密闭性，很少长时间开窗通风。

1-59 严寒和寒冷地区如何进一步划分气候区？

依据不同的采暖度日数HDD18和空调度日数CDD26范围，将严寒和寒冷地区进一步划分成为表1-5所示的五个子气候区。

居住建筑节能设计气候分区 **表 1-5**

气候分区		分区依据
严寒地区（Ⅰ区）	严寒(A)区	6000≤HDD18<8000
	严寒(B)区	5000≤HDD18<6000
	严寒(C)区	3800≤HDD18<5000
寒冷地区（Ⅱ区）	寒冷(A)区	2000≤HDD18<3800,CDD26≤ 90
	寒冷(B)区	2000≤HDD18<3800,90<CDD26≤200

1-60 公共建筑采暖和空调系统室内计算参数是什么?

采暖和空调系统室内计算参数，宜符合：

(1) 集中采暖系统室内计算温度，见表 1-6 所列；

(2) 空调系统室内计算参数，见表 1-7 所列。

集中采暖系统室内计算温度 **表 1-6**

建筑类型及房间名称	室内温度(℃)
1. 办公楼：	
门厅、楼(电)梯	16
办公室	20
会议室、接待室、多功能厅	18
走道、洗手间、公共食堂	16
车库	5
2. 餐饮：	
餐厅、饮食、小吃、办公	18
洗碗间	16
制作间、洗手间、配餐	16
厨房、热加工间	10
干菜、饮料库	8
3. 影剧院：	
门厅、走道	14
观众厅、放映室、洗手间	16
休息厅、吸烟室	18
化妆	20
4. 交通：	
民航候机厅、办公室	20
候车厅、售票厅	16
公共洗手间	16
5. 银行：	
营业大厅	18
走道、洗手间	16
办公室	20
楼(电)梯	14
6. 体育：	
比赛厅(不含体操)、练习厅	16
休息厅	18
运动员、教练员更衣室、休息室	20
游泳馆	26

续表

建筑类型及房间名称	室内温度(℃)	建筑类型及房间名称	室内温度(℃)
7. 商业：		餐厅、会议室	18
营业厅(百货、书籍)	18	走道、楼(电)梯间	16
鱼肉、蔬菜营业厅	14	公共浴室	25
副食(油、盐杂货)、洗手间	16	公共洗手间	16
办公	20	9. 图书馆：	
米面贮藏	5	大厅	16
百货仓库	10	洗手间	16
8. 旅馆：		办公室、阅览	20
大厅、接待	16	报告厅、会议室	18
客房、办公室	20	特藏、胶卷、书库	14

空调系统室内计算参数　　表 1-7

参数		冬季	夏季
温度(℃)	一般房间	20	25
	大堂、过厅	18	室内外温差≤10
风速 υ(m/s)		$0.1 \leqslant \upsilon \leqslant 0.20$	$0.15 \leqslant \upsilon \leqslant 0.30$
相对湿度(%)		30～60	40～65

1-61　公共建筑内人员所需的设计新风量是什么?

公共建筑内人员所需的设计新风量，应符合表 1-8 的规定。

公共建筑主要房间的设计新风量　　表 1-8

建筑类型与房间名称			新风量[m^3/(h.p)]
旅游旅馆	客房	一级	50
		二级	40
		三级	30

续表

<table>
<tr><th colspan="3">建筑类型与房间名称</th><th>新风量[$m^3/(h.p)$]</th></tr>
<tr><td rowspan="8">旅游旅馆</td><td rowspan="4">餐厅、宴会厅、多功能厅</td><td>一级</td><td>30</td></tr>
<tr><td>二级</td><td>25</td></tr>
<tr><td>三级</td><td>20</td></tr>
<tr><td>四级</td><td>15</td></tr>
<tr><td>大堂、四季厅</td><td>一～二级</td><td>10</td></tr>
<tr><td rowspan="2">商业、服务</td><td>一～二级</td><td>20</td></tr>
<tr><td>三～四级</td><td>10</td></tr>
<tr><td colspan="2">美容、理发、康乐设施</td><td>30</td></tr>
<tr><td rowspan="2">旅店</td><td rowspan="2">客房</td><td>3～5 星级</td><td>30</td></tr>
<tr><td>1～2 星级</td><td>20</td></tr>
<tr><td rowspan="3">文化娱乐</td><td colspan="2">影剧院、音乐厅、录像厅</td><td>20</td></tr>
<tr><td colspan="2">游艺厅、舞厅(包括卡拉 OK 歌厅)</td><td>30</td></tr>
<tr><td colspan="2">酒吧、茶座、咖啡厅</td><td>10</td></tr>
<tr><td colspan="3">体育馆</td><td>20</td></tr>
<tr><td colspan="3">商场(店)、书店</td><td>20</td></tr>
<tr><td colspan="3">饭馆(餐厅)</td><td>20</td></tr>
<tr><td colspan="3">办公</td><td>30</td></tr>
<tr><td rowspan="3">学校</td><td rowspan="3">教室</td><td>小学</td><td>11</td></tr>
<tr><td>初中</td><td>14</td></tr>
<tr><td>高中</td><td>17</td></tr>
</table>

注：出现最多人数的持续时间少于 3h 的房间，所需新风量可按室内的平均人数确定，该平均人数不应少于最多人数的 1/2。

1-62 为什么要开展既有建筑的节能改造？

从我国建筑节能的总体目标来看，在“十一五”期间单位 GDP 能耗降低 20％的总目标中，建筑节能占 20％，即 1.2 亿 t 标准煤，这主要从以下几个途径来实现：新建建筑节能占 7000

万 t 标准煤；北方既有居住建筑的节能改造占 1900 万 t 标准煤；建立国家机关办公建筑和大型公共建筑的节能监管体系要实现 1100 万 t 标准煤的节能量；可再生能源在建筑中的规模化应用要实现 1000 万 t 标准煤的节能量；绿色照明要实现 1000 万 t 标准煤的节能量。可见，国家机关办公建筑和大型公共建筑节能管理在实现建筑节能总目标中居于重要位置。

北京市目前约有 1.6 亿 m^2 的既有建筑需要进行节能改造（建造年代都在 2000 年以前，建筑标准低于现行节能设计标准），通过既有建筑的改造，一方面提高建筑标准降低能耗指标，同时提高人们的生活质量，带来的是能耗数据的积累，为今后的新型建筑合理用能奠定基础数据。

1-63 既有建筑节能改造实施步骤有哪些？

既有建筑节能改造问题是一个综合性的问题，涉及的范围较广、层面较多，在我国夏热冬冷地区，由于对该地区进行的研究工作不多，因此，在节能改造经验方面积累不足。参照相关地区的改造经验和方法，对既有建筑的节能改造把握以下几个原则：一是对改造的必要性、可行性以及投入收益比进行科学论证，改造收益大于改造成本时方可改造；二是建筑围护结构改造应当与采暖供热系统改造同步进行；三是符合建筑节能设计标准要求；四是充分考虑采用可再生能源。

对既有建筑的节能改造，分以下几个步骤进行：

（1）开展能源审计：对整个建筑进行系统的测试，全面调查和采集数据，分析既有建筑物的能耗现状，定性分析部位的节能潜力；

（2）通过对既有建筑的全年（尤其是夏、冬两季）动态能耗模拟，计算和测定能耗数据的分析，依照相关节能设计标准规范的要求，制定既有建筑物节能改造方案，同时通过技术分析，对比各种节能措施的节能效果，确定最优的综合改造方案；

（3）按照既定方案实施节能改造工程；

(4) 运行一个周期后对系统进行评估，总结节能效果(M&V)，按照计算结果，计算应支付的节能承包的费用。

1-64 既有建筑的实际能耗如何测试?

对既有建筑进行全年的动态实际能耗模拟测试并进行数据分析，得出影响改造方案的相关数据。

1. 冬季采暖条件下的测试

采用合适的测量仪器，测量采暖热量、供暖时间，同时测量室内外温度、室内外湿度、室内 CO_2 含量，并调查住户居住情况及测试期间用燃气量、用电量。通过采暖期的测试，可得出影响到改造方案确定的数据，为建筑内部得热和建筑物能耗指标。

2. 冬季室内不采暖或采用被动式采暖情况下的测试

测量室内外温度、室内外湿度、室内外围护结构表面温度、室内 CO_2 含量，并调查用户使用情况及测试期间用能（煤气、用电）量。通过测试可得出影响到改造方案确定的数据为建筑内部得热指标。

3. 夏季制冷情况下的测试

测定不同时间段室内温度、室外温度、室内外围护结构表面温度、室内 CO_2 含量，同时测定制冷量、制冷时间，并调查住户居住情况，测试期间用燃气量、用电量，由此得出影响改造方案的一些相关数据。

4. 夏季非空调环境下的测试

测试不同时间段在正常使用状态下，既有建筑物的室内外温度、室内外湿度、室内外围护结构表面温度以及测试期间用燃气量、用电量，由此得出影响改造方案的相关数据。

1-65 既有建筑的节能改造措施有哪些?

1. 围护结构节能改造措施

(1) 外墙节能改造

由于外墙外保温和外墙内保温相比，具有十分明显的优点，避免建筑冷（热）桥，减少结露；保护主体结构，减少温度应力，增加结构寿命，减少长期维修费用；增加房屋的使用面积；对既有建筑进行节能改造时不影响住户的生活等。因此，既有建筑外墙节能改造一般采用外墙外保温形式。外墙改造后最小热阻值应符合相关标准的规定。改造做法及构造要求，当有设计具体规定时，按设计要求进行。外墙隔热保温改造施工顺序如下：

1）外墙脚手架搭设及安全防护。由于对既有建筑进行节能改造时，原建筑物仍在正常使用。因此，必须进行周密的现场安全防护布置，尽量减少对人们生活和工作的干扰，保证住户安全，确保在施工期间，无物件坠落的现象。

2）墙面基层清理。将外墙墙面渗漏、风化、起酥部分剔除，清理干净，墙面不平之处，采用水泥砂浆补平，补平后砂浆必须与基层连接牢固，以保证墙体基层与外保温隔热层的连接性能。墙面如果有水管等设施，应暂时拆除，等保温隔热改造完毕后再安装。

3）基层界面处理。对基层界面进行处理，提高外保温隔热层与基层的粘结强度。

4）外墙保温隔热层施工。保温隔热材料的实际热工性能及其厚度应满足节能设计标准及设计图纸的要求；应采取适当的构造措施，避免某些局部部位产生冷（热）桥现象。一般来说，墙面上永久性的机械锚固、临时性的固定，以至于穿墙管道或者外墙上的附着物固定支架等，都会造成局部冷（热）桥。在施工中，应注意这些连接件对外墙的保温隔热性能产生的影响。无论是外墙保温隔热砂浆施工，还是保温隔热板施工，均须保证保温隔热层与墙体牢固结合。为防止温度剧烈变化对外墙保温隔热层的破坏，外墙保温隔热层施工时按 7m×7m 以内布置伸缩缝；同时采取措施，避免墙体的变形缝及抹灰接缝的边缘（如门窗洞口、边角处等）产生裂缝，并注意现场施工的相关要求，其施工质量应符合国家相关标准规范的质量要求。

5）外墙装饰面层施工。一般外墙饰面层应使用配套的建筑外墙柔性耐水腻子和弹性涂料，在施工时，应符合相关国家标准规范的要求。

（2）屋面节能改造措施

屋面保温隔热改造做法及构造要求应符合设计要求，其改造后的保温隔热阻值应符合当地有关标准的规定。

屋面的节能改造施工，其构造较外墙改造简单容易得多。施工时应注意施工荷载及所增加的自重荷载对屋面板结构的影响；当采用坡屋面改造时，亦应考虑到其抗震构造要求。屋面的节能改造施工及其节能处理，须符合现行国家规范《屋面工程质量验收规范》（GB 50207—2002）中的有关要求，其施工质量须符合有关标准规范的规定。

（3）门窗节能改造措施

既有非节能住宅建筑应尽量提高门窗的节能效果，减少外墙的节能分配。门窗在围护结构中是耗能较高的部分，传统的钢窗、木窗或铝合金窗热桥严重、气密性差。在夏季，由于遮阳不足，门窗的隔热性能较差，室外大量热源通过门窗传至室内。

对于外门窗的节能改造，可以采取在既有门窗不动的基础上安装新的节能门窗，最后再拆除旧的门窗（或采用双层窗），以保证建筑物在改造过程中的使用功能。合理地选用玻璃，可提高建筑外窗保温隔热性能。门窗的设置应有利于自然通风。改造所用门窗应有相关部门出具的“三性”即气密性、水密性、抗风压和其保温性能及机械性能的检测证书，其性能应符合当地有关标准的规定，且应符合国家相关规范的要求。做好门窗框周边与墙体间的密封处理，减少冷（热）桥现象。同时，做好遮阳措施，减少室外阳光等辐射热传递。门窗的安装施工应符合国家相关标准规范的规定。

2. 采暖制冷节能改造措施

减少建筑采暖制冷所需的能源消耗以及加强运行维护的管

理，也是既有建筑节能改造的路径之一。由于暖通空调系统的方式很多，设备产品较多，系统的设计与运行技术要求较高。因此，对原来系统的运行状况，如能耗指标、运行费用、维护费用、设备性能及空调质量等要有充分的运行数据。在确定改造方案时，与建筑、装修一起，充分考虑建筑结构对空调热负荷的影响，尽量利用建筑物的方位、形状和平面布置设计来减少建筑物的采暖季空调负荷。对采暖及空调系统设备的选用，也应尽量采用新型的、较成熟的能效比高的节能技术。

(1) 冷热源设备应尽量采用热泵机组。热泵的种类有很多，应具体结合当地的气候及资源（包括电力、水、蒸汽等）环境加以选择。

(2) 采取峰谷分时电价政策的地区，可考虑冰蓄冷等技术。

(3) 采用节能的空调方式，如变风量空调系统、低温送风方式。根据建筑物内冷热负荷的偏差较大的特点，可采用分层、分区等的空调方式。

对改造工程的施工，应严格把握好工程的施工质量。不得随意更改设计好的系统；严格控制风管的制作和安装质量，风管系统安装完毕应进行严密性测试，并达到规范的要求；严格把握保温工程的施工质量，其质量的优劣直接影响保温效果和使用寿命；应认真合理地组织好系统的调试，达到设计的要求。

1-66　建筑的节能改造的难度在哪里？

建筑的节能改造的难度不仅仅是经济问题，改造的全过程也存在大量的技术、安全和环境问题。

1-67　什么是建筑能效标识和建筑能效测评？

建筑能效标识是反映建筑物能源消耗量及其用能系统效率等性能指标，以信息标识的形式进行明示。建筑能效测评系统对反映建筑物能源消耗量及其用能系统效率等性能指标进行检测、计算，并给出其所处水平。

民用建筑能效的测评标识分为建筑能效理论值标识和建筑能效实测值标识两个阶段。民用建筑能效理论值标识在建筑物竣工验收合格之后进行，建筑能效理论值标识有效期为1年。建筑能效理论值标识后，应对建筑实际能效进行为期不少于1年的现场连续实测，根据实测结果对建筑能效理论值标识进行修正，给出建筑能效实测值标识结果，有效期为5年。

民用建筑能效的测评标识应以单栋建筑为对象，且包括与该建筑相联的管网和冷热源设备。在对相关文件资料、部品和构件性能检测报告审查以及现场抽查检验的基础上，结合建筑能耗计算分析及实测结果，综合进行测评。

1-68 什么是低成本节能改造?

节能改造是指根据国家现行有关节能法规和标准，主要对既有建筑物围护结构及用能系统实施检测、分析，通过采用成熟可靠的无成本、低成本节能措施（技术措施、优化运行管理、完善物业管理等）实施的节能改造，其投资回收期应在三年以内或改造后能耗节约率（与改造前能耗对比值）当年为10%～20%及以上，且连续3～5年使能耗成本维持在能耗降低后的基准线内的改造项目。

1-69 什么是合同能源管理?

合同能源管理是指为用户的节能项目进行投资或融资，向用户提供能源效率审计和节能项目设计、施工、监测、监督、管理等一条龙服务，通过与用户分享项目实施后产生的节能效益来回收改造投资费用。

其中也可通过专项技术服务合同方式对节能改造项目进行全

过程的技术支持和协调管理的工作；通过相关的策略及技术应用达到降低建筑整体能耗目标。

1-70 什么是建筑能源审计？节能诊断？

能源审计是指用能单位或主管部门自己或委托专业机构，根据国家有关节能法规和标准，对能源使用的物理过程和财务过程进行检测、核查、分析和评价并给出改进建议的活动。

建筑节能诊断是指由专业的建筑节能服务单位受政府主管部门或业主的委托，对建筑的部分或全部依据现行国家及北京市节能规范进行核查、诊断，对建筑物能耗及能源利用的合理性作出分析和评价，明确建筑用能不合理的具体问题及原因，并提出改进措施建议，以降低建筑能耗、提高建筑能源利用效率的工作。

1-71 什么是楼宇式热电（冷）联产技术？

楼宇式燃气热电冷联产系统（BCHP）是为建筑物提供热、电和冷的现场能源综合利用系统。它工作的基本原理是：首先利用天然气高品位热能在原动机中做功发电，再利用原动机发电所产生的废热进行供热、除湿或驱动吸收机制冷，从而实现能源的梯级利用。联产系统的组成部分，主要可分为：发电机组、余热回收设备和蓄能装置。

1-72 常规的用能设备有哪些？

（1）采暖、空调系统（供冷、供热及末端设备）。

（2）室内办公设备。

（3）照明系统及设备。

（4）综合服务用能设备。

1）通风设备（非空调区）；

2）给水排水系统及用能设备；

3）电梯；

4）其他设备。

1-73 燃烧1t标煤产生的污染是什么？

1t标煤产生污染为：0.83t粉尘排放，3.05t CO_2 排放，0.092t SO_2 排放。各种能源参考热值及折标准煤系数见表1-9所列。

各种能源参考热值及折标准煤系数表　　表1-9

能源名称	平均低位发热量	折标准煤系数
原煤	20908kJ(5000kcal)/kg	0.7143kg标准煤/kg
洗精煤	26344kJ(6300kcal)/kg	0.9000kg标准煤/kg
其他洗煤		
(1)洗中煤	8363kJ(2000kcal)/kg	0.2857kg标准煤/kg
(2)煤泥	8363-12545kJ(2000～3000kcal)/kg	0.2857～0.4286kg标准煤/kg
焦炭	28435kJ(6800kcal)/kg	0.9714kg标准煤/kg
原油	41816kJ(10000kcal)/kg	1.4286kg标准煤/kg
燃料油	41816kJ(10000kcal)/kg	1.4286kg标准煤/kg
汽油	43070kJ(10300kcal)/kg	1.4714kg标准煤/kg
煤油	43070kJ(10300kcal)/kg	1.4714kg标准煤/kg
柴油	42652kJ(10200kcal)/kg	1.4571kg标准煤/kg
液化石油气	50179kJ(12000kcal)/kg	1.7143kg标准煤/kg
炼厂干气	45998kJ(11000kcal)/kg	1.5714kg标准煤/kg
天然气	38931kJ(9310kcal)/ m^3	1.3300kg标准煤/ m^3
焦炉煤气	16726～17981kJ(4000～4300kcal)/ m^3	0.5714～0.6143kg标准煤/ m^3
其他煤气		
(1)发生炉煤气	5227kJ(1250kcal)/ m^3	0.1786kg标准煤/ m^3

续表

能 源 名 称	平均低位发热量	折标准煤系数
(2)重油催化裂解煤气	19235kJ(4600kcal)/m^3	0.6571kg 标准煤/m^3
(3)重油热裂解煤气	35544kJ(8500kcal)/m^3	1.2143kg 标准煤/m^3
(4)焦炭制气	16308kJ(3900kcal)/m^3	0.5571kg 标准煤/m^3
(5)压力气化煤气	15054kJ(3600kcal)/m^3	0.5143kg 标准煤/m^3
(6)水煤气	10454kJ(2500kcal)/m^3	0.3571kg 标准煤/m^3
煤焦油	33453kJ(8000kcal)/kg	1.1429kg 标准煤/kg
粗苯	41816kJ(10000kcal)/kg	1.4286kg 标准煤/kg
热力(当量)	按热焓计算	0.03412kg 标准煤/106J (0.14286kg 标准煤/1000kcal)
电力(当量)	3596kJ(860kcal)/kW·h	0.1229kg 标准煤/kW·h
电力(等价)	11826kJ(2828kcal)/kW·h	0.4040kg 标准煤/kW·h

二、建筑墙体节能技术

2-1　居住建筑的体形系数限值是什么?

建筑物的体形系数应符合表 2-1 的规定，如果体形系数不满足表 2-1 的规定，则必须进行围护结构热工性能的权衡判断。

居住建筑的体形系数限值　　　　**表 2-1**

	建筑层数			
	≤3 层	4～8 层	9～13 层	≥14 层
严寒地区	≤0.50	≤0.30	≤0.28	≤0.25
寒冷地区	≤0.52	≤0.33	≤0.30	≤0.26

建筑物体形系数是指建筑物的外表面积和外表面积所包围的体积之比。

建筑物的平、立面不应出现过多的凹凸，体形系数的大小对建筑能耗的影响非常显著。体形系数越小，单位建筑面积对应的外表面积越小，外围护结构的传热损失越小。从降低建筑能耗的角度出发，应该将体形系数控制在一个较小的水平上。

2-2　严寒地区（A）区（6000≤HDD18＜8000）围护结构热工性能限值是什么?

严寒地区（A）区（6000≤HDD18＜8000）围护结构热工性能限值应满足表 2-2 的规定。

严寒地区（A）区（6000≤HDD18<8000）围护结构热工性能限值

表 2-2

围护结构部位	传热系数 K[W/(m^2·K)]			
	≤3 层建筑	4～8 层建筑	9～13 层建筑	≥14 层建筑
屋面	0.20	0.25	0.25	0.25
外墙	0.25	0.40	0.45	0.50
架空或外挑楼板	0.30	0.40	0.40	0.40
非采暖地下室顶板	0.35	0.45	0.45	0.45
分隔采暖与非采暖空间的隔墙	1.2	1.2	1.2	1.2
户门	1.5	1.5	1.5	1.5
阳台门下部门芯板	1.2	1.2	1.2	1.2
外窗　窗墙面积比≤20%	2.0	2.0	2.5	2.5
外窗　20%<窗墙面积比≤30%	1.8	2.0	2.2	2.2
外窗　30%<窗墙面积比≤40%	1.6	1.8	2.0	2.0
外窗　40%<窗墙面积比≤45%	1.5	1.6	1.8	1.8
围护结构部位	保温材料层热阻 R[(m^2·K)/W]			
周边地面	1.67	1.39	1.11	1.11
地下室外墙（与土壤接触的外墙）	1.82	1.52	1.21	1.21

2-3　严寒地区（B）区（5000≤HDD18<6000）围护结构热工性能限值是什么？

严寒地区（B）区（5000≤HDD18<6000）围护结构热工性能限值应满足表 2-3 的规定。

严寒地区（B）区（5000≤HDD18<6000）围护结构热工性能限值

表 2-3

围护结构部位	传热系数 K[W/(m^2·K)]			
	≤3 层建筑	4～8 层建筑	9～13 层建筑	≥14 层建筑
屋面	0.25	0.30	0.30	0.30
外墙	0.30	0.45	0.50	0.55

续表

围护结构部位		传热系数 K[W/(m² · K)]			
		≤3 层建筑	4～8 层建筑	9～13 层建筑	≥14 层建筑
架空或外挑楼板		0.30	0.45	0.45	0.45
非采暖地下室顶板		0.35	0.50	0.50	0.50
分隔采暖与非采暖空间的隔墙		1.2	1.2	1.2	1.2
户门		1.5	1.5	1.5	1.5
阳台门下部门芯板		1.2	1.2	1.2	1.2
外窗	窗墙面积比≤20%	2.0	2.0	2.5	2.5
	20%<窗墙面积比≤30%	1.8	2.0	2.2	2.2
	30%<窗墙面积比≤40%	1.6	1.8	2.0	2.0
	40%<窗墙面积比≤45%	1.5	1.6	1.8	1.8
围护结构部位		保温材料层热阻 R[(m² · K)/W]			
周边地面		1.39	1.11	0.83	0.83
地下室外墙(与土壤接触的外墙)		1.52	1.21	0.91	0.91

2-4 严寒地区（C）区（3800≤HDD18<5000）围护结构热工性能限值是什么？

严寒地区（C）区（3800≤HDD18<5000）围护结构热工性能限值应满足表 2-4 的规定。

严寒地区（C）区（3800≤HDD18<5000）围护结构热工性能限值

表 2-4

围护结构部位	传热系数 K[W/(m² · K)]			
	≤3 层建筑	4～8 层建筑	9～13 层建筑	≥14 层建筑
屋面	0.30	0.40	0.40	0.40
外墙	0.35	0.50	0.55	0.60
架空或外挑楼板	0.35	0.50	0.50	0.50
非采暖地下室顶板	0.50	0.60	0.60	0.60
分隔采暖与非采暖空间的隔墙	1.5	1.5	1.5	1.5

续表

围护结构部位		传热系数 K[W/(m² · K)]			
		≤3 层建筑	4～8 层建筑	9～13 层建筑	≥14 层建筑
户门		1.5	1.5	1.5	1.5
阳台门下部门芯板		1.2	1.2	1.2	1.2
外窗	窗墙面积比≤20%	2.0	2.0	2.5	2.5
	20%<窗墙面积比≤30%	1.8	2.0	2.2	2.2
	30%<窗墙面积比≤40%	1.6	1.8	2.0	2.0
	40%<窗墙面积比≤45%	1.5	1.6	1.8	1.8
围护结构部位		保温材料层热阻 R[(m² · K)/W]			
周边地面		1.11	0.83	0.56	0.56
地下室外墙(与土壤接触的外墙)		1.21	0.91	0.61	0.61

2-5 寒冷地区（A）区（2000≤HDD18<3800，CDD26≤90） 围护结构热工性能限值是什么？

寒冷地区（A）区（2000≤HDD18<3800，CDD26≤90）围护结构热工性能限值应满足表 2-5 的规定。

寒冷地区（A）区（2000≤HDD18<3800，CDD26≤90）围护结构热工性能限值　　表 2-5

围护结构部位	传热系数 K[W/(m² · K)]			
	≤3 层建筑	4～8 层建筑	9～13 层建筑	≥14 层建筑
屋面	0.35	0.45	0.45	0.45
外墙	0.45	0.60	0.65	0.70
架空或外挑楼板	0.45	0.60	0.60	0.60
非采暖地下室顶板	0.50	0.65	0.65	0.65
分隔采暖与非采暖空间的隔墙	1.5	1.5	1.5	1.5
户门	2.0	2.0	2.0	2.0
阳台门下部门芯板	1.7	1.7	1.7	1.7

续表

围护结构部位		传热系数 K[W/(m²·K)]			
		≤3 层建筑	4～8 层建筑	9～13 层建筑	≥14 层建筑
外窗	窗墙面积比≤20%	2.8	3.1	3.1	3.1
	20%<窗墙面积比≤30%	2.5	2.8	2.8	2.8
	30%<窗墙面积比≤40%	2.0	2.5	2.5	2.5
	40%<窗墙面积比≤50%	1.8	2.0	2.3	2.3
围护结构部位		保温材料层热阻 R[(m²·K)/W]			
周边地面		0.83	0.56	—	—
地下室外墙(与土壤接触的外墙)		0.91	0.61	—	—

2-6 寒冷地区（B）区（2000≤HDD18＜3800，90＜CDD26≤200）围护结构热工性能限值是什么?

寒冷地区（B）区（2000≤HDD18＜3800，90＜CDD26≤200）围护结构热工性能限值应满足表 2-6 的规定。

寒冷地区（B）区（2000≤HDD18＜3800，90＜CDD26≤200）围护结构热工性能限值　　表 2-6

围护结构部位	传热系数 K[W/(m²·K)]			
	≤3 层建筑	4～8 层建筑	9～13 层建筑	≥14 层建筑
屋面	0.35	0.45	0.45	0.45
外墙	0.45	0.60	0.65	0.70
架空或外挑楼板	0.45	0.60	0.60	0.60
非采暖地下室顶板	0.50	0.65	0.65	0.65
分隔采暖与非采暖空间的隔墙	1.5	1.5	1.5	1.5
户门	2.0	2.0	2.0	2.0
阳台门下部门芯板	1.7	1.7	1.7	1.7

续表

围护结构部位		传热系数 K[W/(m²·K)]			
		≤3层建筑	4～8层建筑	9～13层建筑	≥14层建筑
外窗	窗墙面积比≤20%	2.8	3.1	3.1	3.1
	20%<窗墙面积比≤30%	2.5	2.8	2.8	2.8
	30%<窗墙面积比≤40%	2.0	2.5	2.5	2.5
	40%<窗墙面积比≤50%	1.8	2.0	2.3	2.3
围护结构部位		保温材料层热阻 R[(m²·K)/W]			
周边地面		0.83	0.56	—	—
地下室外墙(与土壤接触的外墙)		0.91	0.61	—	—

注：1. 外墙的传热系数是指考虑了热桥影响后计算得到的平均传热系数；
2. 表中的窗墙面积比按建筑开间计算；
3. 周边地面是指室内距内墙面 2m 以内的地面，周边地面保温材料层不包括土壤和混凝土地面。

2-7 寒冷地区（B）区（2000≤HDD18＜3800，100＜CDD26≤200）外窗综合遮阳系数限值是什么？

寒冷地区（B）区（2000≤HDD18＜3800，100＜CDD26≤200）外窗综合遮阳系数限值应满足表 2-7 的规定。

寒冷地区（B）区（2000≤HDD18＜3800，100＜CDD26≤200）外窗综合遮阳系数限值　　表 2-7

		遮阳系数 SC(东、西向/南、北向)			
		≤3层建筑	4～8层建筑	9～13层建筑	≥14层建筑
外窗	窗墙面积比≤20%	—/—	—/—	—/—	—/—
	20%<窗墙面积比≤30%	—/—	—/—	—/—	—/—
	30%<窗墙面积比≤40%	0.45/—	0.45/—	0.45/—	0.45/—
	40%<窗墙面积比≤50%	0.35/—	0.35/—	0.35/—	0.35/—

注：1. 表中的窗墙面积比按建筑开间计算；
2. 综合遮阳系数＝窗的遮阳系数×外遮阳的遮阳系数；
3. 窗的遮阳系数＝玻璃的遮阳系数×(1－窗框比)，PVC 塑钢窗或木窗窗框比可取 0.30，铝合金窗窗框比可取 0.20。

2-8 外墙内保温技术的优缺点？

外墙内保温是将保温材料置于外墙体的内侧，对于建筑外墙来说，可以是多孔轻质保温块材、板材或保温浆料等。

1. 外墙内保温技术的优点

(1) 它对饰面和保温材料的防水、耐候性等技术指标的要求不甚高，纸面石膏板、石膏抹面砂浆等均可满足使用要求，取材方便。

(2) 内保温材料被楼板所分隔，仅在一个层高范围内施工，不需搭设脚手架。

2. 外墙内保温技术的缺点

(1) 许多种类的内保温做法，由于材料、构造、施工等原因，饰面层易出现开裂。

(2) 不便于用户二次装修和吊挂饰物。

(3) 占用室内使用空间。

(4) 由于圈梁、楼板、构造柱等会引起热桥，热损失较大。

2-9 外墙外保温技术的优缺点？

1. 外墙外保温技术的优点

(1) 适用范围广，适用于不同气候区的建筑保温。

(2) 保温隔热效果明显，建筑物外围护结构的热桥少，影响也小。

(3) 能保护主体结构，大大减少了自然界温度、湿度、紫外线等对主体结构的影响。

(4) 有利于改善室内环境。

2. 外墙外保温技术的缺点

(1) 在寒冷、严寒及夏热冬冷地区，此类墙体与传统墙体相比保温层偏厚，与内侧墙之间需有牢固连接，构造较传统墙体复杂。

（2）外围护结构的保温较多采用有机保温材料，对系统的防火要求高。

（3）外墙体保温层一旦出现裂缝等质量问题，维修起来比较困难。

2-10 墙体自保温技术的优缺点？

结构保温一体化技术在建筑中主要用于框架填充保温墙以及预制保温墙板。

1. 墙体自保温技术的优点

（1）适用范围广，适用于不同气候区的建筑保温。

（2）系统具有夹心保温的优点。

2. 墙体自保温技术的缺点

（1）在寒冷、严寒地区，墙体偏厚。

（2）框架以及节点部分仍易产生热桥。其中多孔轻质保温材料构成的轻型墙体（如彩色钢板聚苯或聚氨酯泡沫夹心墙体），其传热系数 K 值可能较小，或其传热阻值 R_0 可能较大，亦即其保温性能可能较好，但因其是轻质墙体，热稳定性往往较差。

2-11 复合保温墙体（夹心保温）技术的优缺点？

复合保温墙体技术是将保温材料置于同一外墙的内、外侧墙片之间，建筑框架结构可以在砌筑内、外填充墙间填充保温材料。

1. 复合保温墙体技术优点

（1）内、外填充墙的防水、耐候等性能均良好，对保温材料形成有效的保护，各种有机、无机保温材料均可使用。

（2）对施工季节和施工条件的要求不太高，不影响冬期施工。

2. 复合保温墙体技术的缺点

（1）在非严寒地区，此类墙体与传统墙体相比偏厚。

（2）内、外侧墙片之间需有连接件连接，构造较传统墙体复杂。

（3）建筑中圈梁和构造柱的设置，使热桥更多。

（4）内外墙体温差应力大，形成较大的温度应力，易出现变形裂缝。

2-12 外墙夹心保温技术通常有哪些做法？选用时应注意些什么？

（1）外墙夹心保温一般以24cm砖墙做外墙片，以12cm砖墙为内墙片，也有内外墙片相反的做法。两片墙之间留出空腔，随砌墙随填充保温材料。保温材料可为岩棉、EPS板或XPS板、散装或袋装膨胀珍珠岩等。两片墙之间可采用砖拉结或钢筋拉结，并设钢筋混凝土构造柱和圈梁连接内外墙片。

（2）小型混凝土空心砌块EPS板或XPS板夹心墙构造做法：内墙片为190mm厚混凝土空心砌块，外墙片为90mm厚混凝土空心砌块，两片墙之间的空腔中填充EPS板或XPS板，EPS板或XPS板与外墙片之间有一定厚度的空气层。在圈梁部位按一定间距用混凝土挑梁连接内外墙片。

选用此类保温时应注意：

1）夹心保温做法可用于寒冷地区和严寒地区。

2）应充分估计热桥影响，设计热阻值应取考虑热桥影响后复合墙体的平均热阻。

3）应做好热桥部位节点构造保温设计，避免内表面出现结露问题。

4）夹心保温易造成外墙或外墙片温度裂缝，设计时需注意采取加强措施和防止雨水渗透措施。

2-13 目前相对比较成熟的外墙保温技术主要有几种?

1. 墙体外粘（锚）保温板体系

国内目前较为普遍的做法是在墙体外部粘贴保温板，并加塑料胀栓锚固（这是从美国引进的技术俗称“薄抹灰”系统）。其外表做法是在保温板外部抹聚合物水泥砂浆，压入玻纤网格布，最后在其表面刮柔性腻子和涂料面层。保温板一般用 EPS 板，也可用 XPS 板和 PU 板。这种做法在国内应用较为广泛，可适用于各种墙体面层及不同层数不同结构体系的外墙表面。

目前为了提高防火性能又发展一种墙体外粘（锚）保温板“厚抹灰”体系，即在保温板外表面先抹一定厚度具有防火性能的保温砂浆，再做聚合物水泥砂浆玻纤网格布。

2. 墙体外抹保温浆料体系

这是以轻质颗料为骨料（如聚苯、珍珠岩、玻化微珠等），以硅酸盐材料为胶结料制成的具有保温性能的浆料，涂抹在外墙上，表面用聚合物水泥砂浆和耐碱玻纤网格布做加强，最后在其表面刮柔性腻子和涂料面层。这种做法适用于各种不同形状、不同墙材、不同层数和高度的建筑外墙。

3. 现浇混凝土剪力墙与外保温板结合的体系

这一体系适用于现浇混凝土剪力墙结构体系，其方法是：当墙体钢筋绑扎完毕后，将保温板置于墙体钢筋外侧，再安装内外大模板，浇筑墙体混凝土，使外墙外保温板与墙体结合在一起。保温板又分带钢丝网架和不带钢丝网架的，其中采用钢丝网架保温板表面抹水泥抗裂砂浆有利于粘贴面砖材料。

4. 硬泡聚氨酯外保温体系

将发泡聚氨酯保温材料喷涂于基层墙体上，聚氨酯保温材料面层找平，表面再做聚合物水泥砂浆玻纤网格布。

也有采用发泡聚氨酯浇筑法，将发泡聚氨酯浇筑于基层墙面与外模之间，在墙面形成聚氨酯保温层。

5. 保温装饰一体化外保温体系

以聚氨酯为保温材料，饰面砖装饰，两者结合，由工厂预制成板材，将其安装在外墙表面。这种做法较适用于多层建筑外墙，更适宜用于既有建筑的改造。

6. 幕墙节能体系

本体系是在墙体外部设垂直和水平龙骨，安装饰板，中间有空气层墙外表放置保温材料，在保温层内外设防水膜气膜，表面挂装饰材，可用石材、金属、陶瓷、塑料板或其他材料，该体系适用于各种不同层数和结构的建筑体系。

2-14 什么是外墙外保温系统？ 其技术要求是什么？

外墙外保温系统由粘结层、保温层、抹面层和饰面层等构成，以可靠的方式安装在外墙外表面的非承重保温构造。外墙外保温系统的性能应符合表 2-8 的规定。

外墙外保温系统性能　　表 2-8

<table>
<tr><th rowspan="2">项目</th><th colspan="8">指　标</th></tr>
<tr><th>粘贴保温板薄抹灰外墙外保温系统</th><th>现浇混凝土模板内置保温板外墙外保温系统</th><th>钢丝网架保温板现浇混凝土外墙外保温系统</th><th>免拆模浇筑硬泡聚氨酯自粘结外墙外保温系统</th><th>喷涂或拆模浇筑硬泡聚氨酯自粘结外墙外保温系统</th><th>保温装饰复合板外墙外保温系统</th><th>胶粉聚苯颗粒贴砌保温板外墙外保温系统</th><th>保温浆料自粘结外墙外保温系统</th></tr>
<tr><td rowspan="2">耐候性能</td><td colspan="6">试验后抹面层与保温层拉伸粘结强度不小于100kPa,对于保温装饰复合板外墙外保温系统试验后,饰面层与保温层拉伸粘结强度不小于100kPa</td><td colspan="2">试验后抹面层与保温层拉伸粘结强度不小于50kPa</td></tr>
<tr><td colspan="8">试验后系统不得出现起泡或剥落、抹面层及饰面层空鼓或脱落等破坏,不得产生目测可见裂缝</td></tr>
<tr><td rowspan="2">耐冻融性能</td><td colspan="6">10 次冻融循环试验后抹面层与保温层拉伸粘结强度要求不小于 100kPa,对于保温装饰复合板外墙外保温系统试验后,饰面层与保温层拉伸粘结强度不小于 100kPa</td><td colspan="2">10 次冻融循环试验后抹面层与保温层拉伸粘结强度要求不小于 50kPa</td></tr>
<tr><td colspan="8">试验后系统不得出现起泡或剥落、抹面层及饰面层空鼓或脱落等破坏,不得产生渗水裂缝</td></tr>
</table>

续表

<table>
<tr><td rowspan="2">项目</td><td colspan="8">指　标</td></tr>
<tr><td>粘贴保温板薄抹灰外墙外保温系统</td><td>现浇混凝土模板内置保温板外墙外保温系统</td><td>钢丝网架保温板现浇混凝土外墙外保温系统</td><td>免拆模浇筑硬泡聚氨酯自粘结外墙外保温系统</td><td>喷涂或拆模浇筑硬泡聚氨酯自粘结外墙外保温系统</td><td>保温装饰复合板外墙外保温系统</td><td>胶粉聚苯颗粒贴砌保温板外墙外保温系统</td><td>保温浆料自粘结外墙外保温系统</td></tr>
<tr><td rowspan="2">抗冲击性</td><td colspan="8">普通型 3J 级，适用于建筑物二层及以上墙面等不易受碰撞部位</td></tr>
<tr><td colspan="8">加强型 10J 级，适用于建筑物首层墙面以及门窗口等易受碰撞部位</td></tr>
<tr><td>吸水量</td><td colspan="8">水中浸泡 1h，系统的吸水量小于 1.0kg/m²</td></tr>
<tr><td>热阻</td><td colspan="8">实测值</td></tr>
<tr><td>抹面层不透水性</td><td colspan="8">2h 不透水</td></tr>
<tr><td>水蒸气湿流密度</td><td colspan="8">≥0.85g/(m²·h)</td></tr>
<tr><td>防火性能</td><td colspan="8">系统不具有火焰传播性（未批准，不能引用。如已批准，可加）</td></tr>
</table>

注：1. 水中浸泡 24h，当只带有抹面层和带有抹面层及饰面层的系统的吸水量均小于 0.5kg/m^2 时，不检验耐冻融性能；

2. 如系统设计带有防火构造，须检查防火构造是否符合设计和相关标准要求，并对带有防火构造的系统进行试验；

3. 对于系统的防火性能试验，每个企业的每一种外保温系统只做一次，满足要求即可；当系统中的任一组成材料发生变化时，应进行再次试验。

2-15　什么是外墙外保温工程？

外墙外保温工程是指将外墙外保温系统通过组合、组装、施工或安装固定在外墙外表面上所形成的建筑物实体。

2-16　什么是粘贴保温板薄抹灰外墙外保温系统？其基本构造如何？

由粘结层、保温板、保温层、薄抹灰抹面层和饰面层构成的，依附于外墙外表面，起保温、防护和装饰作用的构造系统。

粘贴保温板薄抹灰外墙外保温系统基本构造见表 2-9 所列。

粘贴保温板薄抹灰外墙外保温系统基本构造　　表 2-9

基层①	系统的基本构造				构造示意图
	粘结层②	保温层③	抹面层④	饰面层⑤	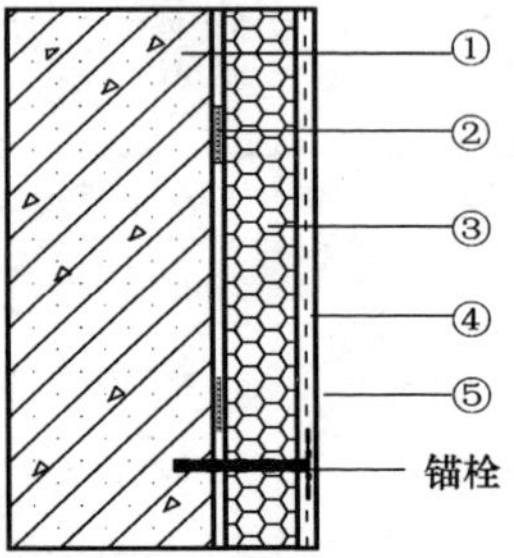
混凝土墙体、各种砌体	保温板胶粘剂	保温板（必要时界面处理）	Ⅰ型抹面胶浆复合玻纤网格布	柔性饰面	

注：必要时进行基层找平，粘锚结合时使用锚栓（锚栓应画在网格布内侧）。

2-17 什么是现浇混凝土模板内置保温板外墙外保温系统？其基本构造如何？

将预处理的保温板内置于模板内侧作为保温层，浇筑混凝土形成粘结层，再进行抹面层和饰面层施工，形成的具有保温隔热、防护和装饰作用的构造系统。现浇混凝土模板内置保温板外墙外保温系统基本构造见表 2-10 所列。

现浇混凝土模板内置保温板外墙外保温系统基本构造

表 2-10

基层①	系统的基本构造			构造示意图
	保温层②	抹面层③	饰面层④	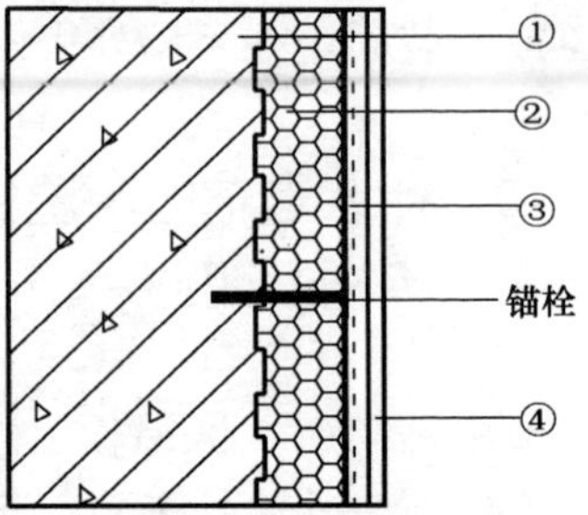
混凝土墙体	保温板（界面处理）	Ⅰ型抹面胶浆复合玻纤网格布（必要时先找平）	柔性饰面	

2-18 什么是钢丝网架保温板现浇混凝土外墙外保温系统？其基本构造如何？

将钢丝网架保温板内置于模板内侧作为保温层，浇筑混凝土形成粘结层，再进行抹面层和饰面层施工，形成的具有保温隔热、防护和装饰作用的构造系统。钢丝网架保温板现浇混凝土外墙外保温系统基本构造见表 2-11 所列。

钢丝网架保温板现浇混凝土外墙外保温系统基本构造

表 2-11

基层 ①	系统的基本构造			构造示意图
	保温层 ②	抹面层 ③	饰面层 ④	
混凝土墙体	钢丝网架保温板（界面处理）	Ⅲ型抹面胶浆（其他符合要求的胶浆）＋Ⅰ型抹面胶浆复合玻纤网格布	柔性饰面	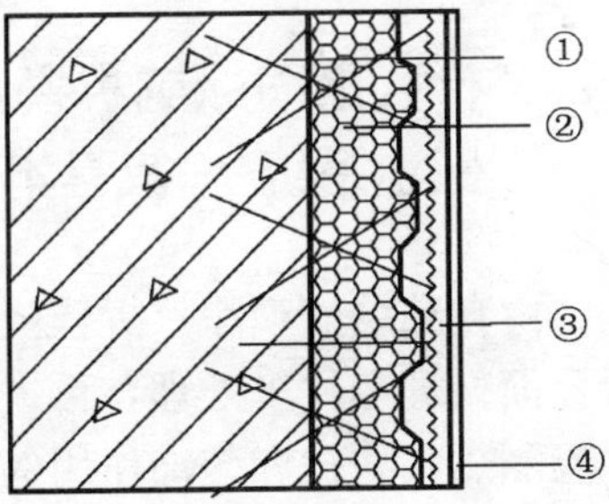 ① ② ③ ④

2-19 什么是胶粉聚苯颗粒贴砌保温板外墙外保温系统？其基本构造如何？

以专用胶粉聚苯颗粒保温浆料作为粘结层，粘结保温板作为保温层，涂抹专用胶粉聚苯颗粒保温浆料和抹面胶浆作为抹面层，再进行饰面层施工形成的具有保温隔热、防护和装饰作用的构造系统。胶粉聚苯颗粒贴砌保温板外墙外保温系统基本构造见表 2-12 所列。

胶粉聚苯颗粒贴砌保温板外墙外保温系统基本构造

表 2-12

基层①	系统的基本构造					构造示意图
	界面层②	粘结层③	保温层④	抹面层⑤	饰面层⑥	
混凝土墙体、各种砌体	界面处理剂	粘贴用胶粉聚苯颗粒保温浆料	保温板（界面处理）	粘贴胶粉聚苯颗粒保温浆料+Ⅱ型抹面胶浆复合玻纤网格布	柔性饰面	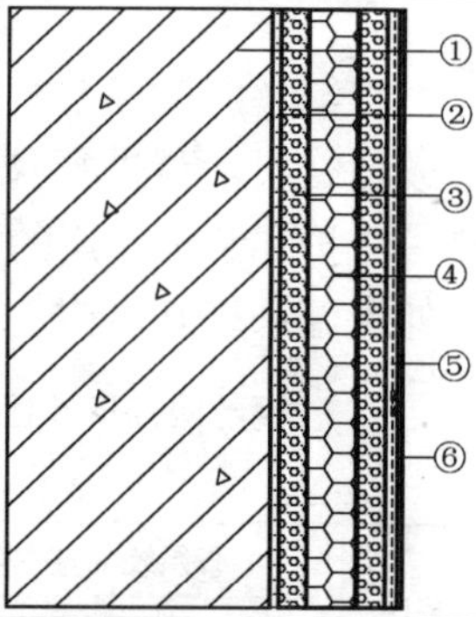 ① ② ③ ④ ⑤ ⑥

2-20 什么是喷涂或拆模浇筑硬泡聚氨酯自粘结外墙外保温系统？其基本构造如何？

由自粘结的喷涂（拆模浇筑）硬泡聚氨酯作为保温层，并进行界面处理和找平处理，再进行抹面层和饰面层施工形成的具有保温隔热、防护和装饰作用的构造系统。喷涂或拆模浇筑硬泡聚氨酯自粘结外墙外保温系统基本构造见表 2-13 所列。

喷涂或拆模浇筑硬泡聚氨酯自粘结外墙外保温系统基本构造

表 2-13

基层①	系统的基本构造				构造示意图
	保温层②	界面层③	抹面层④	饰面层⑤	
混凝土墙体、各种砌体	喷涂或浇筑硬泡聚氨酯	界面处理剂	Ⅰ型抹面胶浆复合玻纤网格布（必要时先找平）	柔性饰面	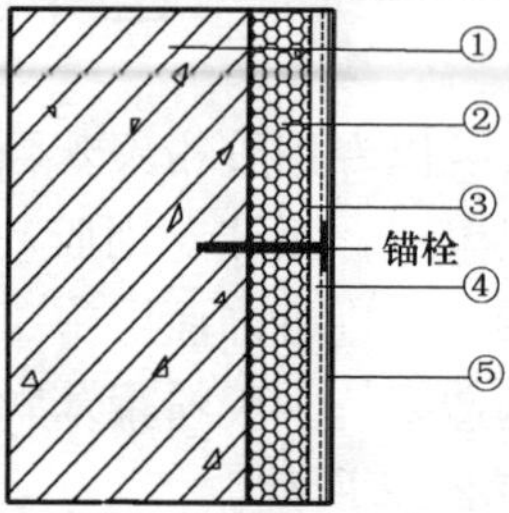 ① ② ③ 锚栓 ④ ⑤

2-21 什么是免拆模浇筑硬泡聚氨酯自粘结外墙外保温系统？其基本构造如何？

将不拆卸的模板固定于基层形成空腔，空腔内浇筑硬泡聚氨酯自粘结形成保温层，再在模板上进行抹面层和饰面层的施工形成的具有保温隔热、防护和装饰作用的构造系统。免拆模浇筑硬泡聚氨酯自粘结外墙外保温系统基本构造见表 2-14 所列。

免拆模浇筑硬泡聚氨酯自粘结外墙外保温系统基本构造

表 2-14

系统的基本构造					构造示意图
基层 ①	保温层 ②	模板 ③	抹面层 ④	饰面层 ⑤	
混凝土墙体、各种砌体	浇筑硬泡聚氨酯	专用免拆模板	Ⅰ型抹面胶浆复合玻纤网格布	柔性饰面	① ② ③ 模板固定件 ④ ⑤

注：必要时进行基层找平、防潮处理和抹面层的施工。

2-22 什么是保温浆料外墙外保温系统？其基本构造如何？

由界面层、保温浆料保温层、抹面层和饰面层构成的，依附于外墙外表面，起保温隔热、防护和装饰作用的构造系统。保温浆料外墙外保温系统基本构造见表 2-15 所列。

保温浆料外墙外保温系统基本构造　　表 2-15

基层 ①	系统的基本构造				构造示意图
	界面层 ②	保温层 ③	抹面层 ④	饰面层 ⑤	
混凝土墙体、各种砌体	界面处理剂	保温浆料	Ⅱ型抹面胶浆复合玻纤网格布	柔性饰面	① ② ③ ④ ⑤

2-23　什么是保温装饰复合板外墙外保温系统？其基本构造如何？

由粘结层和保温装饰复合板构成，辅以专用锚栓固定于外墙外表面，起保温、防护和装饰作用的构造系统。保温装饰复合板外墙外保温系统基本构造见表 2-16 所列。

保温装饰复合板外墙外保温系统基本构造　　表 2-16

基层 ①	系统的基本构造		构造示意图
	粘结层 ②	保温装饰层 ③	
混凝土墙体、各种砌体	保温板胶粘剂	保温装饰复合板	① ② 锚固件 ③

注：必要时进行基层找平，保温装饰复合板必要时进行单界面处理或使用锚固件。

2-24 外墙外保温系统保温板胶粘剂的技术要求是什么?

外墙外保温系统保温板胶粘剂技术要求应符合表 2-17 的规定。

保温板胶粘剂的技术要求 **表 2-17**

项目		指标
拉伸粘结强度(kPa)(与水泥砂浆)	原强度	≥600
	耐水(干燥 7d)	≥400
拉伸粘结强度(kPa)(与保温板，保温板可做界面处理)	原强度	≥100
	耐水(干燥 7d)	

2-25 贴砌保温板外保温系统用粘结胶粉聚苯颗粒保温浆料的技术要求是什么?

贴砌保温板外保温系统用粘结胶粉聚苯颗粒保温浆料的技术要求应符合表 2-18 的规定。

贴砌保温板外保温系统用粘结胶粉聚苯颗粒保温浆料的技术要求 **表 2-18**

项目		指标
导热系数[W/(m·K)](平均温度 25℃)		≤0.075
软化系数		≥0.5
拉伸粘结强度(kPa)(与水泥砂浆)	原强度	≥100
	耐水(干燥 7d)	
拉伸粘结强度(kPa)(与保温板，保温板可做界面处理)	原强度	≥100
	耐水(干燥 7d)	≥80
燃烧性能		不低于 B_1 级

2-26 外墙外保温系统界面处理剂的技术要求是什么?

外墙外保温系统界面处理剂可分为Ⅰ型和Ⅱ型，其技术要求应符合表 2-19 的规定。

外墙外保温系统界面处理剂技术要求　　表 2-19

项目		指标	
		Ⅰ型(与保温材料)	Ⅱ型(与基层)
拉伸粘结强度(kPa)	原强度	≥100	≥600
	耐水(干燥 7d)	≥100	≥400
	耐冻融	≥100	—

2-27 外保温系统用保温板允许尺寸偏差是什么?

目前常用的保温板允许尺寸偏差应符合表 2-20 规定。

外保温系统用保温板允许尺寸偏差 (mm)　　表 2-20

项目		模塑聚苯板允许偏差	挤塑聚苯板允许偏差	硬泡聚氨酯保温板允许偏差
厚度	≤50	+1.5	+1.5	+1.5
	>50	+2.0	+2.0	+2.0
长度		±2.0	±2.0	±2.0
宽度		±1.0	±1.5	±1.5
对角线差		≤3.0	≤3.0	≤3.0

注：本表中的允许尺寸偏差以 1200mm 长、600mm 宽的保温板为基准。

2-28 常用保温材料的技术要求是什么?

常用保温材料的技术要求应符合表 2-21 的规定。

常用保温材料的技术要求　　　　表 2-21

项　目	指　标				
	模塑聚苯板	挤塑聚苯板	硬泡聚氨酯保温板	喷涂硬泡聚氨酯	浇筑硬泡聚氨酯
表观密度[(kg/m³)]	≥18	≤35	≥32	≥18	≥18
导热系数[W/(m·K)]（平均温度 25℃）	≤0.039	≤0.030	≤0.024		
水蒸气渗透系数[ng/(Pa·m·s)]	≤4.5	≤3.5	—		
尺寸稳定性(%)	≤0.5	≤1.0	≤1.0(注 5)		
表面抗拉强度(kPa)	≥100	≥200	—		
拉伸粘结强度(kPa)	—		≥100(注 1)	≥100(注 2)	≥100(注 2)
拉伸强度(kPa)	—		≥150	≥150(注 3)	≥150(注 4)
断裂延伸率(%)	—		≥5	≥7	≥5
吸水率(%)	—		≤3		
燃烧性能	不低于 B_2 级				

注：1. 指粘贴所用的硬泡聚氨酯材料与其表面的面层材料之间的拉伸粘结强度；
2. 指硬泡聚氨酯材料与水泥基材料之间的拉伸粘结强度；
3. 拉伸方向为平行于喷涂基层表面（即拉伸受力面为垂直于喷涂基层表面）；
4. 拉伸方向为垂直于浇筑模腔厚度方向（即拉伸受力面为平行于浇筑模腔厚度方向）；
5. 硬泡聚氨酯的尺寸稳定性是指在 80℃及−30℃条件下测得。

2-29 常用保温浆料的技术要求是什么？

常用保温浆料的技术要求应符合表 2-22 的规定。

常用保温浆料的技术要求　　　　表 2-22

项　目	指　标	
	胶粉聚苯颗粒保温浆料	膨胀玻化微珠保温浆料
湿表观密度(kg/m³)	≤420	≤600

续表

项　　目	指标	
	胶粉聚苯颗粒保温浆料	膨胀玻化微珠保温浆料
干表观密度(kg/m³)	180～250	≤300
导热系数[W/(m·K)](平均温度 25℃)	≤0.060	≤0.070
蓄热系数[W/(m²·K)]	≥0.95	≥1.5
拉伸粘结强度(kPa)	≥50	
线性收缩率(%)	≤0.3	
软化系数	≥0.5	≥0.6
燃烧性能	不低于 B_1 级	A 级

2-30　什么是外墙外保温系统用抹面胶浆？其技术要求是什么？

外墙外保温系统用抹面胶浆根据使用的系统不同可分为Ⅰ型、Ⅱ型和Ⅲ型：Ⅰ型抹面胶浆可供保温板外保温系统的薄抹灰使用，Ⅱ型抹面胶浆可供保温浆料系统中的薄抹灰使用，Ⅲ型抹面胶浆可供钢丝网架保温板现浇混凝土保温系统中的抹灰使用，各种抹面胶浆的技术要求应符合表 2-23 的规定。

抹面胶浆的技术要求　　　　表 2-23

项　　目		指　　标		
		Ⅰ型抹面胶浆	Ⅱ型抹面胶浆	Ⅲ型抹面胶浆
拉伸粘结强度(kPa)(与保温板或保温浆料，保温板可做界面处理)	原强度	≥100	≥50	≥100
	耐水(干燥 7d)			
	耐冻融			
线性收缩率(%)		—	—	≤0.2
压折比		≤3.0		

2-31 外贴饰面砖外墙外保温系统技术要求是什么？

外贴饰面砖外墙外保温系统技术要求见表 2-24 所列。

外贴饰面砖外墙外保温系统技术要求　　表 2-24

项目	指　标	试验方法
耐候性能	试验后饰面砖与抹面层拉伸粘结强度不小于 400kPa，并且试验后系统不得出现剥落、抹面层及饰面层空鼓或脱落等破坏，不得产生渗水裂缝	按《外墙外保温工程技术规程》(JGJ 144—2004)的相关规定进行
耐冻融性能	10 次冻融循环试验后饰面砖与抹面层拉伸粘结强度不小于 400kPa，并且试验后系统不得出现剥落、抹面层及饰面层空鼓或脱落等破坏，不得产生渗水裂缝	
抗冲击性	普通型 3J 级，适用于建筑物二层及以上墙面等不易受碰撞部位	
	加强型 10J 级，适用于建筑物首层墙面以及门窗口等易受碰撞部位	
吸水量	水中浸泡 1h，系统的吸水量小于 1.0kg/m^2	
热阻	实测值	
抹面层不透水性	2h 不透水	
水蒸气湿流密度	不小于 0.85g/(m^2·h)	

注：1. 水中浸泡 24h，只带有抹面层和带有抹面层及饰面层的系统的吸水量均小于 0.5kg/m^2 时，不检验耐冻融性能；

2. 在进行外贴面砖外墙外保温系统的选择时，建议除系统参照上述性能指标来评价外，还应召开专家会，根据具体的施工技术、应用环境等进行充分论证，以保证系统的安全性。

2-32 面砖胶粘剂的技术要求是什么？

面砖胶粘剂技术要求见表 2-25 所列。

面砖胶粘剂技术要求　　表 2-25

<table>
<tr><th colspan="2">项　　目</th><th>指标</th><th>试验方法</th></tr>
<tr><td rowspan="4">拉伸粘结强度</td><td>原强度(kPa)</td><td rowspan="4">≥500</td><td rowspan="5">按《陶瓷墙地砖胶粘剂》(JC/T 547—2005)的规定进行</td></tr>
<tr><td>热老化强度(kPa)</td></tr>
<tr><td>浸水强度(kPa)</td></tr>
<tr><td>耐冻融强度(kPa)</td></tr>
<tr><td colspan="2">横向变形(mm)</td><td>≥2.0</td></tr>
</table>

2-33　面砖填缝剂技术要求是什么?

面砖填缝剂技术要求见表 2-26 所列。

面砖填缝剂技术要求　　表 2-26

<table>
<tr><th colspan="2">项　　目</th><th>指　　标</th><th>试验方法</th></tr>
<tr><td rowspan="2">拉伸粘结强度</td><td>常温下强度(kPa)</td><td rowspan="2">≥400</td><td rowspan="6">按《陶瓷墙地砖填缝剂》(JC/T 1004—2006)的规定进行</td></tr>
<tr><td>耐水强度(kPa)</td></tr>
<tr><td colspan="2">压折比</td><td>≤3</td></tr>
<tr><td colspan="2">收缩值(mm/m)</td><td><3.0</td></tr>
<tr><td colspan="2">吸水量(g/30min)</td><td>≤2</td></tr>
<tr><td colspan="2">抗泛碱性</td><td>无泛碱,不掉粉</td></tr>
</table>

2-34　外贴面砖做法使用玻纤网格布和热镀锌钢丝网技术要求是什么?

外贴面砖做法可使用玻纤网格布和热镀锌钢丝网进行增强，两种材料的技术要求见表 2-27 和表 2-28 所列。

玻纤网格布技术要求 **表 2-27**

项　目	指　标		试验方法
耐碱拉伸断裂强力(N/50mm)	经向	≥1000	按《耐碱玻璃纤维网布》(JC/T 841—2007)的规定进行
	纬向		
耐碱拉伸断裂强力保留率(%)	经向	≥50	
	纬向		
单位面积质量(g/m^2)	≥160		

热镀锌钢丝网技术要求 **表 2-28**

项　目	指　标	试验方法
生产工艺	后热镀锌	按《镀锌电焊网》(QB/T 3897—1999)的规定进行
丝径(mm)	0.9±0.2	
网孔大小(mm)	12～20	
焊点抗拉力(N)	>65	
镀锌层质量(g/m^2)	≥122	
镀锌均匀程度(硫酸铜试验)	镀锌层均匀	
单位面积断丝、脱焊点数量(个/m^2)	<6	

2-35　泡沫玻璃板外墙外保温系统技术要求是什么?

泡沫玻璃板外墙外保温系统的技术要求见表 2-29 所列。

泡沫玻璃板外墙外保温系统技术要求 **表 2-29**

项目	指　标	试验方法
耐候性能	对于有饰面层的外保温系统,经耐候性试验后,系统不得出现起泡或剥落、抹面层及饰面层空鼓或脱落等破坏,不得产生渗水裂缝;具有抹面层的系统,抹面层与保温层的拉伸粘结强度不得小于 100kPa	按《外墙外保温工程技术规程》(JGJ 144—2004)的相关规定进行
抗冲击性	3J 级,适用于建筑物二层及以上墙面等不易受碰撞部位	
	10J 级,适用于建筑物首层墙面以及门窗口等易受碰撞部位	

续表

项目	指　　标	试验方法
吸水量	水中浸泡 1h，系统的吸水量小于 1.0kg/m²	按《外墙外保温工程技术规程》(JGJ 144—2004)的相关规定进行
耐冻融性能	对于饰面层的外保温系统，10 次冻融循环后，抹面层及饰面层无空鼓、脱落，无渗水裂缝；抹面层与保温层的拉伸粘结强度不小于 100kPa	
热阻	实测值	
防护层不透水性	2h 不透水	
水蒸气湿流密度	不小于 $0.85g/(m^2 \cdot h)$	

注：水中浸泡 24h，只带有抹面层和带有抹面层及饰面层的系统的吸水量均小于 $0.5kg/m^2$ 时，不检验耐冻融性能。

2-36 泡沫玻璃保温板的技术要求是什么?

泡沫玻璃保温板的技术要求见表 2-30 所列。

泡沫玻璃保温板技术要求　　表 2-30

项　　目	指标	试验方法
体积密度(kg/m^3)	≤160	按《泡沫玻璃绝热制品》(JC/T 647—2005)的规定进行
导热系数[$W/(m \cdot K)$](平均温度 25℃)	≤0.050	按《绝热材料稳态热阻及有关特性的测定 防护热板法》(GB 10294—2008)或《绝热材料稳态热阻及有关特性的测定 热流计法》(GB 10295—2008)的规定进行
水蒸气渗透系数[$ng/(Pa'm \cdot s)$]	≤0.05	按《外墙外保温工程技术规程》(JGJ 144—2004)的规定进行
体积吸水率(%)	≤0.5	按《泡沫玻璃绝热制品》(JC/T 647—2005)的规定进行
燃烧性能	A 级	按《建筑材料及制品燃烧性能等级》(GB 8624—2006)的规定进行
表面抗拉强度(kPa)	≥100	按《膨胀聚苯板薄抹灰外墙外保温系统》(JG 149—2003)的相关规定进行

2-37 岩棉外墙外保温系统技术要求是什么?

岩棉外墙外保温系统技术要求见表 2-31 所列。

岩棉外墙外保温系统技术要求 **表 2-31**

项目	指 标	试验方法
耐候性能	对于有饰面层的外保温系统,经耐候性试验后,系统不得出现起泡或剥落、抹面层及饰面层空鼓或脱落等破坏,不得产生渗水裂缝;具有抹面层的系统,抹面层与保温层的拉伸粘结强度不得小于 80kPa	按《外墙外保温工程技术规程》(JGJ 144—2004)的相关规定进行
抗冲击性	3J 级,适用于建筑物二层及以上墙面等不易受碰撞部位	
	10J 级,适用于建筑物首层墙面以及门窗口等易受碰撞部位	
吸水量	水中浸泡 1h,系统的吸水量小于 1.0kg/m^2	
耐冻融性能	对于饰面层的外保温系统,10 次冻融循环后,抹面层及饰面层无空鼓、脱落,无渗水裂缝;抹面层与保温层的拉伸粘结强度不小于 100kPa	
热阻	实测值	
防护层不透水性	2h 不透水	
水蒸气湿流密度	不小于 1.67g/(m^2 · h)	

注:水中浸泡 24h,只带有抹面层和带有抹面层及饰面层的系统的吸水量均小于 0.5kg/m^2 时,不检验耐冻融性能。

2-38 外保温岩棉板的技术要求是什么?

在岩棉外保温中使用岩棉板,其技术要求见表 2-32 所列。

岩棉板技术要求 **表 2-32**

项　　目	指标	试验方法
密度/(kg/m³)	≥100	按《矿物棉及其制品试验方法》(GB/T 5480—2008)的规定进行
导热系数[W/(m·K)] (平均温度 25℃)	≤0.040	按《绝热材料稳态热阻及有关特性的测定 防护热板法》(GB/T 10294—2008)或《绝热材料稳态热阻及有关特性的测定 热流计法》(GB/T 10295—2008)的规定进行
垂直表面拉伸强度(kPa)	≥80	按《膨胀聚苯板薄抹灰外墙外保温系统》(JG 149—2003)的规定进行
尺寸稳定性(%)	≤1	按《硬质泡沫塑料尺寸稳定性试验方法》(GB/T 8811—2008)的规定进行
燃烧性能	A 级	按《建筑材料及制品燃烧性能分级》(GB 8624—2006)的规定进行

2-39 保温浆料墙体内保温系统的基本构造是什么？其特点是什么？

保温浆料墙体内保温系统种类较多，目前应用较多的是胶粉聚苯颗粒保温浆料和膨胀玻化微珠保温浆料，其基本构造见表 2-33 所列。

保温浆料墙体内保温系统基本构造 **表 2-33**

基层墙体 ①	系统的基本构造				构造示意图
	界面层 ②	保温层 ③	抗裂防护层 ④	饰面层 ⑤	
钢筋混土墙、砌体墙、框架填充墙等	界面砂浆	保温浆料	抗裂砂浆复合耐碱玻纤网格布(加强部位增设一道玻纤网格布)	柔性耐水腻子+涂料或壁材	① ② ③ ④ ⑤

保温浆料墙体内保温系统是 20 世纪 80 年代我国最早推出的墙体保温系统，其优点是生产、施工都比较方便，与传统的抹灰作业相似，有一定的保温、隔热效果，维修也方便，目前在农村以及一些边远城市仍有一定推广。但缺点除了内保温固有的缺陷外，施工中由于人为因素，质量稳定性往往较差，随着保温工程对防火能力提高的要求，采取保温浆料与高效保温材料复合是一个途径。

2-40 增强粉刷石膏聚苯板墙体内保温系统的基本构造是什么？ 其特点是什么？

增强粉刷石膏聚苯板墙体内保温系统基本构造见表 2-34 所列。

增强粉刷石膏聚苯板墙体内保温系统的优点是：充分发挥了

增强粉刷石膏聚苯板墙体内保温系统基本构造　　表 2-34

基层墙体①	系统的基本构造				构造示意图
	胶粘层②	保温层③	抗裂防护层④	饰面层⑤	
钢筋混凝土墙、砌体墙、框架填充墙等	10mm 厚用石膏粘结	聚苯板（厚度由设计要求定）	粉刷石膏灰 8～10mm，横向压入 A 型玻纤涂塑网格布，用建筑胶粘 B 型玻纤涂塑网格布	耐水腻子＋涂料或壁材	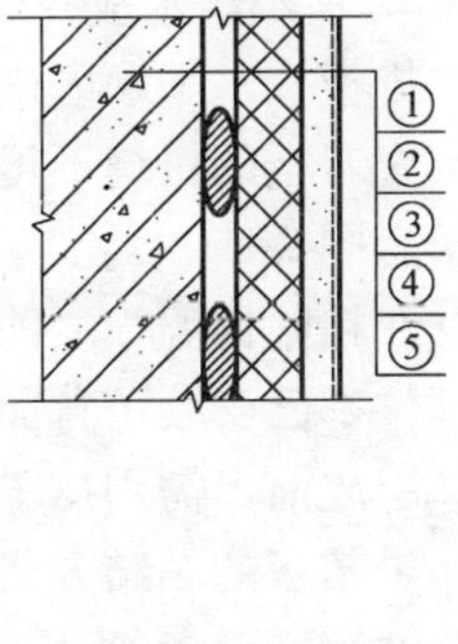 ① ② ③ ④ ⑤

粉刷石膏和聚苯板在墙体功能中的优势，保温性能好，墙面呼吸性能好，有利于室内环境的改善。但采用该系统保温应重点解决部分墙体的防火和防水问题。

2-41　聚苯板薄抹灰外墙外保温系统施工要点是什么？

1. 系统重点施工部位

系统往往是从墙体底部水平基线处开始做起，在对施工进行筹划时，应特别注意系统所有的中断点及终端处。根据所设计的详图和规定，重点考虑以下部位：①门窗的周边；②墙的顶部（屋顶线）；③墙底部（散水部分）；④穿墙管线（排水孔、固定装置、出口等）；⑤装饰造型；⑥伸缩缝；⑦不同种材料的结合处。在以上这些部位，保温板边缘必须被保护和（或）密封，避免受气候因素侵袭。

2. 粘贴翻包网格布

凡粘贴的聚苯板侧边外露处（如伸缩缝、建筑沉降缝、温度缝等缝线两侧、门窗口处），都应做网格布翻包处理。翻包网格布翻过来后要及时粘到聚苯板上。为避免门、窗、洞口、变形缝等处加强网格布处形成三层，应在翻包网格布翻贴时将其与加强网布重叠的部分裁掉（沿 45°方向），做法如图 2-1 所示。

3. 粘贴聚苯板

排板按水平顺序进行，上下应错缝粘贴，阴阳角处做错茬处理；聚苯板的拼缝不得留在门窗口的四角处。做法参见聚苯板排列示意图 2-2。

在粘贴保温板之前，首先要检查所有的系统端头，确认在这些部位都已安装了背面反包、包边条或密封条。在把保温板粘贴到基层之前，需用抹子刮除多余的胶粘剂。

聚苯板的粘结方式有点框法和条粘法。点框法适用于平整度较差的墙面，条粘法适用于平整度好的墙面。当采用点框法施工，设计为涂料饰面时，粘结面积率不小于40％；设计为面砖饰

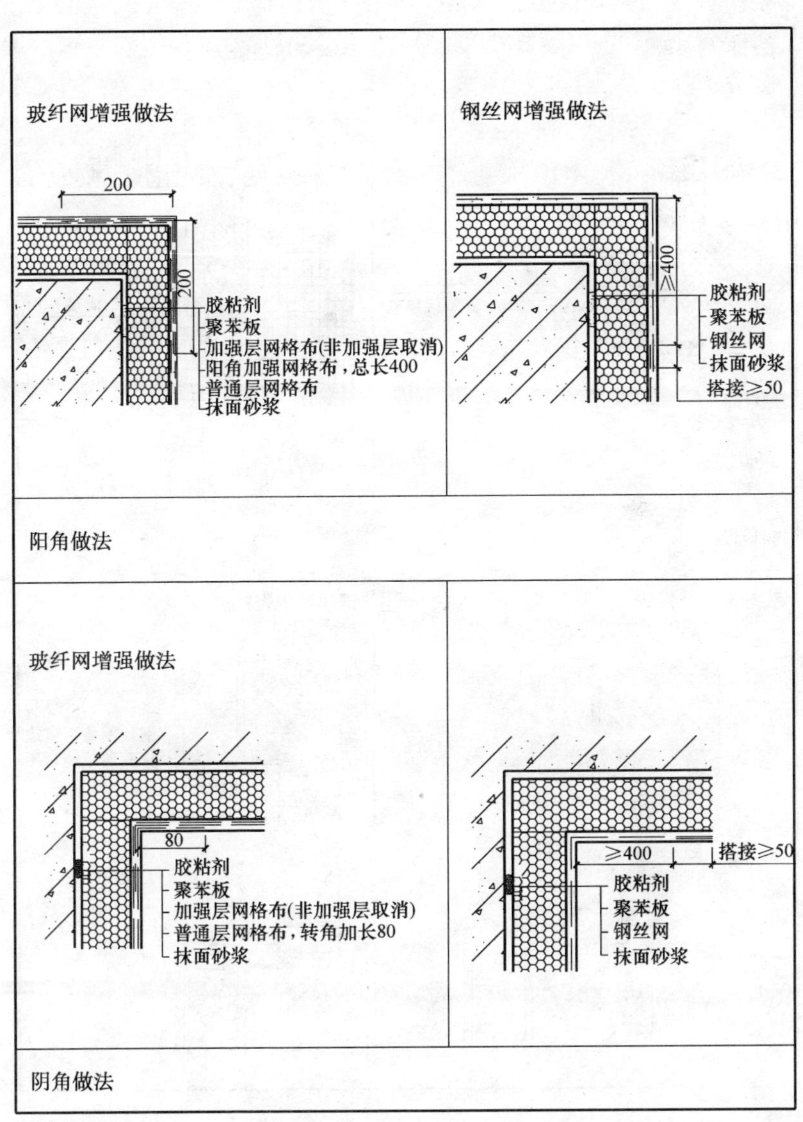

图 2-1 玻纤网增强做法和钢丝网增加做法（一）

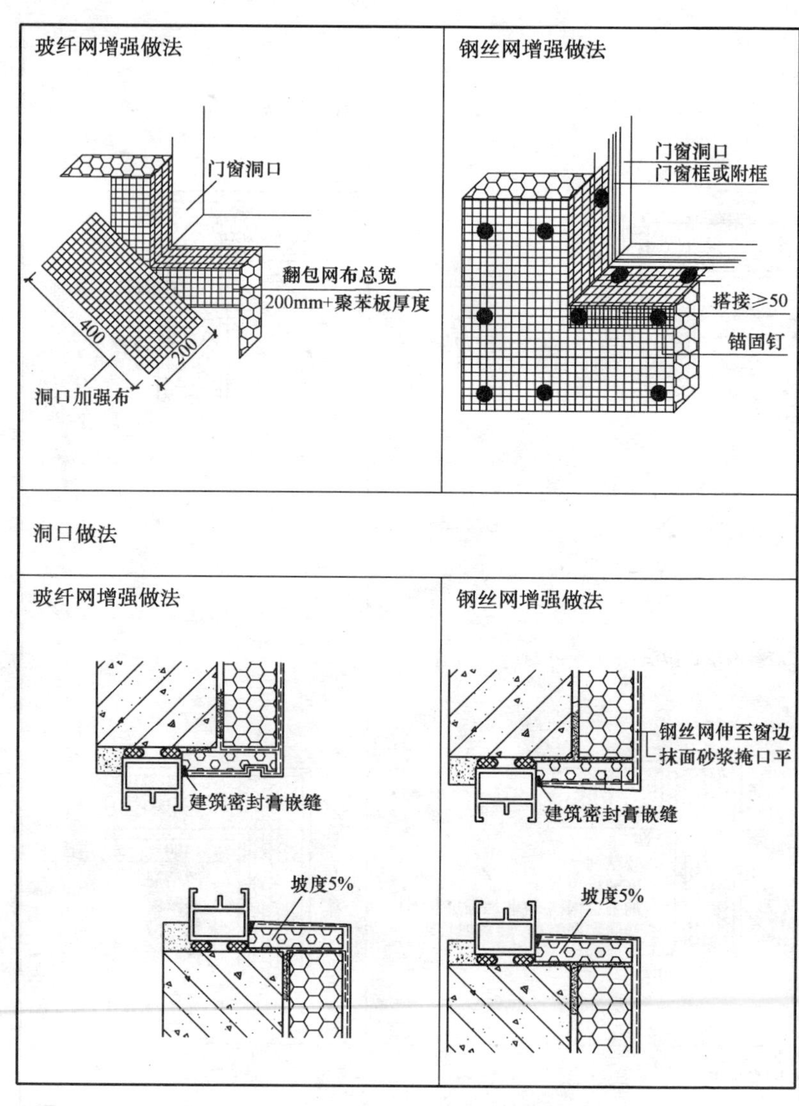

图 2-1 玻纤网增强做法和钢丝网增加做法（二）

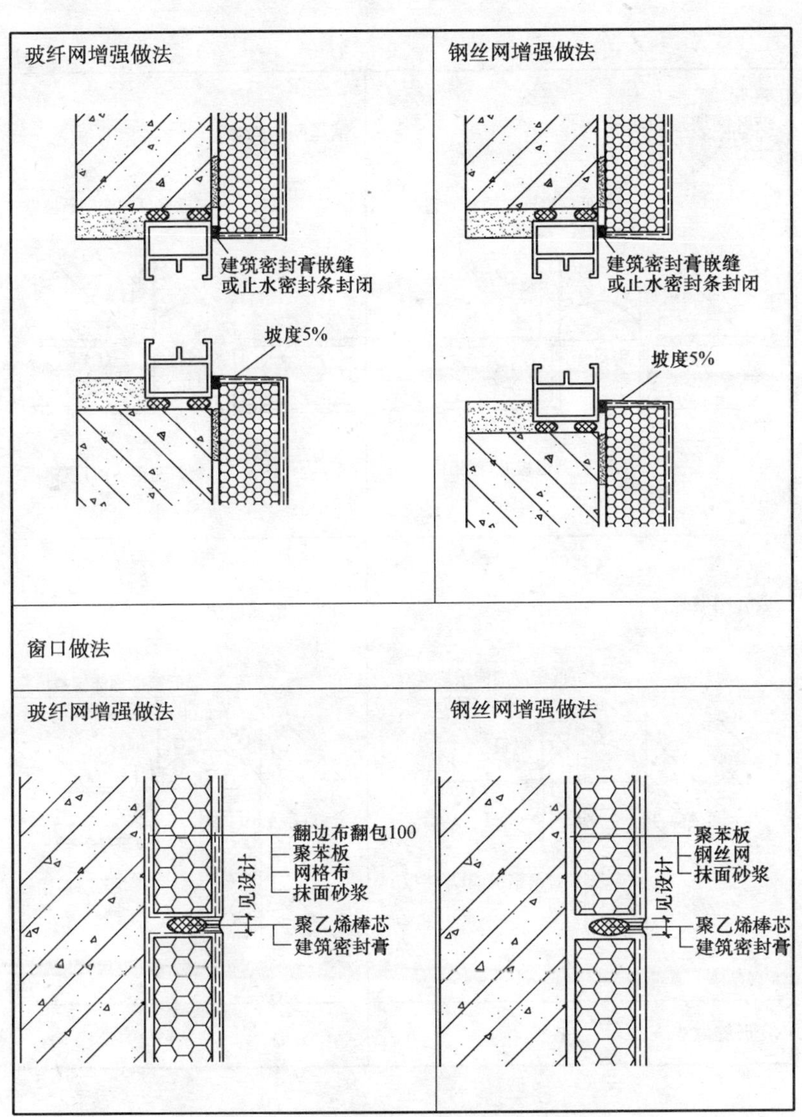

图 2-1　玻纤网增强做法和钢丝网增加做法（三）

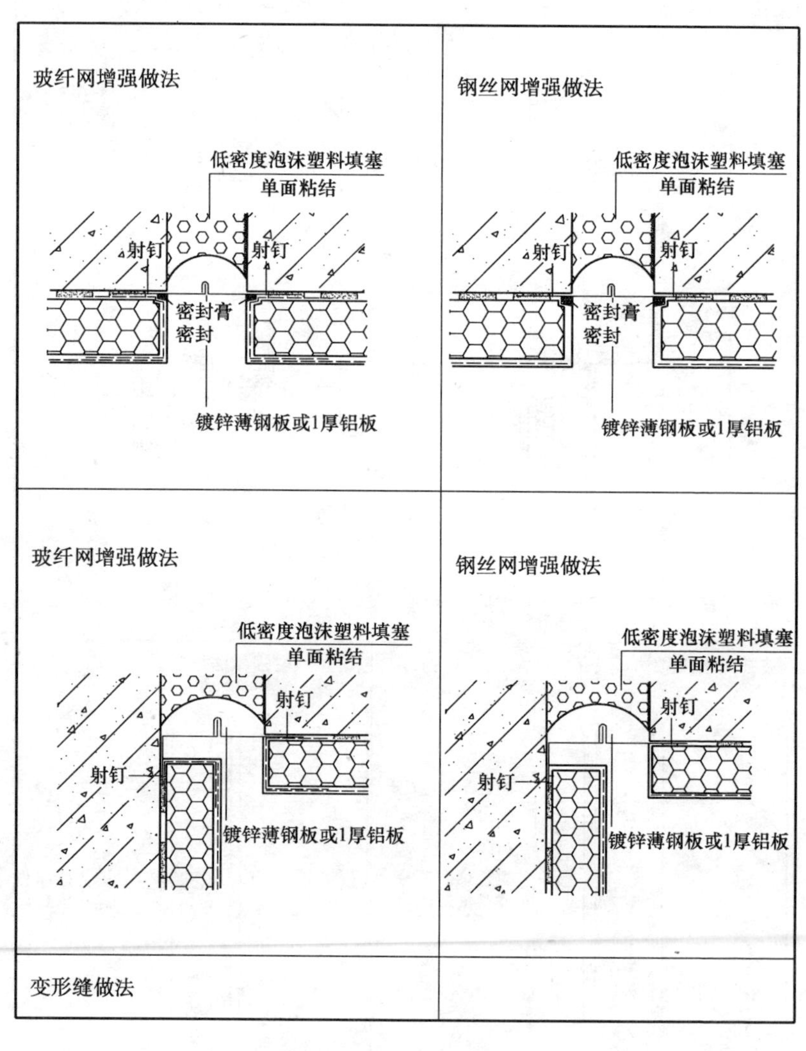

图 2-1　玻纤网增强做法和钢丝网增加做法（四）

面时，粘结面积率不小于50％。不得在聚苯板侧面涂抹胶粘剂。具体做法见聚苯板粘结示意图2-3。

粘板时应轻柔、均匀地挤压聚苯板，随时用2m靠尺和托线板检查平整度和垂直度。注意清除板边溢出的胶粘剂，使板与板之间无“碰头灰”。板缝拼严，缝宽超出2mm时用相应厚度的聚苯片或发泡聚氨酯填塞。拼缝高差不大于1.5mm，否则应用砂纸或专用打磨机具打磨平整，打磨后清除表面漂浮颗粒和灰尘。

局部不规则处粘贴聚苯板可现场裁切，但必须注意切口与板面垂直。整块墙面的边角处应用短边尺寸不小于300mm的聚苯板。

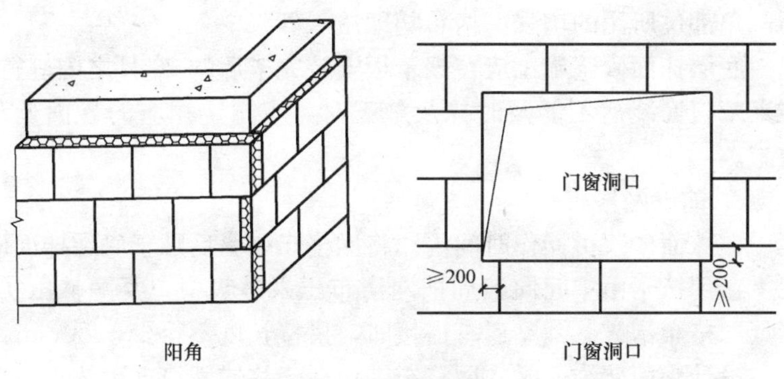

图2-2 聚苯板排列示意

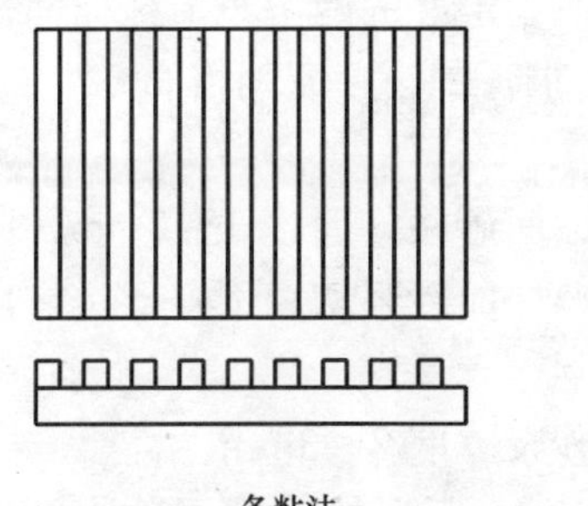

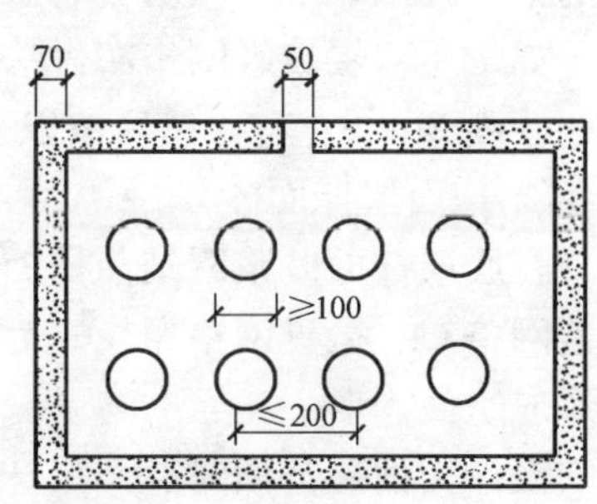

图2-3 聚苯板粘结示意

4. 安装锚固件

锚固件安装应至少在聚苯板粘贴 24h 后进行。打孔深度依设计要求确定。拧入或敲入锚固钉。设计为面砖饰面时，按设计的锚固件布置图的位置打孔。

5. 配抹面砂浆

按配制要求，做到计量准确，机械搅拌，确保搅拌均匀。一次配制量应少于可操作时间内的用量。拌好的料注意防晒避风，超过可操作时间后不准使用。

6. 抹底层抹面砂浆

聚苯板安装完毕 24h 且经检查验收后进行。

在聚苯板面抹底层抹面砂浆，厚度 2～3mm。门窗口四角和阴阳角部位所用的增强网格布随即压入砂浆中。

底层抹面砂浆施工应在聚苯板安装完毕后的 20 日之内进行。在聚苯板安装后不能及时抹灰施工时，应制定相应的界面处理措施。

7. 铺设网格布

在抹面砂浆可操作时间内，将网格布绷紧后贴于底层抹面砂浆上，用抹子由中间向四周把网格布压入砂浆中，要平整压实，严禁网格布褶皱。铺贴遇有搭接时，搭接长度不得少于 80mm。

设计为面砖饰面时，网格布铺设后，将锚固钉（附垫片）压住网格布拧入或敲入胀塞套管。

如采用双层玻纤网格布做法，在固定好的网格布上抹抹面砂浆，厚度 2mm 左右，然后按以上要求再铺设一层网格布。

8. 抹面层抹面砂浆

在底层抹面砂浆凝结前抹面层抹面砂浆，厚度 1～2mm，以覆盖网格布、微见网格布轮廓为宜。抹面砂浆切忌不停揉搓，以免形成空鼓。

设计为面砖饰面时，面层抹面砂浆厚度 2～3mm。

抹面砂浆的总厚度宜控制在表 2-35 所列的抹面层砂浆厚度范围内。

抹面层砂浆厚度 **表 2-35**

外饰面	涂料	面砖	
层数	单层	单层	双层
抹面砂浆总厚度(mm)	3～5	4～6	6～8

砂浆抹灰施工间歇应在自然断开处，如伸缩缝、挑台等部位，以方便后续施工的搭接。在连续墙面上如需停顿，面层抹面砂浆不应完全覆盖已铺好的网格布，需与网格布、底层抹面砂浆形成台阶形坡槎，留槎间距不小于 150mm，以免网格布搭接处平整度超出偏差。

9. “缝”的处理

伸缩缝、结构沉降缝宜根据产品进行个体工程设计。伸缩缝施工时，分格条应在抹灰工序时就放入，待砂浆初凝后起出，修整缝边；缝内填塞发泡聚乙烯圆棒（条）作背衬，再分两次勾填建筑密封膏，勾填厚度为缝宽的 50%～70%。沉降缝根据具体缝宽和位置设置金属盖板，以射钉或螺栓紧固。

10. 加强层做法

设计为涂料饰面时，考虑首层与其他需加强部位的抗冲击要求，在首层抹面层抹面砂浆后加铺一层网格布，并加抹一道抹面砂浆，抹面砂浆总厚度控制在 5～7 mm。

11. 装饰线条做法

装饰线条应根据建筑设计立面效果处理成凸型或凹型。

凸型称为装饰线，以聚苯板来体现为宜，此处网格布与抹面砂浆不断开。粘贴聚苯板时，先弹线标明装饰线条位置，将加工好的聚苯板线条粘于相应位置。线条突出墙面超过 100mm 时，需加设机械固定件。线条表面按外保温抹灰做法处理。凹型称为装饰缝，用专用工具在聚苯板上刨出凹槽再抹抹面砂浆。

12. 外饰面作业

待抹面砂浆基面达到饰面施工要求时可进行外饰面作业。

外饰面可选择涂料、饰面砂浆、面砖等形式。具体施工方法按相关饰面施工标准进行。

选择面砖饰面时，应在样板件检测合格、抹面砂浆施工 7d 后，按《外墙饰面砖工程施工及验收规程》（JGJ 126—2000）的要求进行。

2-42 EPS板现浇混凝土外墙外保温系统施工要点是什么?

（1）EPS 板现浇混凝土外墙外保温系统的施工程序，如图 2-4 所示。

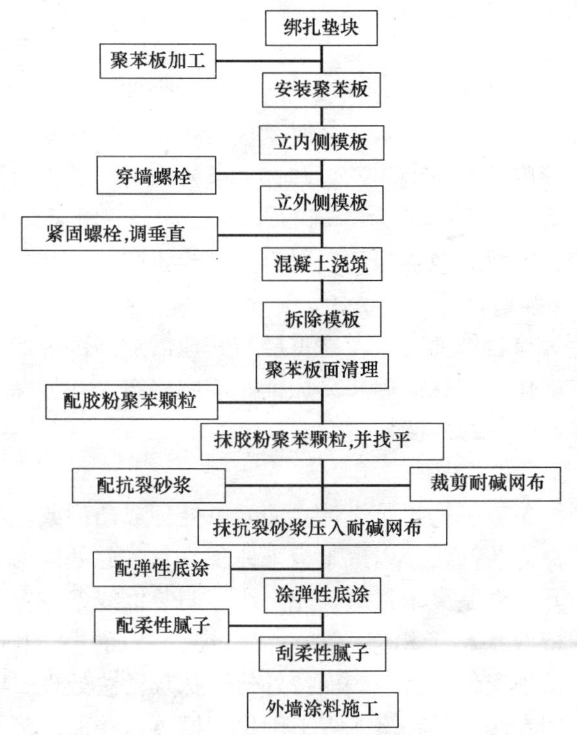

图 2-4 EPS 板现浇混凝土外墙外保温系统的施工程序

（2）聚苯板加工

按设计规定密度的阻燃级聚苯板加工尺寸为：1.20m×设计

保温厚度×层高，板的长、宽、对角线尺寸误差不应大于 2mm，厚度、企口误差不大于 1mm（图 2-5）。板的双面采用聚苯板涂刷界面砂浆进行处理，注意不要漏涂，对破坏部位应及时补涂；聚苯板在运输及现场码放过程中应平放不宜立摆，轻拿轻放。聚苯板加工的槽形可由设计规定，主要是满足机械锚固力的要求。

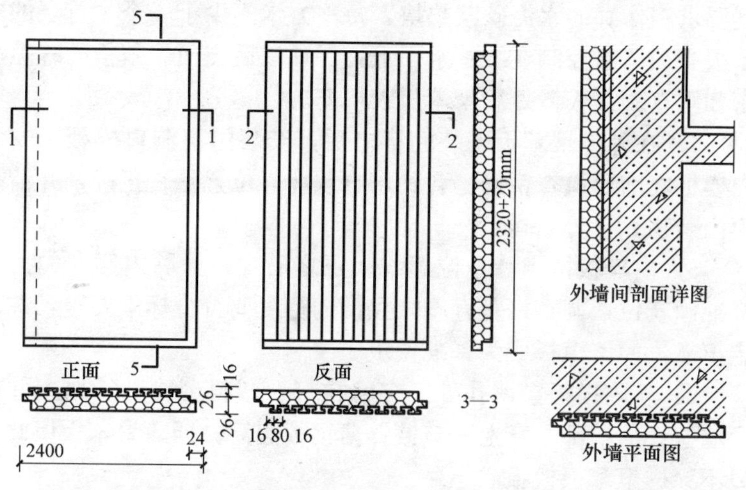

图 2-5　聚苯板加工尺寸

(3) 组合浇筑施工工艺

1) 按施工设计图做好聚苯板的排板方案。墙身钢筋绑扎完毕，水电箱盒、门窗洞口预埋完毕，检查保护层厚度应符合设计要求，办完隐蔽工程验收手续。

2) 弹好墙身线在 EPS 外墙模板系统支模时，首先将 EPS 板按外墙身线就位于外墙钢筋的外侧，先根据建筑物平面图及其形状排列聚苯板，安装时首先安装阴阳角处聚苯板，然后再安装大墙面聚苯板，并且根据其特殊节点的形状预先将聚苯板裁好，将聚苯板的接缝处涂刷上胶粘剂（有污染的部分必须先清理干净），板与板之间的企口缝在安装前涂刷聚苯板胶粘剂，随即安装，然后将聚苯板粘结上，粘结完成的聚苯板不要再移动，在板的专用竖缝处用塑料夹子将两块聚苯板连接到一起，基本拉住聚苯板。专用工程塑料卡穿透聚苯板，就位时可用绑扎丝把卡子与墙体钢筋绑扎固定，绑扎时注意聚苯板底部应绑扎紧一些，使底部内收 3～5mm，以保证拆模后聚苯板底部与上口平齐。再用专用卡子骑板缝插入机械连接两板，要求两板尽可能紧密。

3）绑扎垫块外墙钢筋验收合格后，绑扎按混凝土保护层厚度要求制作好的水泥砂浆垫块，每平方米不少于 4 个。首层的聚苯板必须严格控制在统一水平上，保证以后上面聚苯板的缝隙严密和垂直。在板缝处用聚苯板胶填塞。

4）在外侧聚苯板安装完毕之后，安装门窗洞口模板，安装内模板之前要检查钢筋、各种水电预埋件位置是否正确，并清扫模内杂物。

5）内模板按内墙身位置线找正之后，将外墙内侧向的大模板准确就位，调整好垂直度，立模的精度要符合标准要求，并固定牢靠，使该模板成为基准模板。

6）从内模板穿墙孔处插穿墙拉杆及塑料套管和管堵，并在穿墙拉杆的端部，套上一节镀锌薄钢板圆筒。插入聚苯板但此时暂不穿透聚苯板模板。

7）合外模板时首先将外模板放在三脚架上，按照大模板穿墙螺栓的间距，用电烙铁给聚苯板开孔，使模板与聚苯板的孔洞吻合，孔洞不宜太大以免漏浆。此时二次插穿墙螺栓利用镀锌薄钢板圆筒，将 EPS 板切出一个圆孔，使穿墙螺栓完全穿透墙体外模板，用穿墙螺栓将外墙外侧组合模板就位。

8）穿墙螺栓穿透墙体后，将端头套的镀锌薄钢板圆筒摘掉，然后完成相应的外模板的调整和紧固作业。

9）在常温条件下墙体混凝土浇筑完成，间隔 12h 后且混凝土强度不小于 1MPa 即可拆除墙体内、外侧面的大模板。

（4）聚苯板浇筑注意事项

1）在外墙外侧安装聚苯板时，将企口缝对齐，墙宽不合模数的用小块保温板补齐，门窗洞口处保温板可不开洞，待墙体拆模后再开洞。

2）门窗洞口及外墙阳角处聚苯板外侧的缝隙，用楔形聚苯板条塞堵，深度10～30mm。

3）在浇筑混凝土时，注意振捣棒在插、拔过程中，不要损坏保温层。

4）在整理下层甩出的钢筋时，要特别注意下层保温板边槽口，以免受损。

5）墙体混凝土浇灌完毕后，如槽口处有砂浆存在应立即清理。

6）穿墙螺栓孔，应以干硬性砂浆捻实填补（厚度小于墙厚）随即用保温浆料填补至保温层表面。

7）聚苯板在开孔或裁小块时，注意防止碎块掉进墙体内。

（5）找平及抗裂防护层和饰面层施工

需要找平时，用胶粉聚苯颗粒保温浆料找平，并用胶粉聚苯颗粒对浇筑的缺陷进行处理。胶粉聚苯颗粒保温浆料的施工方法及抗裂防护层和饰面层的施工参见本章胶粉聚苯颗粒保温浆料的施工要点的相关内容。

2-43 保温浆料外墙外保温施工技术要点是什么？

（1）保温浆料外墙外保温施工工艺流程如图2-6所示。

（2）基层墙面处理

墙面应清理干净、清洗油渍、清扫浮灰等。墙面松动、风化部分应剔除干净。墙表面凸起物大于10mm时应剔除。

为保证基层界面粘结力统一、均质，砖墙、混凝土墙和加气混凝土墙都要做界面处理，可用喷枪或滚刷均匀喷刷，保证所有的墙面应做到界面处理。墙体干燥时先浇水阴湿。脚手眼或施工废弃孔洞，在抹保温前修补完毕。

（3）做灰饼：根据垂直控制通线做垂直方向灰饼，再根据两垂直方向灰饼之间的通线，做墙面保温层厚度灰饼，每灰饼之间的距离（横、竖、斜向）不超过2m。灰饼可用保温浆料做，也

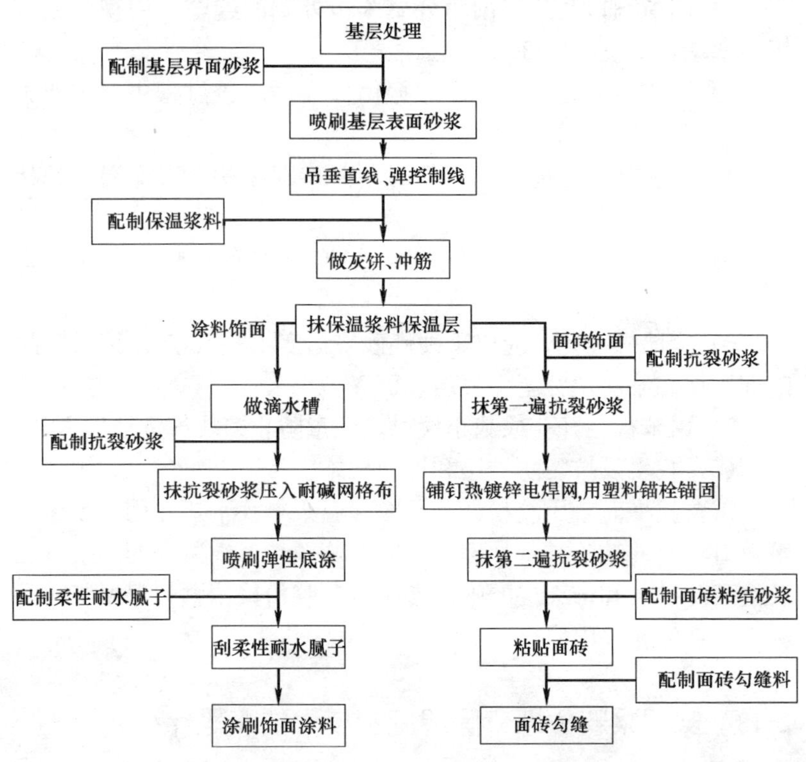

图 2-6　保温浆料外墙外保温施工工艺流程图

可用废聚苯板裁成 50mm×50mm 小块粘贴。

（4）抹保温浆料保温层

1）界面砂浆基本干燥后即可进行保温浆料的施工。

2）保温浆料应分层作业施工完成，每次抹灰厚度宜控制在 20mm 左右，分层抹灰至设计保温层厚度，每层施工间隔约为 24h。底层抹灰抹至距保温标准贴饼差 10mm 左右为宜。中层抹灰厚度要抹至与标准贴饼一样平。涂抹整个墙面后，用大杠在墙面上来回搓抹，最后再用铁抹子压一遍，使表面平整，厚度一致。面层抹灰应在中层抹灰 2～3h 之后进行，施工前应用杠尺检查墙面平整度，墙面偏差应控制在±2mm。保温面层抹灰时应以修为主，对于凹陷处用稀浆料抹平，对于凸起处可用抹子刮平，最后用抹子分遍再赶抹墙面，先水平后垂直，再用托线尺、2m 杠尺检测后达到验收标准。

（5）抗裂砂浆层饰面层施工

待保温层施工完成 3～7d 且验收合格以后，即可进行抗裂砂浆层施工。

1）抹抗裂砂浆，铺贴耐碱网格布：耐碱网格布尺寸应预先裁好。抗裂砂浆一般分两遍完成，总厚度约 3～5mm。抹抗裂砂浆后应立即用铁抹子压入耐碱网格布。耐碱网格布之间搭接宽度不应小于 50mm，先压入一侧，再压入另一侧，严禁干搭。阴阳角处也应压槎搭接，其搭接宽度不小于 150mm，应保证阴阳角处的方正和垂直度。耐碱网格布要铺在抗裂砂浆中，铺贴要平整，无褶皱，可隐约见网格。局部不饱满处应随即补抹第二遍抗裂砂浆找平并压实。

首层墙面应铺贴双层耐碱网格布，铺贴第一层网格布，网布之间采用对接方法，第二层网格布铺贴方法同前，两层网格布之间抗裂砂浆应饱满，严禁干贴。

建筑物首层外保温应在阳角处双层网格布之间设专用金属护角，护角高度一般为 2m。在第一层网格布铺贴好后，应放好金属护角，用抹子在护角孔处拍压出抗裂砂浆，抹第二遍抗裂砂浆包裹住护角，保证护角安装牢固。

大面积铺贴网格布之前，在门窗洞口处应沿 45°方向先贴一道网格布 200mm×300mm，如图 2-7 所示。

2）喷刷弹性底涂：抗裂层施工完后 2～4h 即可喷刷弹性底涂。喷刷应均匀，不得有漏底现象。

3）刮柔性耐水腻子、涂刷饰面涂料：墙面门窗口检验合格后应满刮柔性耐水腻子，刮腻子时应沿竖向披刮，要求将网格布的布纹全部覆盖。耐水腻子半干状态时用零号砂纸打磨平整。然后应沿横向墙体方向进行披刮，要求满刮，腻子的稠度可较第一遍腻子略稀。耐水腻子半干状态时用零号砂纸再打磨平整。要求

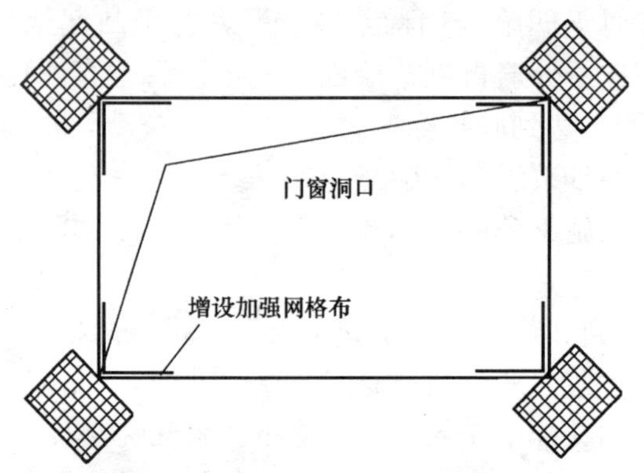

图 2-7 门窗洞口网格布加强做法

平整度达到±1mm。

4）面砖饰面

① 抹抗裂砂浆，铺贴热镀锌电焊网

保温层验收后，抹第一遍抗裂砂浆，厚度控制在 2～4mm。根据结构尺寸裁剪热镀锌电焊网分段进行铺贴，热镀锌电焊网的长度最长不应超过 4m，为使边角施工质量得到保证，将边角处的热镀锌电焊网施工前预先折成直角。在裁剪网丝过程中不得将网形成死折，铺贴过程中不应形成网兜，网张开后应顺方向依次平整铺贴，先用 12 号钢丝制成的 U 形卡子卡住热镀锌电焊网使其紧贴抗裂砂浆表面，然后用塑料锚栓将热镀锌电焊网锚固在基层墙体上，塑料锚栓按双向间隔 500mm 梅花状分布，有效锚固深度不得小于 25mm，局部不平整处用 U 形卡子压平。热镀锌电焊网之间搭接宽度不应小于 50mm，搭接层数不得大于 4 层，搭接处用 U 形卡子、钢丝或锚栓固定。窗口内侧面、女儿墙、沉降缝等热镀锌电焊网收头处应用水泥钉加垫片使热镀锌电焊网固定在主体结构上。

热镀锌电焊网铺贴完毕经检查合格后抹第二遍抗裂砂浆，并将热镀锌电焊网包覆于抗裂砂浆之中，抗裂砂浆的总厚度宜控制在 10±2mm，抗裂砂浆面层应达到平整度和垂直度要求。

② 贴面砖

抗裂砂浆施工完一般应适当喷水养护，约 7d 后即可进行饰面砖粘贴工序。

饰面砖粘贴施工按照《外墙饰面砖工程施工及验收规程》(JGJ 126—2000) 执行。面砖粘结砂浆厚度宜控制在 4～5mm。

2-44 现场喷涂硬泡聚氨酯外墙外保温系统施工要点是什么?

1. 施工程序

现场喷涂硬泡聚氨酯外墙外保温系统施工程序如图 2-8 所示。

2. 施工要点

(1) 基层处理

墙面应清理干净、清洗油渍、清扫浮灰等。墙面松动、风化部分应剔除干净。墙表面凸起物不小于 10mm 时应剔除。

(2) 吊垂直、套方、弹控制线

根据建筑要求，在墙面弹出外门窗水平、垂直控制线及伸缩线、装饰线等。在建筑外墙大角及其他必要处挂垂直基准钢线和水平线。对于墙面宽度大于 2m 处，需增加水平控制线，做标准厚度冲筋。

(3) 粘贴聚氨酯预制块

在大阳角、大阴角或窗口处，安装聚氨酯预制块，并达到标准厚度。窗口、阳台角、小阳角、小阴角等也可用靠尺遮挡作出直角。以预制块标尺为依据，再次检验墙面平整度，对于不达标的墙体部位应补抹水泥砂浆或其他找平材料进行修补。基层平整度修补后要求达到±3mm。

(4) 涂刷聚氨酯防潮底漆

用滚刷将聚氨酯防潮底漆均匀涂刷，无漏刷透底现象。

(5) 喷涂硬泡聚氨酯保温层

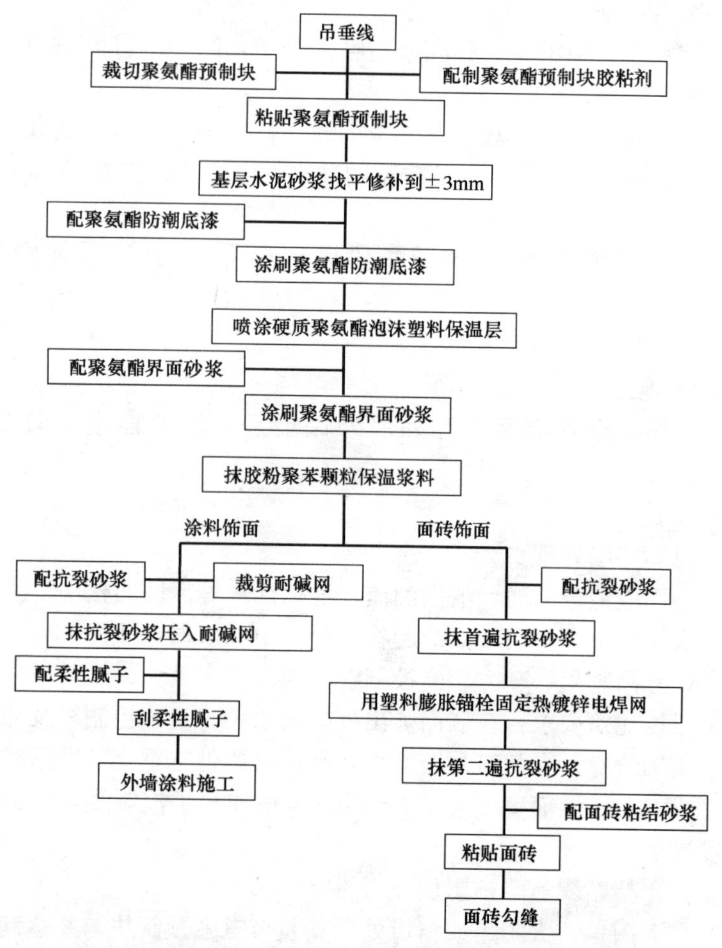

图 2-8 现场喷涂硬泡聚氨酯外墙外保温系统施工程序

开启聚氨酯喷涂机将硬泡聚氨酯均匀地喷涂于墙面之上，当厚度达到约 10mm 时，按 300mm 间距、梅花状分布插定厚度标杆，每平方米密度宜控制在 9～10 枚。然后继续喷涂硬泡聚氨酯，至与标杆齐平（隐约可见标杆头）。施工喷涂可多遍完成，每次厚度宜控制在 10mm 之内。不宜喷涂之部位可用胶粉聚苯颗粒保温浆料处理。

(6) 修整聚氨酯保温层

硬泡聚氨酯保温层喷涂 20min 后用裁纸刀、手据等工具开始清理、修整遮挡部位以及超过垂线控制厚度的突出部分。

(7) 涂刷聚氨酯界面砂浆

硬泡聚氨酯保温层喷涂 4h 内，用滚刷均匀地将聚氨酯界面砂浆涂于硬泡聚氨酯保温层表面。

(8) 吊垂直线，做标准厚度冲筋

吊胶粉聚苯颗粒找平层垂直厚度控制线、套方做口，用胶粉聚苯颗粒保温浆料做标准厚度灰饼。

(9) 抹胶粉聚苯颗粒找平层

胶粉聚苯颗粒保温浆料找平层应分两遍施工，每遍间隔在 24h 以上。抹头遍胶粉聚苯颗粒保温浆料应压实，厚度不宜超过 10mm。抹第二遍胶粉聚苯颗粒保温浆料应达到厚度要求并用大杠搓平，用抹子局部修补平整，用托线尺检测后达到验收标准。

(10) 抗裂防护层及饰面层施工

待保温层施工完成 3～7d 且保温层施工质量验收以后，即可进行抗裂层和饰面层施工。抗裂防护层和饰面层施工按胶粉聚苯颗粒外墙外保温系统的抗裂防护层和饰面层施工的规定进行。

2-45 胶粉聚苯颗粒贴砌聚苯板外墙外保温系统施工要点是什么?

1. 施工工艺流程

胶粉聚苯颗粒贴砌聚苯板外墙外保温系统施工工艺流程如图 2-9 所示。

2. 施工要点

(1) 基层处理

墙面应清理干净、清洗油渍、清扫浮灰等。墙面松动、风化部分应剔除干净。墙表面凸起物不小于 10mm 时应剔除。

(2) 界面处理

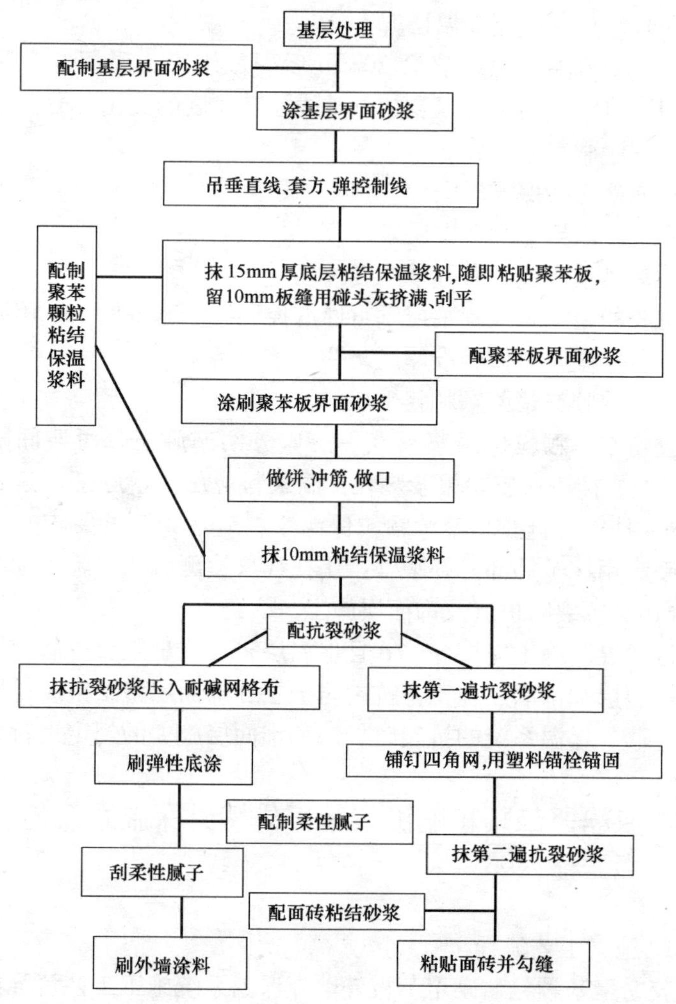

图 2-9　胶粉聚苯颗粒贴砌聚苯板外墙外保温系统施工工艺流程

对要求做界面处理的基层应满涂基层界面砂浆，用滚刷或喷枪将界面砂浆均匀涂刷，拉毛不宜太厚，保证所有墙面做到毛面处理。

(3) 吊垂直、套方、弹控制线

根据建筑要求，在墙面弹出外门窗水平、垂直控制线及伸缩线、装饰线等。在建筑外墙大角及其他必要处挂垂直基准钢线和水平线。

(4) 贴砌聚苯板

在墙角或门窗碛口处贴标准厚度板，拉水平控制线，抹约15mm厚的底层粘结保温浆料后随即粘贴预制好的聚苯板，凹槽向墙，粘贴聚苯板时应均匀轻柔挤压聚苯板，使聚苯板埋入浆料，随时用2m靠尺和托线板检查平整度和垂直度。聚苯板间应用浆料砌筑约10mm的板缝，注意灰缝不饱满处用粘结保温浆料勾平。

排板时应按水平顺序排列，上下错缝粘贴，阴阳角处应做错槎处理，窗口处聚苯板裁成刀把形，如图2-10、图2-11所示。

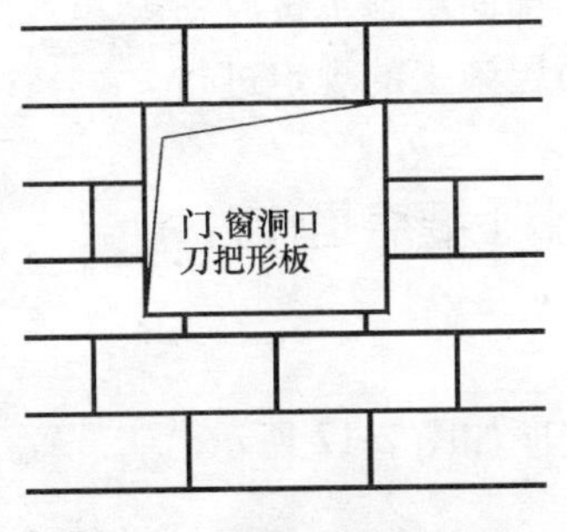

图2-10 保温板排板示意图

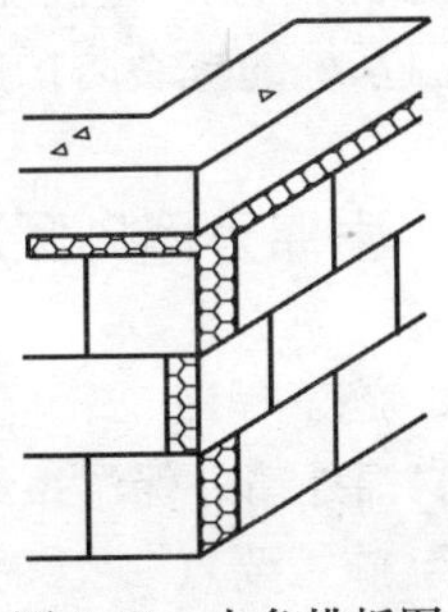

图2-11 大角排板图

(5) 涂刷聚苯板界面砂浆

聚苯板贴砌24h后满涂聚苯板界面砂浆，用滚刷或喷枪均匀涂刷，拉毛不宜太厚，但必须保证所有外露的聚苯板面都做到毛面处理。

(6) 做饼、冲筋、作口

套方作口，按厚度线用粘结保温浆料或聚苯板做标准厚度灰饼。

(7) 抹面层10mm厚粘结保温浆料

聚苯板界面砂浆涂刷完成24h后，用粘结保温浆料在聚苯板上罩面找平；聚苯板间若有预留间隔带应采用粘结保温浆料填塞；混凝土梁柱、门窗洞口、墙体边角处等特殊部位以及防火隔离带部位的保温作业均用粘结保温浆料进行处理。在粘结保温浆料和抗裂砂浆配制时，搅拌需设专人专职进行，以保证配合比的准确。

（8）划分格线、门、窗口滴水槽（按设计要求）

在保温层施工完成后，根据设计要求弹出滴水槽控制线，用壁纸刀沿线划开设定的凹槽，槽深 15mm 左右，用抗裂砂浆填满凹槽，将塑料滴水槽（成品）嵌入凹槽与抗裂砂浆粘结牢固，收去两侧沿口浮浆，滴水槽应镶嵌牢固、水平。

（9）抗裂防护层及饰面层施工

待保温层施工完成 3～7d 且保温层施工质量验收以后，即可进行抗裂层施工。抗裂防护层和饰面层施工按胶粉聚苯颗粒外墙外保温系统的抗裂防护层和饰面层施工的规定进行。

2-46 岩棉外墙外保温系统施工要点是什么？

1. 施工程序

岩棉外墙外保温系统施工程序如图 2-12 所示。

2. 施工要点

（1）基层墙面处理

彻底清除基层墙体表面浮灰、油污、隔离剂、空鼓及风化物等影响墙面施工的物质。墙体表面凸起物不小于 10mm 时应剔除。

（2）保温层施工准备

1）吊垂直，弹出岩棉板定位线。在建筑外墙大角（阳角、阴角）及其他必要处挂垂直基准钢线，每个楼层适当位置挂水平线，以控制岩棉板的垂直度和平整度。

2）根据岩棉板的厚度，预制 U 形和 L 形热镀锌电焊网片。

（3）保温层施工

1）根据岩棉板定位线安装岩棉板，岩棉板要错缝拼接，可

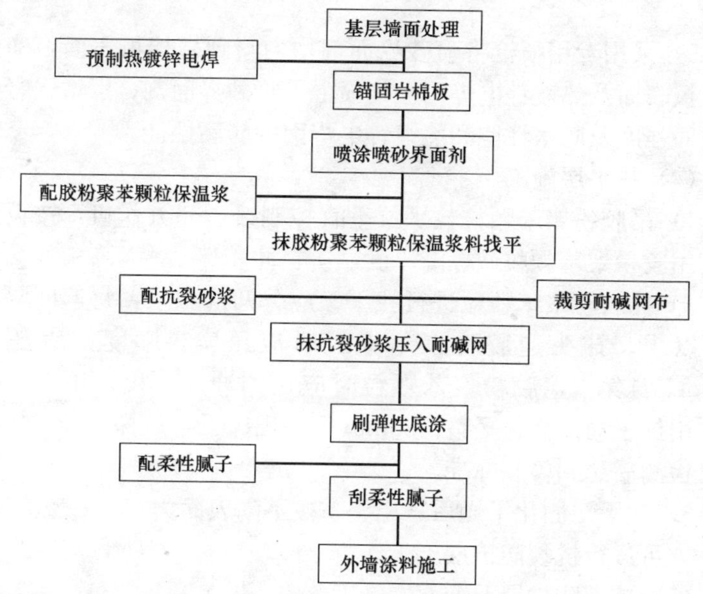

图 2-12　岩棉外墙外保温系统施工程序

用普通水泥砂浆将岩棉板预固定在基层墙体上。

2）在岩棉板上垂直墙面用电锤钻孔，钻孔深度不得小于锚固深度，每平方米墙面至少要钻 4 个锚固孔，锚固孔从距离墙角、门窗侧壁 100～150mm 以及从檐口与窗台下方 150mm 处开始设置。沿窗户四周，每边至少应钻 3 个锚固孔。

3）在岩棉板上铺设热镀锌电焊网，用塑料锚栓根据锚固孔的位置锚固岩棉板及热镀锌电焊网。门窗侧壁及墙体底部要用预制的 U 形热镀锌电焊网片包边，墙体转角处用 L 形热镀锌电焊网包边，这些包边网片要随同岩棉板一起被锚固件穿过，并用手压紧，以便定位。热镀锌电焊网采用单孔搭接，搭接处每米至少应用塑料锚栓锚固 3 处。

4）岩棉板固定好后，按每平方米至少 4 个的密度在热镀锌电焊网下安装塑料垫片，将热镀锌电焊网垫起 5mm，以保证岩棉板与热镀锌电焊网能存在一定的距离，以有利于找平层的施工。

5）采用专用喷枪将喷砂界面剂均匀喷到岩棉板表面，确保岩棉板表面及热镀锌电焊网上均喷上了喷砂界面剂，以增强岩棉板表面强度及防水性能和热镀锌电焊网的防腐性能。

（4）找平层施工

1）吊胶粉聚苯颗粒找平层垂直控制线、套方作口，按设计厚度用胶粉聚苯颗粒做标准厚度贴饼、冲筋。

2）抹胶粉聚苯颗粒进行找平。应分两遍施工，每遍间隔在24h以上。抹头遍胶粉聚苯颗粒时应压实，厚度不宜超过10mm。抹第二遍胶粉聚苯颗粒时应达到冲筋厚度，用大杠搓平，用抹子局部修补平整；30min后，用抹子再赶抹墙面，用托线尺检测后达到验收标准。

3）找平层固化干燥后（用手掌按不动表面为宜，一般为3～7d）方可进行抗裂防护层施工。

（5）抗裂防护层及饰面层施工

1）抹抗裂砂浆压入耐碱网格布

将3～4mm厚抗裂砂浆均匀地抹在保温层表面，立即将裁好的耐碱网格布用抹子压入抗裂砂浆内，网格布之间的搭接不应小于50mm，不得使网格布皱褶、空鼓、翘边。

首层应铺贴双层耐碱网格布，第一层铺贴加强耐碱网格布，加强耐碱网格布应对接，然后进行第二层普通耐碱网格布的铺贴，两层耐碱网格布之间抗裂砂浆必须饱满。

在首层墙面阳角处设2m高的专用金属护角，护角应夹在两层耐碱网格布之间。其余楼层阳角处两侧耐碱格网布双向绕角相互搭接，各侧搭接宽度不小于200mm。

门窗洞口四角应预先沿45°方向增贴300mm×400mm的附加耐碱网格布。

2）刷弹性底涂

在抗裂砂浆施工2h后刷弹性底涂，使其表面形成防水透汽层。涂刷应均匀，不得漏涂，以渗入抗裂砂浆层内不形成可剥离的弹性膜为宜。

3）刮柔性腻子

在抗裂砂浆层基本干燥后刮柔性腻子，一般刮两遍，使其表面平整光洁。

4）外饰面施工

浮雕涂料可直接在弹性底涂上进行喷涂，其他涂料在腻子层干燥后进行刷涂或喷涂。

2-47 保温砌模及网格剪力墙施工要点是什么？

（1）保温砌模混凝土墙工艺流程

保温砌模混凝土墙工艺流程如图 2-13 所示。

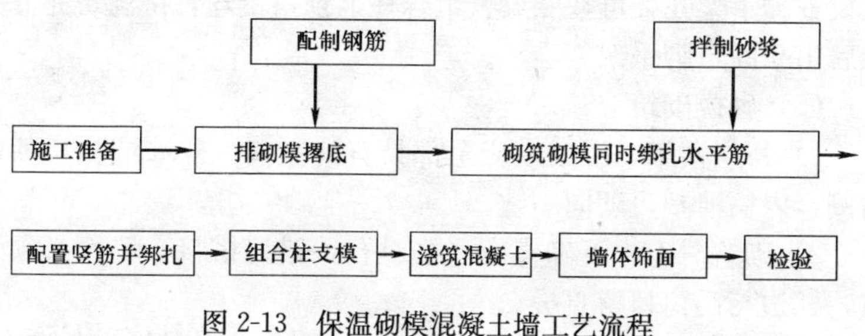

图 2-13 保温砌模混凝土墙工艺流程

（2）砌模施工时应遵守的基本规定

1）一栋建筑所需的保温砌模应采用同一生产厂家产品。

2）砌筑前应清理砌模上、下两个平面的污物。

3）严禁使用断裂和壁肋有贯通裂缝的保温砌模。

4）地梁上平面清扫后按设计图纸弹线，应从门口或组合柱方向开始砌筑。

5）内、外墙可同时砌筑，纵横墙应直槎对接，砌筑后胶浆抹缝。

6）墙体砌筑高度应根据气温、风压、墙体部位等不同情况分别控制，日砌筑高度为 1.8～2.2m（根据施工季节决定）。

7）保温砌模砌筑好后需要移动或被撞动时，应重新铺浆砌筑。

（3）砌模灰缝应符合的规定

1）灰缝应做到横平竖直，水平灰缝的胶浆饱满度不得低于90%，竖缝两侧的砌模均应两边挂灰，砂浆饱满度不得低于80%，不得出现瞎缝、透缝。

2）砌筑时的铺灰长度应为400mm（一块一铺），严禁用水冲浆灌缝，不得采用以石子、木楔等物垫塞灰缝。

3）砌模的水平及垂度灰缝宽度应控制在3～5mm。

4）砌模墙体应以胶浆勾缝。深度不大于3mm，并要求平整密实。

（4）砌模墙体施工时，应搭设双排脚手架，不得在砌模墙体上设置脚手架孔，可在圈梁、组合柱上预留钢丝，待浇筑完混凝土后用来固定脚手架。

（5）砌模砌筑

1）每层楼第一层砌模应全部具有清扫口。外墙清扫口朝向内侧，内墙清扫口朝向一致。

2）砌筑时上、下砌模应严格对孔，错缝搭接，墙面必须平整，柱边与门窗口留直槎。

3）门窗上口宽度不大于2m时，门窗上口不做过梁，砌模砌筑应采用模板支托。

4）消火栓、配电箱及管径大于100mm的横向线管的埋设可在砌筑时根据其外廓尺寸预留出来，做法同窗口。

5）水、暖、消防、电器管件的固定，用预埋件或在浇筑的混凝土达到强度后用膨胀螺栓连接。

6）直径小于50mm的垂直管线可直接埋设在竖孔内。依据设计加设加强筋，浇筑混凝土前做好隐检记录，管口密封。

7）砌模墙体的伸缩缝、沉降缝内，不得夹有砂浆碎砌块及其他杂物。

8）砌筑进度：内、外墙砌筑进度宜整个建筑物同步进行，如建筑面积过大，也可以施工流水段为单元，但与相邻的单元高度差不得超过一个楼层高度，流水段的分段位置宜设在伸缩缝、沉降缝等处。同层分段可设在门窗洞口砌模砌筑过梁一侧。

9）在砌筑每层楼后应校核墙体的轴线尺寸和标高，对于允许内偏差可在浇筑混凝土圈梁或楼板上予以调整。

（6）钢筋铺设

砌模内水平筋铺设：

1）砌筑一层铺设一层水平钢筋网片。

2）水平筋网片应平放在砌模水平槽的中间位置，水平筋网片的横筋应位于砌模肋上。

3）水平网片筋搭接长度应不小于 $30d$（d 为纵筋直径），并用钢丝绑扎，每侧 2 个绑扣。

4）砌体与组合柱相接时，其水平筋伸进组合柱长度应不少于 $30d$，并与柱筋绑扎。

5）门窗洞口上面的砌体水平筋应根据设计图纸选用，其铺设方法同墙体。

（7）砌模内竖向钢筋网片筋放置

1）地梁（圈梁）浇筑混凝土前预埋墙体锚固筋网片。其纵筋高出地梁（圈梁）上平面 $48d$，间距 20mm，锚固筋网片垂直于墙体轴线。

2）墙体砌筑到一楼层高时才可放置竖向网片，每孔一片，从上部对准砌模孔向下插入网片，网片应位于孔中，并应垂直于墙体轴线。

3）竖向网片在下部的清扫口内锚固筋搭接绑扎，上端应与墙体水平网片或圈梁纵筋绑扎，搭接长度 $48d$。

4）竖向纵筋网片根据楼层高度（并加上深入圈梁的搭接长度）预制加工整根网片筋，网片长度应包括伸入圈梁和上层的搭接长度。

5）门洞口两侧砌模孔内应根据设计要求设置加强筋。

6）组合柱、圈梁钢筋绑扎与安装应符合《混凝土结构工程施工及质量验收规范》(GB 50204—2011)要求。

7)以上各层楼钢筋铺设方法均同首层。

(8)混凝土浇筑前准备

1)检查墙体砌筑的粘结强度和抗压强度达到胶浆的强度的规定值。

2)将清扫口内的落地砂浆、垃圾及杂物全部清除干净后,用钢模板封堵支牢。

3)在墙体一侧钻观察孔(孔径50mm、间距1.5m)用木塞堵严,以检查混凝土浇筑质量。

4)校正钢筋位置并检查搭接长度和绑扎固定情况。

5)向砌模墙体芯柱孔内喷洒适量水泥浆,以达到孔壁湿润为准。

6)门窗洞口的立面和上面用模板封严,并应有牢固的支撑。

7)施工流水分段处应用细钢丝网封堵、绑牢。

8)因使用大流动性混凝土,必须将各处缝隙封严堵实。

(9)混凝土浇筑施工

1)砌模墙体及钢筋铺设经检验合格后方可浇筑墙体混凝土,并应通知质检和监理人员旁站监督混凝土浇筑。

2)混凝土应在拌成1h内浇筑。

3)墙体浇筑点水平间距不大于1m。

4)分层浇筑高度宜不大于1.4m,第一层可浇至与窗下口平齐。以上部分可分成一次或二次浇筑,但分层处不得设在网格墙横梁断面内。

5)在一个施工流水段内,浇筑高度应同步进行。砌模墙体内宜实行混凝土定量浇筑。并设专人检查混凝土水平流动,对有墙体崩模、跑浆处应及时采取封堵措施。

6)混凝土墙体浇筑一般不用振捣。但发现混凝土流动不良或组合柱等钢筋密集处可用钢钎或小号振捣棒振实。

7)分层浇筑的时间应控制在下层混凝土初凝前进行。

8)墙体内混凝土浇筑后可不必进行喷水养护。

9）圈梁楼板混凝土浇筑及养护同普通钢筋混凝土施工。

10）常温下圈梁与楼板混凝土浇筑应在墙体混凝土达到设计强度50%后浇筑，楼板施工需满堂支模。采用装配整体式楼板需硬架支模。

（10）墙面施工

1）墙体预埋管件全部完成并验收合格后方可实施。

2）面层施工前应检测墙体外观尺寸，超出允许偏差时应先行修整。

3）门窗洞口处应采用聚合物砂浆粘贴玻纤布包角（玻纤布宽度300～400mm），门窗洞口四角沿45°方向应采用聚合物砂浆粘贴玻纤布条（玻纤布规格为100mm×400mm）。

4）提高抹灰层粘结性能可将水泥胶浆均匀甩在墙面上进行毛化处理，胶浆疙瘩应均匀牢固，或喷刷界面剂。

5）在门窗口角、墙垛、墙面等处吊垂直、套方、抹灰饼定基准。

6）内外墙底层可采用下述做法：采用掺有抗裂剂的灰砂比为1∶4的水泥砂浆，底灰厚度为5～7mm，并分层与所贴灰饼摸平，并用木杠刮平、找直、木抹搓毛。

7）内墙面层可采用下述做法：底层砂浆充分硬化（不少于7d）后进行，用水淋湿墙面后抹防裂砂浆，厚度在3mm左右，用钢抹压光。

8）外墙面层可采用下述做法：外墙喷刷涂料，用水淋湿墙面，胶浆粘贴玻纤网布（网布搭接宽度不小于100mm），抹3mm厚聚合物抗裂砂浆，并压入玻纤网布内，抹平、压光，表面刮涂防水腻子，分格缝嵌入建筑密封膏后刷外墙涂料。

2-48 保温砌块的施工要点是什么?

1. 砌筑条件及要求

砌筑底层墙体前，应对基础质量进行检查和验收，符合要求后方可进行墙体排块施工，排块时应从砌筑物的转角顺时针或逆时针排列，形成一个闭合的整体，第二皮砌块对孔错缝，奇数皮同第一皮的排列，偶数皮同第二皮的排列，即完成整个建筑物的排块。

一栋楼应采用同一混凝土砌块生产厂的产品，混砌也应该采用与小砌块材料强度等级的预制混凝土块。因为小砌块是混凝土制成的薄壁空心墙体材料。块体强度与黏土砖等其他墙体材料不等强，而且两者间的线膨胀值也不一致。混砌材料强度不同，极易引起砌体裂缝，影响砌体强度。遇下雨、大风和平均气温低于5℃时应停止施工。

2. 砂浆铺面做法灰缝要求

(1) 灰缝应做到横平竖直，水平灰缝的砂浆饱满度不得低于90%，竖缝两侧的砌体块均应两边挂灰，砂浆饱满度不得低于90%，不得出现瞎缝、透明缝。

(2) 砌筑时铺灰长度不得超过400mm（即两个主规格砌块长度）；严禁用水冲浆灌缝，也不得采用以石子、木楔等物塞灰缝的操作方法。

(3) 砌体水平灰缝的厚度和垂直灰缝的宽度应控制在8～12mm。

(4) 砌筑时宜以原浆压缝，随砌随压，深度不大于3mm，并要求平整密实。

3. 砌筑顺序要求

(1) 内外墙应同时砌筑，纵横墙应交错搭接。墙体的临时间断处必须砌成斜槎，斜槎长度不应小于高度的2/3。严禁留直槎，不利于房屋抗震。

(2) 按先下后上顺序，先基础后主体。在砌完每一个楼层后，应校核墙体的轴线尺寸和标高。对允许范围内的轴线和标高偏差，可在楼板面上予以校正。

4. 楼板、梁与墙体的搭接

(1) 楼板支撑处如无圈梁时，板下宜用C20混凝土填实一皮砌块。现浇混凝土圈梁下的一皮混凝土砌块须用上口封闭砌块或采用其他封闭措施。

（2）梁端支承处的砌体，应根据设计要求用C20混凝土填实部分砌体孔洞。如设计无规定，则填实宽度不应小于400mm，高度不应小于190mm。安装预制梁和板时，必须坐浆垫平。

5. 圈梁和过梁以及门窗洞口的做法

（1）固定圈梁、挑梁等构件侧模的水平拉杆、扁铁或螺栓应从小砌块灰缝中预留4Φ10孔穿入，不得在小砌块块体上打凿。内墙可利用侧砌的小砌块孔洞进行支模，模板拆除后应采用C20混凝土将孔洞填实。安装预制梁、板时，必须先找平后灌浆，不得干铺。预制楼板安装也可采用硬架支模法施工。

（2）窗台梁两端伸入墙内的支承部位应预留孔洞。孔洞口的大小、部位和上下皮小砌块孔洞，应保证门窗洞两侧的芯柱竖向贯通。

（3）木门窗框与小砌块墙体两侧连接处的上、中、下部位应砌入埋有沥青木砖的小砌块（190mm×190mm×190mm）或实心小砌块，并用铁钉、射钉或膨胀螺栓固定。

（4）门窗洞口两侧的小砌块孔洞灌填C20混凝土后，其门窗与墙体的连接方法可按实心混凝土墙体施工。

（5）圈梁施工时，在低面无芯柱处，应先铺钢丝网或钢板网封住砌块孔洞，再设置圈梁钢筋。

6. 网片及拉结筋设置

（1）单排孔小砌块孔肋对齐、错缝对孔。主要保证墙体竖向直接性，避免生竖向裂缝，影响砌体强度。不能对孔时允许最小搭接长度不小于90mm，即主规格小砌块块长的1/4。不能满足时，应在此水平灰缝中设Φ4点焊网片（不宜搭焊），网片两端沿长度距垂直灰缝的距离不得小于300mm。

（2）砌体中的加强钢筋网片和拉结钢筋，应按设计要求埋设在灰缝砂浆层中，其连接部位的搭接长度须大于30d。

（3）拉结筋柱与砌体用Φ6拉结筋拉结，拉结形式有胀锚螺栓、预埋铁件、贴模箍、预埋钢筋或按设计拉结，竖向间距宜为400mm，伸入墙的长度不应小于700mm或伸至洞口边。

7. 芯柱、管线敷设施工

（1）钢筋混凝土芯柱施工

1）在楼面砌筑第一皮小砌块时，在芯柱部位应用开口砌块砌出操作孔（即清扫口），在操作孔侧面宜预留连通孔。在砌块砌筑时，随时刮平芯柱孔洞内凸出的砂浆，浇灌混凝土前，将芯柱孔洞内的垃圾、砂浆和杂物从其下端的开口砌块的清扫口清除出来并用水冲洗。校正钢筋位置并绑扎或焊接固定后，浇水湿润方可浇灌混凝土。

2）低层芯柱的钢筋宜与基础或基础圈梁的预埋钢筋的搭接每个楼层的芯柱宜采用整根的钢筋，上下楼层间的钢筋可在圈梁的上部搭接，也可在楼板面搭接，搭接长度不可小于$45d$，芯柱部位保证芯孔贯通。

3）砌完1.4m高度后，应连续浇灌芯柱混凝土，每浇灌400～500mm高度捣实一次或边浇灌边捣实。芯柱混凝土宜采用高性能流态混凝土，每楼层每根芯柱的混凝土分2～3段连续浇灌振动密实。若混凝土坍落度大于200mm可一次浇灌，分2～3段振动密实。

4）芯柱与圈梁或现浇混凝土带应整体现浇，如采用槽形小砌块作圈梁模壳时，其底部必须留出芯柱通过的孔洞，芯柱部处的每层楼板应留口或浇一条现浇板带。

5）芯柱混凝土应在砌完一个楼层高度的墙体后，而且砌筑砂浆强度平均值不小于1.0MPa时，方可浇灌。浇灌后的芯柱面应低于最上一皮混凝土砌块表面30～50mm。

6）芯柱施工时实行混凝土定量浇灌，并设专人检查混凝土灌入量，认可后方可继续施工。

（2）管线的敷设和预埋件设置

1）对设计规定或施工所需的孔洞、沟槽和预埋件等，应在砌筑时进行预留或预埋，不得在已砌筑的墙体上打洞和凿槽。

2）照明、电信、闭路电视等线路可采用内穿钢丝的白色增强塑料管。水平管线宜预埋于专供水平管的实心带凹槽水砌块内，也可敷设在圈梁模板内侧或现浇混凝土板中。竖向管线应随墙体砌筑埋设在小砌块孔洞内。管线出口内应用U形小砌块竖砌，内埋开关、插座或焊接盒等配件，四周用水泥砂浆填实。冷、热水平管可采用实心带凹槽的小砌块进行敷设。立管宜安装在E字形小砌块中的一个开口孔洞中。待管道试水验收合格后，采用C20混凝土浇灌封闭。

3）安装后的管道表面应低于墙面4～5mm，并与墙体卡牢固定，不得有松动、反弹现象。浇水湿润后用1：2水泥砂浆填实封闭。外设10mm×10mm网眼的$\phi0.5$～$\phi0.8$钢丝网，网宽应跨过槽口，每边不得小于80mm。

4）对设计规定或施工所需的孔洞、管道、沟槽和预埋件等，必须在砌筑时预留或预埋。如果在已砌筑的墙体上打孔洞时，其砂浆强度应超过设计值的70%，并应采用小型机具施工，防止冲击、振动。

5）预埋电线管应随砌随埋设，电线管从混凝土砌块孔内穿过，接线盒和开关盒可嵌埋于U形砌块或预制的留口砌块内，然后用水泥砂浆填实稳牢。

8. 抹灰、勾缝

(1) 抹灰施工条件及做法

1）外墙面或内墙面为混水墙时，须在砌体砌筑30d后方可进行抹灰，抹灰厚度要均匀，一般以12mm为佳，宜分两次抹灰。外墙面抹灰应做分隔缝，分块面积不得大于15m^2。抹灰后喷水养护时间不得少于3d。若混水墙面平整度好，外墙刮防水腻子，内墙刮普通腻子找平。

2）在进行内外墙抹灰前，应清理砌块表面浮灰、杂物，用水泥砂浆填塞孔洞、水电管槽或梁、柱、板和砌体之间的缝隙，并在前一天浇水湿润，用水泥浆或聚合物水泥浆做界面处理。

3）混凝土构配件与砌体相接处抹灰前，应在墙面铺钉金属网，接缝两侧金属网搭接处抹灰前，应在墙面铺钉金属网，接缝两侧金属网搭接宽度不应小于 100mm。

（2）勾缝做法

为确保工程质量，勾缝也是一项重要环节。内外墙勾缝起着不同的作用。

1）内墙勾缝：便于装修，内墙原浆勾缝，在砂浆达到“指纹硬化”时随即勾缝，要压密实平整，勾成平缝。墙体平整度、垂直度很好的情况下可以不再抹灰。

2）外墙勾缝：为防止外墙灰缝渗水，外墙可采用二次勾缝。

首先砌筑时按原浆勾缝。在砂浆达到“指纹硬化”时，把灰缝略勾深一些，留 12mm 的余量，灰缝要压密实，然后划出毛刺。主体完工进行二次勾缝，勾缝前用喷壶把灰缝湿润，采用灰缝比为 1∶1 的水泥防水砂浆（采用细砂），内掺一定比例的防水粉或抗渗剂，勾成原缝，灰缝颜色由甲方设计确定。灰缝要求密实压光，保持光滑平整均匀，凹进 4mm 左右。

3）混凝土砌块饰面墙体，应根据设计要求在现场砌筑一皮样板墙，经建设、设计、施工三方确认后再正式施工。施工过程中最重要的是防止装饰墙面的污染。

2-49　现浇混凝土钢丝网架板施工要点是什么？

1. 施工工艺流程

现浇混凝土钢丝网架板施工工艺流程如图 2-14 所示。

2. 绑扎垫块

外墙钢筋验收合格后，钢筋外侧绑扎按混凝土保护层厚度要求制作好的水泥砂浆垫块，每块聚苯板内不少于 6 块，横向距两侧 300mm，垫块间距 600mm，竖向距两侧 500mm，垫块间距 900mm。

3. 安装有网板

（1）精确排板时根据排板图排列聚苯板；非精确排板时，可

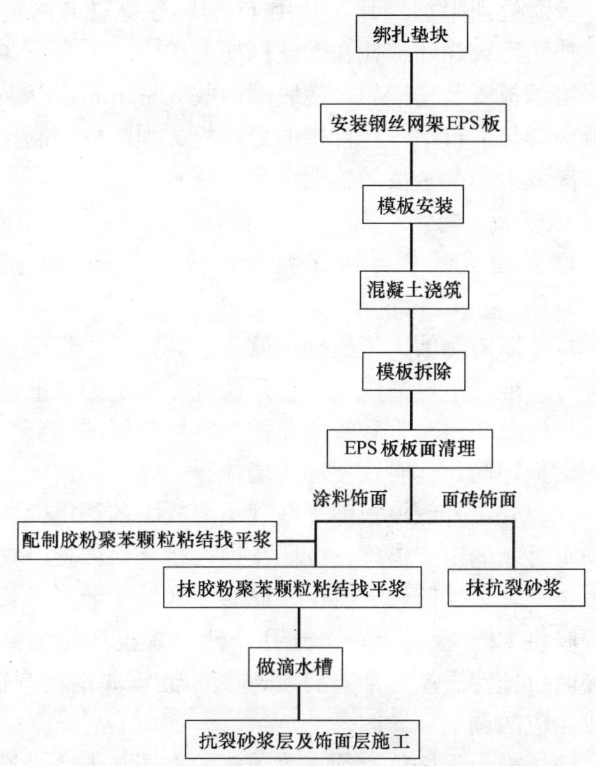

图 2-14　现浇混凝土钢丝网架板施工工艺流程

按照建筑的外墙形状及特殊节点的形状在工地现场将聚苯板裁好，裁剪时先剪断钢网，再裁聚苯板。将聚苯板的接缝处涂刷上粘结胶（有污染的部分必须先清理干净），然后将聚苯板粘结上，粘结完成的聚苯板不要再移动。

（2）EPS 板就位于外墙钢筋的外侧，将 L 筋按垫块位置穿过保温板，用火烧丝将其与钢丝网及墙体钢筋绑扎牢固，企口按缝搭接安装，要求两板尽可能紧密。L 筋：直径 ϕ6，长 150mm，弯勾 30mm，其穿过保温板部分刷防锈漆两道。

（3）外墙阳角及窗口、阳台底边处，须附加角网及连接平网，搭接长度不小于 200mm。

(4) 板缝处须附加网片，并用U形钢丝穿过有网板绑扎在钢筋上，外侧用火烧丝绑扎在钢丝网架上。

(5) 聚苯板安装完毕后，使底部内收3～5mm，以保证拆模后聚苯板底部与上口平齐。首层的聚苯板必须严格控制在同一水平线上，保证上面聚苯板的缝隙严密和垂直。

4. 模板安装

(1) 宜采用大模板，按保温板厚度确定模板配制尺寸、数量。

(2) 将外墙内侧的大模板准确就位，调整好垂直度，立模的精度要符合标准要求，并固定牢靠，使该模板成为基准模板。

(3) 拉杆及塑料套管和管堵，并在穿墙拉杆的端部，套上一节镀锌薄钢板圆筒。此时暂不穿透墙体。

(4) 安装外墙外侧模板前须在现浇混凝土的振捣部位或保温板外侧制定可靠的定位措施，以防止模板挤靠保温板。模板放在三角平台架上，将外侧模板就位，此时二次插穿墙拉杆，利用镀锌圆钢板筒将EPS板切出一个圆孔，使穿墙拉杆完全穿透墙体模板。穿墙拉杆穿透墙体后，将端部套的镀锌薄钢板圆筒摘掉，然后完成相应的调整和紧固。

(5) 墙体模板立好后，须在聚苯板的上端扣上一个槽形的镀锌薄钢板罩，防止浇筑混凝土时污染聚苯板上口。在墙体混凝土浇筑完成后，常温条件下间隔12h后即可拆除墙体内、外侧的大模板。EPS板上端的镀锌薄钢板罩，仍保持不动，做楼板的外模，省去了浇筑混凝土导墙的工序。

5. 混凝土浇筑

(1) 墙体混凝土浇筑前保温板顶面处须采用遮挡措施，新、旧混凝土接槎处应均匀浇筑30～50mm同强度的细石混凝土。混凝土应分层浇筑，厚度控制在500mm，一次浇筑高度不宜超过1000mm。混凝土下料点应分散布置，连续进行，间隔时间不超过2h。

(2) 振捣棒振动间距一般应小于500mm，每一次的振动点的延续时间，以表明呈现浮浆和不再沉落为度。

（3）洞口处浇筑混凝土时，应沿洞口两边同时下料使两侧浇筑的高度大体一致，振捣棒应距洞边300mm以上。洞口模板尺寸应考虑到保温板厚度。

（4）施工缝的留置应在门洞口过梁跨度1/3范围内，也可留在纵横墙的交接处。

（5）墙体混凝土浇筑完毕后须整理上口甩钢筋，并以木抹子抹平混凝土表面。采用预制楼板时，宜采用硬架支模，墙体混凝土表面标高低于板底30～50mm。

2-50 保温装饰板外墙外保温施工技术要点是什么？

（1）基层墙体

结构承重墙面或非承重墙面，对于二次结构填充墙体要求采用强度不低于M7.5聚合物砂浆抹面，并经过工程验收达到质量标准即可进行外墙外保温施工。对既有建筑墙体进行保温改造时，需对外墙原有饰面进行检查，用机械法处理空鼓浮灰等，开裂处应用聚合物水泥砂浆认真修补，油污等污垢采用化学法或火焰法处理，通过检测确认其与所用胶粘剂有良好的附着力。即

$$F=B\cdot S\geqslant 0.10\text{N/mm}^2$$

式中 F——基层墙体的附着力（N/mm^2）；

B——实测基层墙体与所用胶粘剂的拉伸粘结强度（N/mm^2）；

S——粘结面积率（%）。

锚固件必须进行现场拉拔试验。

（2）进行外墙外保温施工的墙体基面的尺寸偏差还应符合表2-36的规定。

（3）当基层墙体不满足要求时，应按照以下方法进行处理：

1）对新建工程，墙面的混凝土残渣和隔离剂必须清理干净，墙面平整度超差部分应剔凿或修补。

外墙基面的允许尺寸偏差　　　　表 2-36

<table>
<tr><th>工程做法</th><th colspan="3">项　目</th><th colspan="2">允许偏差(mm)</th></tr>
<tr><td rowspan="4">砌体工程</td><td rowspan="3">墙面垂直度</td><td colspan="2">每层</td><td>5</td><td>2m 托线板检查</td></tr>
<tr><td rowspan="2">全高</td><td>≤10m</td><td>10</td><td rowspan="2">经纬仪或吊线检查</td></tr>
<tr><td>>10m</td><td>20</td></tr>
<tr><td colspan="3">表面平整度</td><td>5</td><td>2m 直尺或楔形塞尺检查</td></tr>
<tr><td rowspan="4">混凝土工程</td><td rowspan="3">墙面垂直度</td><td rowspan="2">层间</td><td>≤5m</td><td>8</td><td rowspan="3">经纬仪或吊线检查</td></tr>
<tr><td>>5m</td><td>10</td></tr>
<tr><td colspan="2">全高</td><td>$H/1000$ 且≤30</td></tr>
<tr><td>表面平整</td><td colspan="2">2m 长度</td><td>5</td><td>2m 直尺或楔形塞尺检查</td></tr>
</table>

2）旧房进行外保温施工时应彻底清理不能保证粘结强度的原外墙面层（爆皮、粉化、松动的原外装饰面层、出现裂缝空鼓的抹灰面层），修补缺陷，加固找平。

3）施工环境温度不低于 5℃，风力 4 级以上及雨天不得施工。

4）在建筑高度超过 20m 时，应按设计要求采用锚固件固定保温装饰板，锚固件安装宜在胶粘剂凝固后进行。锚固件安装数量宜为 6 个/m 且应符合设计和产品说明书的要求，锚固点的位置和锚固件的规格应符合设计和产品说明的要求。

5）材料进场后组织有关人员按照本规定的技术要求进行检查验收。

6）材料应分类有标识存放，保温装饰板要码放整齐，远离明火火源，防雨防潮。胶粘剂和填缝剂等材料要放置在干燥处，不得受潮受损。液态胶存放温度不低于 0℃；嵌缝带、嵌缝胶粘剂存放注意防雨防潮和保质期。

7）根据保温装饰板工程的施工图和设计要求，要做好排板设计和标记。

（4）施工机具：外接电源设备、电动搅拌器、开槽器、角磨机、电锤、称量衡器、密齿手锯、壁纸刀、剪刀、螺丝刀、钢丝刷、腻子刀、抹子、阴阳角抿子、托线板、2m 靠尺以及半斗等。

(5) 根据工程进度及现场情况，安装外墙外保温板由下到上施工，进行流水作业。

(6) 基层处理：按基层墙体的要求，将基层凹凸不平处、空鼓、浮渣、裂缝等进行处理，处理平整的基层上宜涂刷一层界面处理剂。

(7) 测量放线：在处理完毕符合要求的基层墙体上，根据建筑立面设计和外墙外保温技术要求，在墙面弹出外门窗口水平、垂直控制线及膨胀缝线、装饰缝线等。

(8) 挂基准线：在建筑外墙大角（阳角、阴角）及其他必要处挂垂直基准线，每个楼层适当位置挂水平线，以控制外保温板的垂直度和平整度。

(9) 配制胶粘剂：根据生产厂使用说明书提供的配合比配制，专人负责，严格计量，机械搅拌，确保搅拌均匀。配好的料注意防晒避风，一次配制量应在可操作时间内用完。

(10) 按产品供应商和设计要求的尺寸，在工程进行前应将保温装饰板进行预排列并编号、标记。阴阳角等异型部位可现场裁切或采用预制异型板，在整个墙面的边角处安装板时，应采用大于 300mm 的板，但板的拼缝不宜留在门窗口的边缝处。保温装饰板的板缝应采用弹性的密封胶处理，施工顺序纵向由下而上，横向施工应是先阳角后阴角。

(11) 保温装饰板的粘贴应四边密封，粘结面积率应保证不小于 50%，不得在板的侧面涂抹胶粘剂。

(12) 粘板时应按水平顺序操作，上下应错缝粘贴，阴阳角应错槎处理。粘板应轻柔、均匀挤压保温装饰板，随时用 2m 靠尺和托线板检查平整度和垂直度。粘板时注意清除板边溢出的胶粘剂，使板与板之间板缝控制在 10mm～15mm。

(13) 外门窗口的保温装饰板做法应按设计要求预制特殊尺寸的保温装饰板进行粘贴锚固，上沿线必须做出外斜度流水坡度，下沿线必须做出内斜度滴水坡度。外门窗洞口的上沿采用不燃 A 类保温装饰板进行全粘贴安装，如图 2-15 所示。

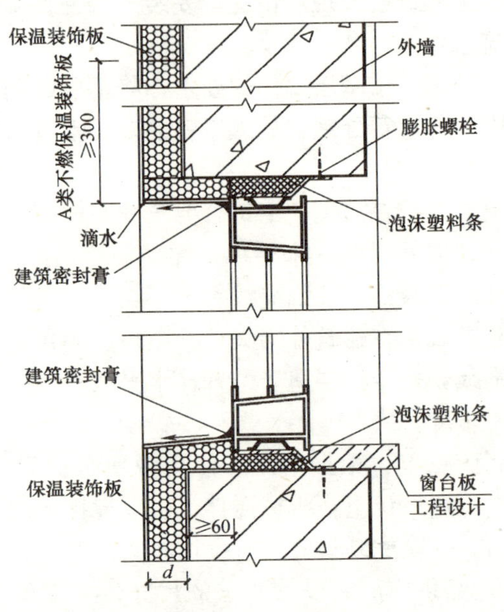

图 2-15　窗台处理节点图

(14) 锚固件安装应用电锤（冲击钻）打孔，孔径视锚固件插孔直径而定，锚固深度应大于 20mm，拧入或敲入锚钉，锚钉头不得超过板面。

(15) 防火隔离带的设置：防火隔离带设置应符合相关标准和公通字［2009］46 号文的要求，用 A 类不燃保温材料制备的保温装饰板，其宽度为 300mm，通常设置在门窗上方。

(16) 加强层做法：在建筑物首层和其他需要加强的部位如女儿墙，应按照防冲撞和防水的设计要求进行处理，应采用抗冲击面层保温装饰板。女儿墙部位要做好外侧、顶端和内侧的保温防水密封工作，与屋面防水工程接口处要处理好，不得渗漏，如图 2-16 所示。

(17) 板缝的处理：在保温装饰板系统中，板缝同装饰缝基

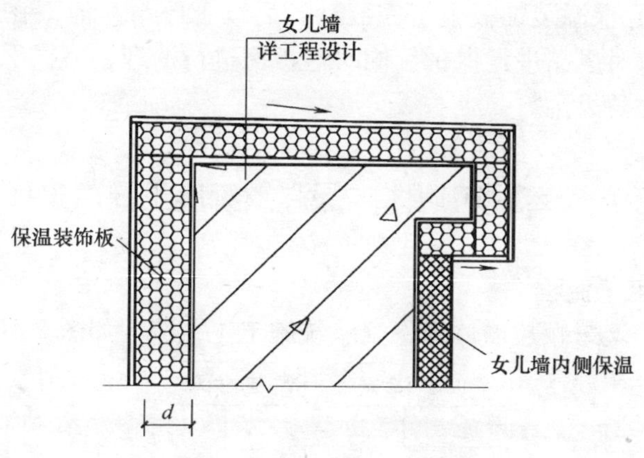

图 2-16　女儿墙处理节点图

本相同，板缝均需密封处理。在处理板缝时，在缝间填塞泡沫塑料保温棒（PE，PVC 等）或聚苯乙烯板片，直径或宽度为缝宽的 1.3 倍，保温棒填入的厚度与保温装饰板中保温层的厚度相同；缝间也可用聚氨酯泡沫填缝剂填满。而后采用硅酮或聚硫密封剂进行建筑密封勾填，做面层防水处理，深度为缝宽的 50%左右。对工程中设置的沉降缝处理应按设计和本规程缝处理的方式进行，最后采用金属盖板，并用射钉固定。具体做法如图2-17所示。

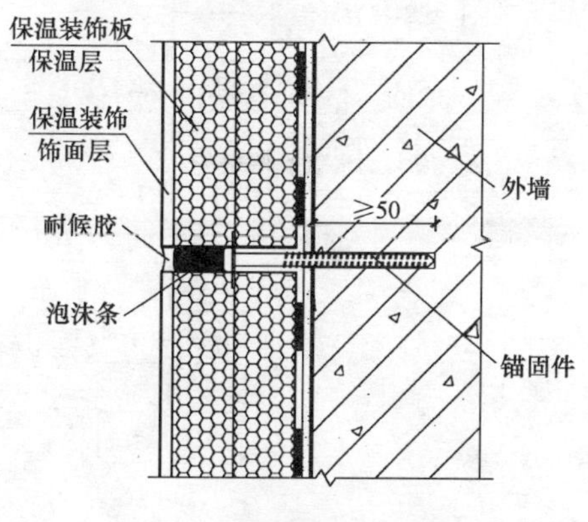

图 2-17　板缝处理节点图

(18) 保温装饰板施工完成后，后续工序与其他正在进行工序应注意对成品进行保护。同时对板面进行清理、擦拭干净，显露出装饰效果。

2-51 胶粉聚苯颗粒墙体内保温系统施工要点是什么?

1. 工艺流程

胶粉聚苯颗粒墙体内保温系统施工工艺流程如图 2-18 所示。

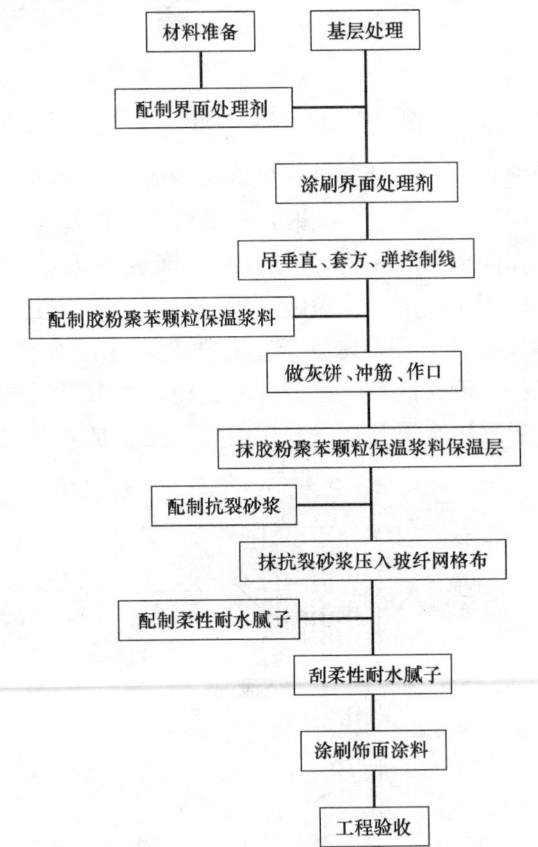

图 2-18 胶粉聚苯颗粒墙体内保温系统施工工艺流程

2. 基层处理

(1) 墙面应清理干净；旧墙面松动、风化部分及表面凸起物不小于 10mm 时应剔除。

(2) 界面拉毛或湿润：所有的混凝土墙面应用 1∶1 水泥砂浆做毛面处理；砖墙不需拉毛，抹灰前用水湿润。

(3) 吊垂直、套方、弹控制线，做灰饼，灰饼间距（横、竖、斜向）小于 2m。灰饼可用废聚苯板裁成 50mm×50mm 粘贴，用界面砂浆或其他干缩变形量小的粘结材料粘结。

3. 抹保温浆料

(1) 每次抹灰厚度 20mm 左右。

(2) 面层抹灰时，以 8～10mm 为宜，其平整度偏差不应大于 4mm，待抹完保温面层 30min 后，用抹子再赶抹墙面，用托线尺检测后达到验收标准。

(3) 门窗边框与墙体连接应预留出保温层的厚度，缝隙应分层填塞密实，并做好门窗框表面的保护。窗户经验收合格后方可进行保温抹灰施工，保温抹灰厚度包裹住窗框宜为 10mm，注意保温面层到窗框内侧的距离一致。

4. 抗裂层施工

(1) 将 3～4mm 厚抗裂砂浆均匀地抹在保温层表面；立即将裁好的网格布用铁抹子压入抗裂砂浆内，网格布之间的搭接不应小于 50mm，并不得使网格布皱褶、空鼓、翘边；网格布应贴到保温墙与内隔墙交接处，墙最下端网格布应压在踢脚里面。

在窗洞口等处应沿 45°方向先贴一道网格布（200mm×300mm），如图 2-19 所示。

(2) 在抹完抗裂层 24h 后即可刮抗裂柔性腻子，刮 2～3 遍，使其表面平整光洁。

(3) 楼梯间隔墙等需要加强的部位，在抗裂砂浆中应铺贴双层玻纤网格布。第一层铺贴应采用对接方法，第二层网格布铺贴采用压槎搭接，两层网格布之间抗裂砂浆应饱满，严禁干贴。

(4) 墙体最下端的玻纤网格布应压在踢脚里面，如图 2-20 所示。

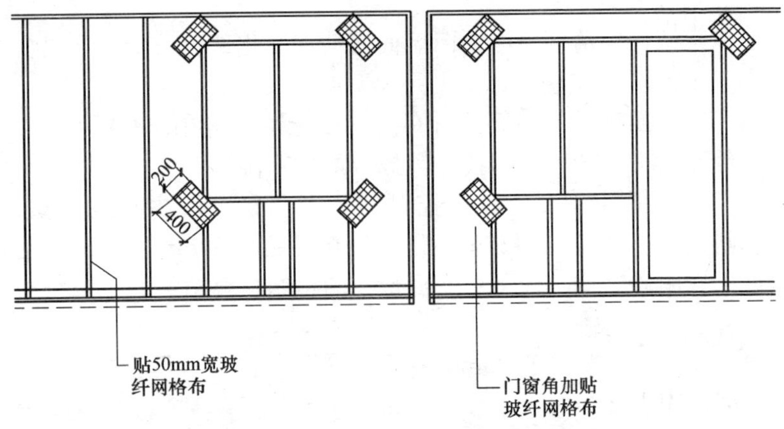

图 2-19 门窗角加贴玻纤网格布

（5）阴、阳角处的玻纤网格布采用单侧绕角压槎搭接，其搭接宽度不小于 150mm，如图 2-21 所示。应保证阴阳角处的方正和垂直度。

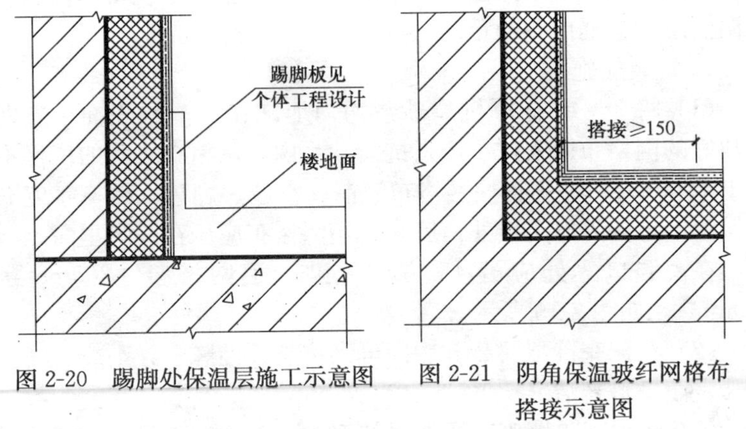

图 2-20 踢脚处保温层施工示意图

图 2-21 阴角保温玻纤网格布搭接示意图

（6）保温墙与内隔墙的交接处，玻纤网格布应绕角搭接到内隔墙上，其搭接宽度不小于 150mm ，并抹抗裂砂浆处理搭接的玻纤网格布。

（7）在门、窗洞口等的边角处应沿 45°方向提前用抗裂砂浆增贴一道玻纤网格布，玻纤网格布的尺寸宜为400mm×200mm。门、窗洞口等处的玻纤网格布应翻折满包内口，如图2-22所示。

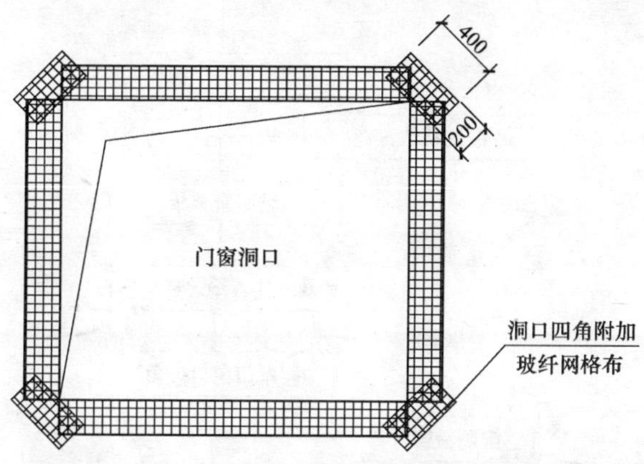

图2-22　门、窗洞口处增贴一道玻纤网格布示意图

(8) 抗裂防护层施工完后，应检查平整、垂直及阴阳角方正，不符合要求的应用抗裂砂浆进行修补，厨房、卫生间抹完抗裂砂浆后，应用木抹子搓平。

5. 饰面层施工

在抹完抗裂砂浆24h后即可刮柔性耐水腻子，刮2～3遍，每次刮涂厚度控制在0.5mm左右。涂刷饰面涂料，应做到平整光洁。室内吊挂件的安装应与基层墙体有牢固的连接，且不应破坏保温层。

2-52　增强粉刷石膏聚苯板墙体内保温系统施工要点是什么？

1. 施工流程

增强粉刷石膏聚苯板墙体内保温系统施工流程如图2-23所示。

2. 施工要点

(1) 基层处理

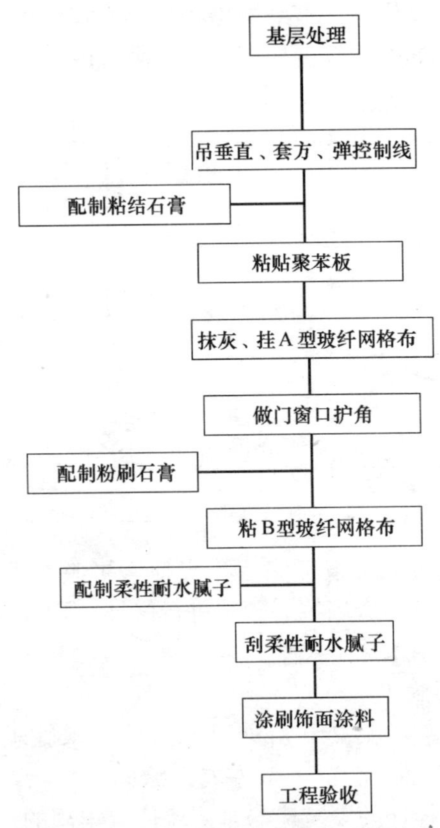

图 2-23　增强粉刷石膏聚苯板墙体内保温系统施工工艺流程

去除墙面的油污、灰尘、疏松物等附着物质，墙体基层符合《砌体工程施工质量验收规范》(GB 50203—2002)、《混凝土结构工程施工质量验收规范》(GB 50204—2011）的要求。

对轻质材料墙体及既有建筑的保温改造，基层处理后，必须对粘结石膏或其他胶粘剂与实际墙体基面的粘结强度进行实测。

(2）弹线

根据楼板上的粘贴控制线、空气层与聚苯板的厚度以及墙面平整度，在与墙体内表面相邻的墙面、顶棚和地面上弹出聚苯板粘贴控制线、门窗洞口控制线；如对空气层厚度有严格要求，可根据聚苯板粘贴控制线，做出 50mm×50mm 灰饼，按 2m 的间距布置在保温墙面上。

（3）粘贴聚苯板

1）聚苯板常用的规格尺寸为 600mm×900mm、600mm×1200mm，局部不规则处可现场裁切，宜用电阻丝苯板切割装置进行裁切，裁切口要求平直。墙面聚苯板应错缝排列，聚苯板排列图如图 2-24 所示。聚苯板的拼缝处不得留在门窗口的四角处。门窗口位置聚苯板排列图如图 2-25 所示。

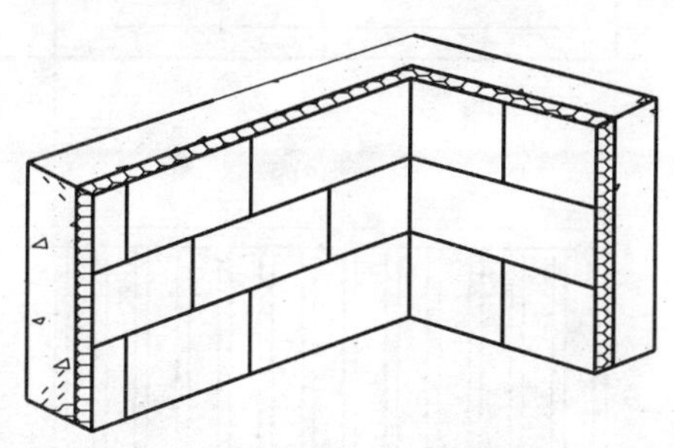

图 2-24　墙面聚苯板排列示意

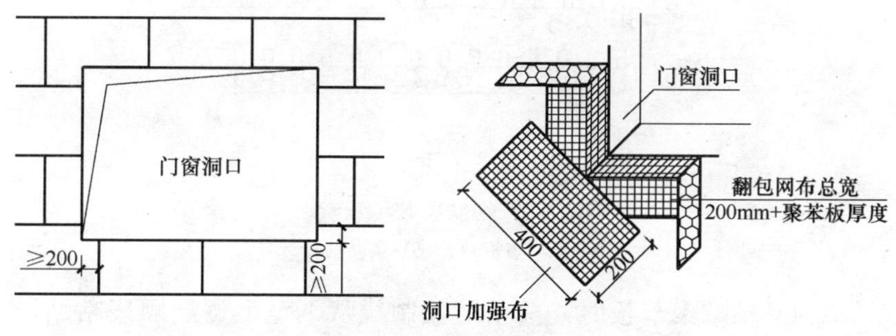

图 2-25　门窗口聚苯板排列示意

2）直接用粘结石膏加水，充分拌合到稠度合适为止，一次拌合量以保证在 50min 内用完，严禁稠化后加水稀释。

3）粘贴聚苯板用点框法和条粘法。点框法适用于平整度较差的墙面，应保证粘贴面积不少于 30%。条粘法适用于平整度较好的墙面。如果粘贴挤塑聚苯板，应提前 4h 先在挤塑板上涂刷挤塑板界面剂，界面剂表干后再用点框法和条粘法粘结石膏，如图 2-26 所示。

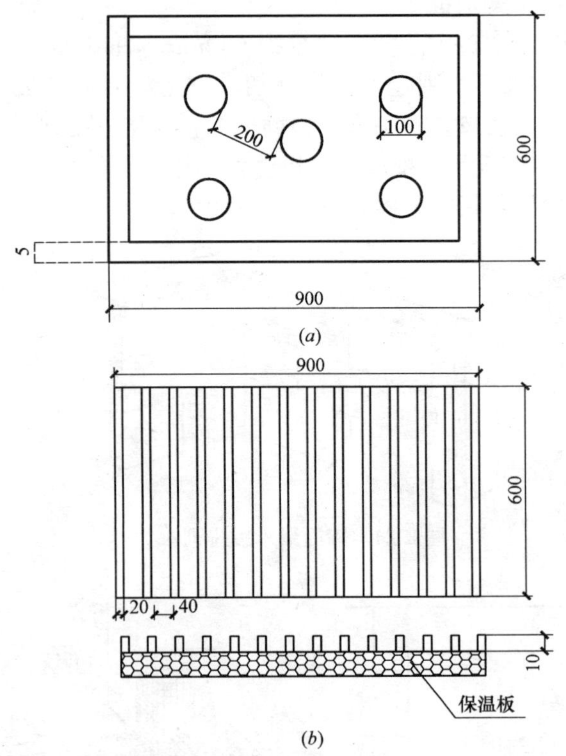

图 2-26　粘贴聚苯板示意图
(a) 点框法；(b) 条粘法

4）粘贴聚苯板时，按粘结控制线从下至上逐层顺序粘贴，应保证粘结点与墙面充分接触。聚苯板侧面不留碰头灰，如果因聚苯板不规则出现拼缝宽超过 2mm 时，应用聚苯条（片）填塞严实。

5）粘贴聚苯板时，应随时用托线板检查，确保聚苯板墙面垂直度和平整度，粘贴 2h 内不得碰动；在遇到电气盒、插座、穿墙管线时，先确定上述配件的位置，再裁切聚苯板，聚苯板粘贴完毕后，洞口周围用聚苯条填塞密实。

6）聚苯板与相邻墙面、顶棚的接槎应用保温板薄片塞实、刮平，邻接门窗洞口、接线盒的位置用聚苯条（片）塞实。

（4）抹灰、挂网格布

1）在聚苯板表面弹出踢脚高度控制线。

2）宜用符合性能指标要求的底层粉刷石膏直接加水，充分拌合到合适稠度，粉刷石膏砂浆的一次拌合量以保证在 50min 内用完。

3）用粉刷石膏砂浆在聚苯板面上按常规抹灰做法做出标准灰饼，抹灰平均厚度控制在 8～10mm，待灰饼硬化后即可大面积抹灰。

4）将粉刷石膏砂浆直接抹在聚苯板上，如果粘贴挤塑聚苯板，应提前 4h 先在聚苯板上涂刷挤塑板界面剂，界面剂表干后再抹粉刷石膏。根据灰饼厚度用杠尺将粉刷石膏砂浆刮平，用抹子搓毛后，在抹灰层初凝之前，横向绷紧 A 型网格布，用抹子压入到抹灰层内，然后搓平、压光，网格布要尽量靠近表面。

5）凡是与相邻墙面、窗洞、门洞接槎处，网格布都要预留出 100mm 的接槎宽度；整体墙面相邻网格布接槎处，要求网格布搭接不小于 100mm。在门窗洞口、电气盒四周对角线方向斜向加铺 400mm×200mm 网格布条。

6）对于墙面积较大的房间，采取分段施工，网格布留槎 200mm，网格布搭接不小于 100mm。

7）踢脚板位置不抹粉刷石膏砂浆灰，预留网格布直铺到底。

（5）粘贴网格布

待粉刷石膏抹灰层基本干燥后，用网格布粘结胶在抹灰层表面绷紧粘贴 B 型网格布，相邻网格布接槎处，网格布要求拐过或搭接 150mm。

（6）刮腻子

待网格布胶粘剂凝固硬化后，宜在网格布上直接刮内墙柔性腻子，腻子层控制在 1～2mm，不宜在保温墙再抹灰找平。

(7) 门窗洞口护角、厨厕间、踢脚板做法

1) 为保证门窗洞口、立柱、墙阳角部位的强度，用粉刷石膏抹灰找好垂直后压入金属护角，做法和金属护角如图 2-27 所示。

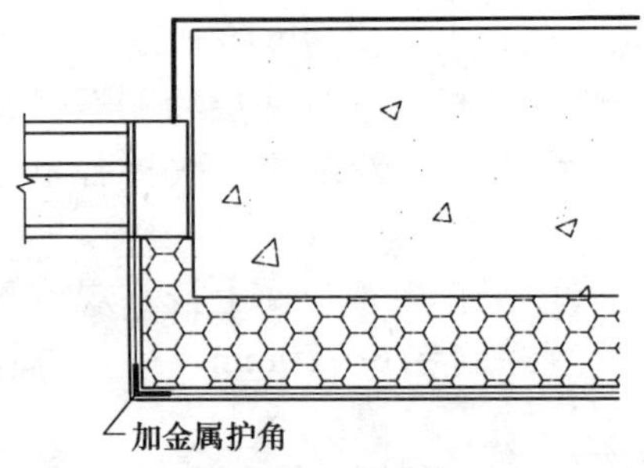

图 2-27 门窗口断桥及加强网示意图

2) 做水泥踢脚应先在聚苯板上满刮一层建筑用界面剂，拉毛后再用聚合物水泥砂浆抹灰，抹灰、压光时应注意把预留的网格布压入水泥砂浆面层内；预制踢脚板应采用瓷砖胶粘剂满贴。

3) 厨房、卫生间墙体保温做法，建议采用聚合物水泥胶粘剂和聚合物水泥罩面砂浆，防水层的施工宜在保温施工后进行，保温面层上做防水层。粘贴瓷砖宜用瓷砖胶粘剂进行粘贴。

2-53 目前外墙外保温技术存在的主要问题是什么?

1. 安全问题

主要存在防火和高层贴面材料脱落的安全问题。一般而言，保温材料为高分子有机化合物，尽管进行了阻燃处理，但当发生火灾时，还是会引起燃烧。虽然保温层在外墙，但当房屋内部发生火灾时，大火仍然会从窗口往外燃烧，波及窗口四周的保温层。如果没有相当严密的防护隔离措施，很可能会造成灾害，火势在外保温层内蔓延，以至将整个保温层烧掉。因此，外墙外保

温建筑所有门窗洞口周边保温层的外表面，都必须有非常严密而且厚度足够的保护面层覆盖，以免有机保温材料立即被窗口窜出的火苗点燃；再就是高层建筑采用有机保温材料做外墙外保温时，一般每隔两个楼层应该设置由岩棉板条构成的隔火条带，以免在火势蔓延时，将全部保温层烧毁。另外在保温层外粘贴贴面材料时必须十分谨慎，在低层建筑墙面上粘贴贴面材料，如果措施得当，问题不大，但用于高层建筑时，所有的贴面材料粘结层必须能经受住多年风雨侵蚀、温度变化而始终保持牢固，否则即使个别贴面材料脱落，后果也不堪设想。因此，对于一些要粘贴贴面材料的建筑，其构造设计、粘结材料、施工工艺都必须保持高度的责任心，尽可能做得尽善尽美，并经专家论证通过，做到万无一失。

2. 保温墙体裂缝的问题

裂缝的存在降低了墙体的质量，如整体性、保温性、耐久性和抗震性能。这是困扰外墙外保温技术发展的一个常见问题。产生裂缝的原因很多：

(1) 由保温材料自身的冷热膨胀收缩引起；

(2) 由于保温材料强度不够，因施工等外界受力产生开裂而造成；

(3) 因外保护层材料的柔性不够而产生；

(4) 施工时没有严格按照规程操作而引起的，因此，加强保温墙体抗裂措施研究已成为住宅产业共同关注的课题。

3. 外墙外保温的质量检测评估体系进一步完善的问题

保温隔热墙体内部缺陷、保温隔热层厚度不足、冷（热）桥等无疑会大大降低建筑的节能标准。因此，保温隔热墙体现场质量的检测是建筑节能检测的最重要环节之一。目前，评价建筑节能是否达标一般采用“热（冷）源法”和“建筑热工法”。但在实际检测中，上述两种方法均难以迅速和全面地确定墙体或屋面的表面温度分布，不能准确地对建筑的节能效果进行正确的评价。如何根据保温隔热建筑墙体传热异常部位表面温度场的状态特征及其变化规律，来判别建筑墙体内部材料及构造缺陷的原因，以及对其严重程度进行定量化研究，是建筑节能检测技术的发展趋势。先进的检测技术也是外墙保温技术的重要组成部分之一。

2-54 墙体保温工程产生裂缝的危害性是什么?

（1）防裂性是墙体保温工程要解决的关键技术之一，因为一旦保温层、抗裂防护层发生开裂，墙体保温工程性能就会发生很大改变，不但满足不了设计的节能要求，甚至会危及墙体的安全。裂缝的存在降低了保温墙体的质量，如整体性、保温性、耐久性和抗震性能。由于墙体保温工程是非承重复合墙面，其墙面裂缝的危害主要是水的渗透对保温系统的破坏以及对住户的感观上和心理上造成不良影响。随着我国房改、住房商品化的进程，人们对居住环境和建筑质量的要求不断提高，对减少建筑物保温墙体裂缝的要求越来越高。由于保温墙体裂缝等质量问题涉及的纠纷或官司也越来越多，建筑物的裂缝已成为住户评判建筑物安全的一个非常直观敏感性的问题。因此加强墙体结构，特别是新材料保温墙体的抗裂措施，已成为行政主管部门以及设计、材料生产、施工和房屋开发商共同关注的课题。

（2）裂缝是固体材料中的某种不连续现象。通常把裂缝分为微观裂缝和宏观裂缝。水分子的直径约为 0.3×10^{-6}mm，可穿过任何肉眼可见的裂缝，所以从理论上是不允许有裂缝的。但实际情况是由于水的表面张力等原因以及由于保温墙面是与雨水重力平行的，即便考虑到风的影响也可认为裂缝的宽度不宜超过0.2mm。内保温的裂缝在冬季室内湿度大的条件下，同样会产生湿汽迁移，外部结构的水蒸气渗透能力又很小，如此一定量的裂缝存在会引起保温材料湿度增大，影响保温性能。因此对于保温墙体工程到底什么是无害裂缝？什么是有害裂缝？内外保温是否应该分开？裂缝的性质如何控制？还应该进一步试验研究。

（3）由于墙体保温系统是非承重复合墙面，如果裂缝问题不得到有效解决，必将制约墙体保温工程特别是外墙外保温技术的应用。

2-55 墙体保温工程产生裂缝的原因是什么？

根据工程实践和统计资料，变形裂缝特别是温度变形裂缝或者是由变形和外力共同作用产生的墙体裂缝几乎占全部可遇裂缝的80%以上，由于冲击、风压、地震力等外力引起的机械破坏比重不大。因此，控制裂缝关键是应控制在约束条件下（约束体和被约束体都可产生一定程度的变形）材料的变形量不超过材料本身的极限变形。这与拉应力不超过当时抗拉强度的结论是统一的。

（1）形成保温墙体变形的因素有温度、干缩、湿胀、冻融破坏以及结构不均匀沉降等，整个建筑物也是一个热不稳定体，不同季节、白天黑昼，墙体内外由于温差的变化在墙体局部，如在纵横墙体交接处、墙或屋面与墙体连接处、门窗口角、大面积墙中部等位置形成集中变形；砂浆抹灰层引起的干缩变形；外围护墙体变形引发保温层饰面层温差和干缩变形；墙体由于防潮密封不到位或构造设计不合理引起吸湿膨胀或冻胀引起变形开裂；结构、地基不均匀沉降引起墙体变形；还可能由材料系统内部不相容或破坏性的化学变化引起的变形裂缝等。

（2）特别强调现场配制的普通水泥砂浆抹在保温层上，不容易解决抗裂问题。水泥砂浆的收缩相当大，对于1：2.5的普通砂浆，每米长度墙面180d的收缩值接近1mm，一面5m长的墙收缩4.7mm，收缩又是一个较长的过程。温度收缩值等于材料的线胀系数与温差的乘积。混凝土的线胀系数为1×10^{-5}/℃，水泥砂浆的线胀系数估计比混凝土略大，约为1.5×10^{-5}/℃，保温材料线胀系数要大6～8倍，组合在一起工作，因为它们各自的收缩膨胀性能不同，在交界面上容易产生裂缝。

（3）常见保温墙面开裂的直接现象及原因有：

1）直接采用水泥砂浆做抗裂防护层：强度高、收缩大、柔韧变形性不够，引起砂浆层开裂。

2）抗裂防护层的透汽性不足，如挤塑聚苯板在混凝土表面的应用。

3）配制的抗裂砂浆虽然也用了聚合物进行改性，但柔韧性不够或抗裂砂浆层过厚。

4）胶粘剂里有机物质成分含量过高，胶浆的抗老化能力降低。低温导致胶粘剂中的高分子乳液固化后的网状膜状结构发生脆断，失去其本身所具有的柔性作用。

5）砂的粒径过细，含泥量过高，砂子的颗粒级配不合理。

6）聚苯板没有完成墙体保温工程前对其陈化的要求，上墙后产生较大的后收缩。

7）聚苯板粘贴时局部出现通缝或在窗口四角没有套割。

8）使用了不合格的玻纤网格布，如：断裂强力低、耐碱强力保留率低、断裂应变大等。

9）玻璃纤维网格布（或镀锌钢丝网）的每平方米克重过低、延伸率过大、网孔尺寸过大或过小、网格布的耐碱涂敷层的涂敷量不足或钢丝网的镀锌层厚度不足，钢丝锈蚀膨胀。

10）面层中网格布的埋设位置不当，过于靠近内侧；因网格布间断并无搭接或搭接尺寸不能满足规范的要求。

11）窗口周边及墙体转折处等易产生应力集中的部位未设增强网格布。

12）抹底层胶浆时直接把网格布铺设于墙面上，胶浆与网格布不能很好地复合为一体，使得网格布起不到应有的约束和分散作用。

13）保温板板面不平，特别是相邻板面不平。板间缝隙用胶粘剂填塞。

14）采用刚性腻子，腻子柔韧性不够；采用不耐水的腻子，当受到水的浸渍后起泡开裂。

15）采用漆膜坚硬的涂料，涂料断裂伸长率很小；腻子与涂料不匹配，例如，在聚合物改性腻子上面使用某些溶剂型涂料，由于该涂料中的溶剂同样会对腻子中的聚合物产生溶解作用而使腻子性能遭到破坏。

16）在材料柔性不足的情况下未设保温系统的变形缝。

17）在保温系统的截止部位，对不同材料材质变换处的防水处理方案不当。

18）施工面层时在太阳暴晒下进行或在高温天气下抹完面层后未及时喷水养生，导致面层失水过快；冬期低温状态下施工，防冻措施不到位，因冻胀作用而产生的变形。

19）违反施工技术规程，未安窗框先做保温或者做完保温后单抹窗口。

2-56　克服墙体保温工程裂缝应采取哪些技术措施？

由于保温隔热系统是由多层材料复合构成，就抗裂性能来说，除应考虑各层材料自身变形能力外还应充分考虑材料的相容性及匹配性。墙体保温工程中抗裂防护层材料的性能主要涉及抹面砂浆抗裂性与保温隔热层的粘结强度、耐老化性能以及加强网的抗拉强度、拉伸伸长量和耐碱性，饰面层（包括腻子层）的变形能力以及相容性等。

（1）保温材料的裂缝主要是变形引起的裂缝，只要能有有效变形释放应力，减少在约束条件下产生的应力集中，就不易产生裂缝。为此我们要求组成墙体保温工程的材料应有相应的柔韧性，并在抗裂防护层中增加分散应力的加强网。克服墙体保温工程裂缝有效技术措施应采取“放”、“抗”结合，以“放”为主的技术路线。

1）所谓“放”、“抗”结合，以“放”为主大体包含五个方面的内容：一是保温材料各相邻层约束和反约束能力应该足够的小，其中材料的弹性模量，线膨胀系数应相近协调；二是组成墙体保温工程层的各层材料应有一定柔性，即有一定形变能力，在变形条件下能有效释放应力，并且在反复变形作用情况下，不会产生疲劳破坏；三是若相邻层变形能力相差较大，应设柔性释放应力的过渡层，如：柔性腻子胶，粘面砖用柔性胶粘剂等；四是对于刚性面层材料应设柔性分隔缝，中间镶有一定变形能力的柔性胶，如柔性瓷砖勾缝胶，柔性块材分隔缝胶等；五是抗裂防护层面积较大易形成应力集中时，宜设应力释放分隔缝。

2）“抗”和“放”结合的另一层含义是在关键的抗裂层中增加配筋（软配筋或硬配筋），以分散应力、限制变形，防止各种变形应力集中发生的可能，配筋必须考虑其相容性和耐久性。在抗裂砂浆中也可以加入镀锌钢丝网片，但是应对钢丝网的镀锌质量、钢丝直径、密度通过试验来确定。采用多种纤维复合配制的抗裂技术也能够有效地吸收受外界自然条件影响产生的膨胀、收缩变形，并均匀地将变形应力向四周扩散，从而防止裂缝的产生。玻纤网格布的质量及铺贴的位置对系统抗裂性影响很大。玻纤网格布的耐碱强度保留率对体系长期的抗裂也是至关重要的。正确的做法应是将采用由抗碱玻纤编织的经耐碱涂塑的玻纤网格布铺贴在韧性良好的抹面砂浆中。

3）国内外对预防和控制裂缝从保温材料及施工技术的探索已有多项成果。如北京振利高新技术公司作为一家保温材料生产和施工的专业厂家，针对保温材料性能的特点，成功地提出了外墙墙体保温工程裂缝应遵循的主要原则和采用的技术路线：他们认为常规“抗”的方法，对保温墙体是很难克服墙体保温工程面层开裂的，而遵循一条给温度应力释放的原则，保温体系材料采用柔性软连接，形成“柔性变形，逐层释放应力的抗裂技术”，可以有效地控制保温层表面裂缝的产生。在抗裂防护层采用软钢筋和多种纤维改变应力传递方向，防止各种变形应力集中发生的可能。

4）实践证明，在保温墙体工程中合理的采用“放”、“抗”相结合以“放”为主的技术路线，在设计、材料、施工以及构造措施中共同遵守这条原则，能够有效地控制保温墙体裂缝。

（2）围护结构表面装修层的材料选择也非常重要，首先底层腻子必须有一定的抗水、抗裂能力，其次涂料的各层不仅要求有一定的柔性而且与基层以及相互之间也应有相容性，装修层的材料不仅要求防裂、透汽（水气），而且要与保温隔热层协调，最好选择弹性外墙涂料。伸缩缝的做法是：密封膏不做到外口，在其表面镶嵌一条塑料或金属制成的封口条。

（3）建议墙体保温工程应有界面层、保温隔热层、抗裂防护层、饰面层等组成，如果用饰面砖还应有与主体结构拉结的措施。各层有各层的作用，彼此协调形成一个有机系统。

（4）抗裂防护层的抗裂问题是主要矛盾，必须采用专用的抗裂砂浆并辅以合理的增强网，在砂浆中加入适量的聚合物和纤维对控制裂缝的产生是有效的。

（5）由抹面砂浆与增强网构成的抗裂防护层对整个系统的抗裂性能起着比较关键的作用。抹面砂浆的柔韧极限拉伸变形应大于最不利情况下的自身变形（干缩变形、化学变形、湿度变形、温度变形）及基层变形之和，从而保证抗裂防护层抗裂性要求。复合在抹面砂浆中增强网（如玻纤网格布）的使用，一方面能够有效地增加抗裂防护层的拉伸强度，另一方面由于能有效分散应力，可以将原本可能产生的较宽裂缝（有害裂缝），分散成许多较细裂缝（无害裂缝），从而形成其抗裂作用。表面涂塑材质及涂塑量对玻纤网格布的早期耐碱性具有较重要的意义，而玻纤品种对长期耐碱性具有决定意义。

（6）装修层的材料不仅要求防裂而且要求透汽（水气）与保温层协调，最好选择弹性外墙涂料。其他界面层、保温层、粘结加固等材料也应该有专业厂家配套供应，以提高质量问题的可追溯性。

2-57 为什么要规定墙体保温防火技术？

目前我国建筑墙体保温材料大多采用有机高分子发泡保温材料，如模塑聚苯板（EPS）、挤塑聚苯板（XPS）、硬质发泡聚氨酯等，虽然相应的产品标准都对其阻燃性能提出了要求，但限于目前应用的技术水平和技术条件，其本质上仍属可燃材料。材料自身的阻燃性能指标尚不能满足建筑防火安全的要求，且外墙保温的施工是处在一个多工种、立体交叉作业的建筑施工工地，施工过程中，裸露的保温材料在遇到火花溅落发生火灾的情况下，难以避免这类保温材料的燃烧、爆裂以及火焰蔓延以致有毒气体的产生，存在着较大的火灾隐患。近年来施工现场不断频发的火灾事故应引起我们对外墙外保温工程防火问题的高度重视。

我国正处于建筑工程高速发展阶段，建筑节能是节能工作中重要一环，量大面广的节能建筑，需要极大数量的保温材料，而现用的高分子有机发泡轻质保温材料在性能与价格上具有很大优势，相信规程的贯彻实施，将对建筑节能事业的发展起到推动作用。

2-58 居住建筑防火构造设计要求是什么?

考虑外保温防火问题时，主要原则是阻止火灾的蔓延。可燃类保温材料燃烧性能的要求见表 2-37 所列。

可燃类保温材料燃烧性能要求 **表 2-37**

保温材料	性能要求		
	燃烧性能等级	氧指数(%)	密度(kg/m^3)
EPS	B_2 级	≥30	18～22
	B_1 级	—	
XPS	B_2 级	≥26	25～35
	B_1 级	—	
硬泡聚氨酯	B_2 级	≥26	≥ 32
	B_1 级	—	
酚醛泡沫板	不低于 B_1 级	≥ 32	—

注：燃烧性能等级应符合《建筑材料及制品燃烧性能分级》(GB/T 8624—2006)的要求；氧指数试验按《塑料　用氧指数法测定燃烧行为》(GB/T 2406—2008) 进行。

（1）建筑物首层抹面层的厚度应不小于 6mm。

（2）抹面层增强网应加设金属锚栓与基层墙体固定，且每平方米应不少于 2 个。

（3）抹面层厚度小于 5mm 时，应在窗口上沿设置挡火梁，挡火梁宜采用不燃保温材料。

（4）建筑物总高度在 24m 以上时，应在首层与 2 层或 2 层与 3 层之间设置防火隔离带；24m 以上部分且抹面层厚度小于 5mm 时宜使用不燃保温材料在窗口上沿设置挡火梁，并每隔两层设置防火隔离带。

2-59 公共建筑防火构造设计要求是什么？

（1）建筑高度不小于 50m 但小于 100m 的公共建筑，全部外墙外保温除可采用燃烧性能等级为 A 级的保温材料外，还可采用符合表 2-37 性能要求的酚醛泡沫板、硬泡聚氨酯或燃烧性能等级为 B_1 级的聚苯板，但应在保温层外覆盖厚度不小于 23mm 的防火保护层。

（2）建筑高度不小于 24m 但小于 50m 的公共建筑，全部外墙外保温除可采用上条规定的做法外，还可采用以下做法之一：

1）采用燃烧性能等级为 B_2 级的聚苯板薄抹灰系统，应在保温层内每层设置一道水平的防火隔离带。

2）采用燃烧性能等级为 B_2 级的聚苯板，可在保温层外覆盖厚度不小于 18mm 的防火保护层。

3）采用燃烧性能等级为 B_1 级的聚苯板保温薄抹灰系统，应在保温层内每两层设置一道水平的防火隔离带。

4）采用符合表 2-37 要求的燃烧性能等级为 B_1 级的酚醛泡沫板薄抹灰系统，可不另设置防火隔离带。

（3）建筑高度小于 24m 的公共建筑，全部外墙外保温除可采用上两条规定的做法外，还可采用下列做法之一：

1）采用燃烧性能等级为 B_2 级的聚苯板薄抹灰系统，应在保温层内每两层设置一道水平防火隔离带。

2）采用燃烧性能等级为 B_1 级的聚苯板薄抹灰系统，可不另设置防火隔离带。

2-60 保温装饰板、彩钢夹心板防火设计是什么？

（1）保温装饰板用于高度大于 100m 的居住建筑和高度大于 50m 的公共建筑，应进行专项设计、论证。

（2）采用聚苯板保温，与基层墙体以粘贴方式为主的保温装饰板应满足以下要求：

1）饰面板为非金属不燃材料时，厚度应不小于 6mm；饰面板为薄金属面板时，金属面板与聚苯板之间必须有厚度不小于 5mm 的非金属不燃材料衬材间隔。

2）根据建筑性质和高度按公共或居住建筑规定设置防火隔离带。

（3）采用酚醛泡沫板或硬泡聚氨酯板保温，与基层墙体以粘贴方式为主的保温装饰板，用于高度小于 100m 的居住建筑和高度小于 50m 的公共建筑，其饰面板为非金属不燃材料时，厚度应不小于 6mm；其饰面板为薄金属材料时，面板与保温板之间必须有厚度不小于 5mm 的非金属不燃材料衬材间隔，不需另设防火隔离带。

（4）保温装饰板一般不宜采用单纯机械锚固的构造体系，若单纯采用机械锚固件的保温装饰板，除需满足上述要求外，还应确保抗震、抗风荷载、抗渗漏、抗变形的构造安全和系统的耐候性合格。

（5）采用龙骨连接的保温装饰板体系应符合以下要求：

1）建筑高度不小于 24m 时采用燃烧性能等级为 A 级的材料保温；建筑高度小于 24m 时除可采用 A 级材料保温外，还可采用酚醛泡沫板或硬泡聚氨酯板保温。

2）保温装饰板采用薄金属面板时，应加厚度不小于 5mm

的非金属不燃材料间隔。

3）保温装饰板与龙骨之间、龙骨与基层墙体之间的空腔应在每层楼板处用不小于100mm厚的不燃材料沿水平方向连续封堵严密。

2-61 什么是防火隔离带？基本要求是什么？

（1）由一定宽度的不燃保温材料做成，用以替代保温层中的可燃保温材料，一般按水平方向成封闭环形设置，起阻挡火焰传播的作用的构造。防火隔离带可由不燃保温材料构成，也可预先对不燃或难燃保温材料表面做增强处理后，预制成的制品达不燃性。

（2）防火隔离带应由不燃保温材料（或制品）做成，保温层厚度小于100mm时，宽度不小于200mm，保温层厚度不小于100mm时，宽度不小于300mm，隔离带与基面应全面积粘结。防火隔离带应通过试验，证明其具有阻火传播性。

设置了防火隔离带的外保温系统应经过耐候性试验检验，检验结果除满足《外墙外保温工程技术规程》（JGJ 144—2004）有关要求外，还应满足表各项要求，见表2-38所列。

有防火隔离带外保温系统耐候性要求　　表2-38

检验项目	技术要求	试验方法
外观质量	无可渗水裂缝，无粉化、空鼓、剥落现象	《外墙外保温工程技术规程》（JGJ 144—2004）附录A.2
拉伸粘结强度(MPa)	隔离带部位≥0.10	
抗冲击性	隔离带部位3J级合格	

防火隔离带的厚度不得低于外保温系统保温层的厚度。

水平隔离带位置应设在门窗洞口上方，隔离带下缘距洞口上沿不宜超过500mm，如图2-28所示。

当窗洞口上沿高低不同，洞口上沿距隔离带如超过0.5m，隔离带可局部采取上凸或下凹处理，如图2-29所示。

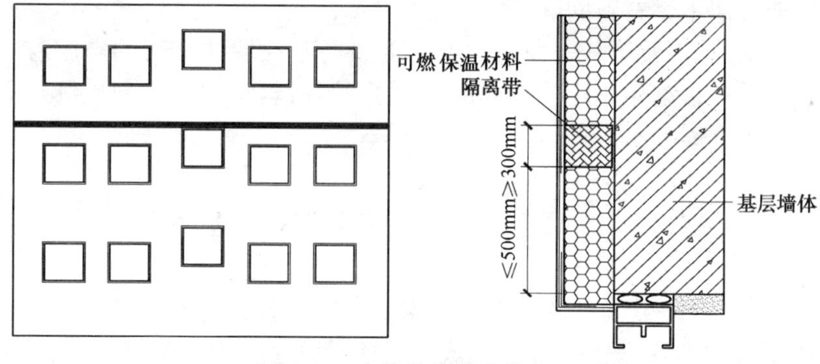

图 2-28　水平防火隔离带位置

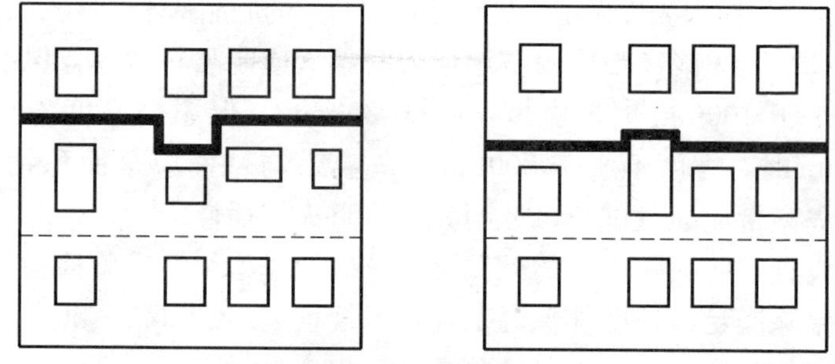
图 2-29　隔离带位置的凹凸处理

2-62　外墙外保温系统中防火隔离带的设置要求是什么？

外墙外保温系统中防火隔离带的设置应符合下列要求：

（1）防火隔离带应设置在楼层楼板处或窗口上沿处的保温层中，高度不应低于 200mm，厚度应与主体保温层相同，并应连续、闭合设置。

（2）防火隔离带应采用燃烧性能等级为 A 级的保温材料或经大型窗口防火试验证明能有效阻止火焰传播的，且保温性能与主体保温材料相近的复合材料制成。防火隔离带与基层墙体之间

防火
隔离带
200
200
防火隔离带下皮设在窗口以上200高处
A
各层
楼面
防火隔离带遇窗阻断时，
应向上翻交圈设置
200
防火隔离带遇窗阻断时
200
防火隔离带
200
防火隔离带设在窗上口
B
≥900时
200
200
≥900时
A
A
防火隔离带
有实心栏板的封闭
阳台防火隔离带
A—A

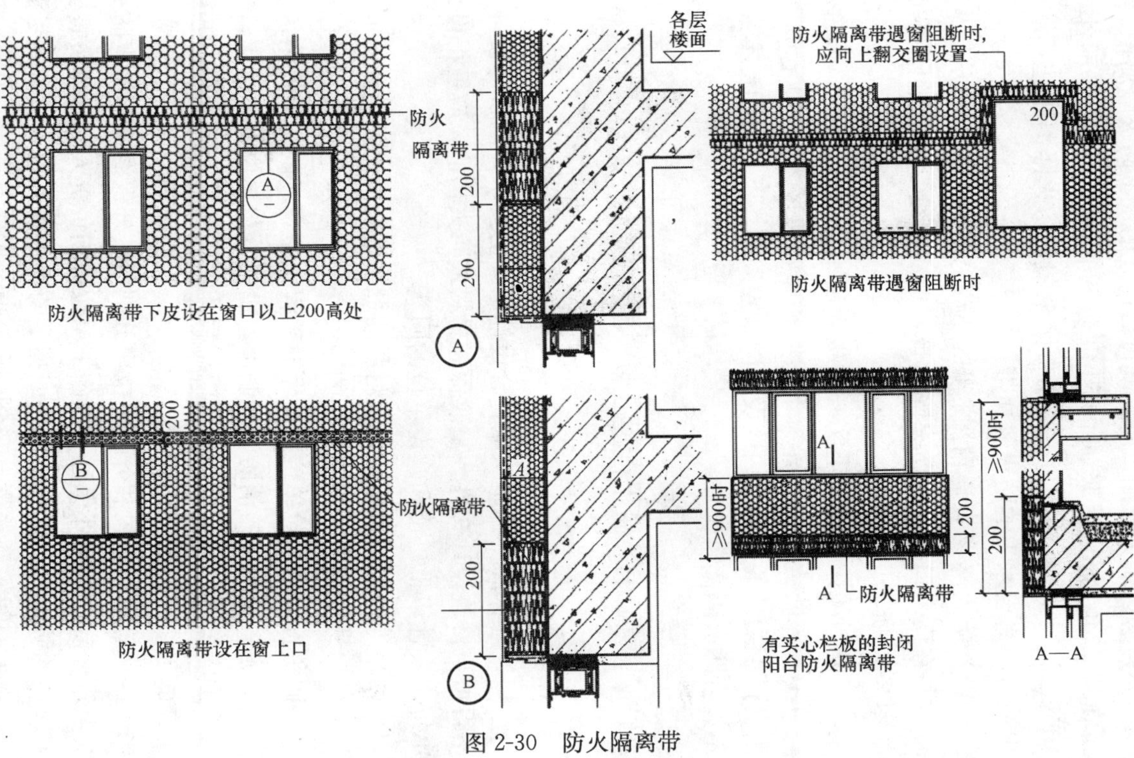

图 2-30　防火隔离带

不得有空腔。

(3) 遇山墙无窗洞口时，既可做连续的水平防火隔离带，也可在墙转角处设置竖向的阳角防火隔离带（宽度不小于200mm)，纵向外墙的防火隔离带接至阳角防火隔离带止，此时山墙可不另设水平的防火隔离带。

(4) 防火隔离带遇窗阻挡时，应在窗边做竖向的防火隔离带，并在窗上口做水平防火隔离带，形成连续、闭合的隔离带，如图 2-30 所示。

(5) 封闭阳台的窗下实心栏板高度不足 900mm 时，阳台本身可不设置防火隔离带；窗下实心栏板高度不小于 900mm 时，阳台最下端处的保温层内应设置防火隔离带。不封闭阳台本身可不设置防火隔离带。

2-63 建筑外保温工程施工防火要点是什么？

1. 一般规定

(1) 外保温工程施工应符合设计文件的要求，工程建设各方不得擅自修改设计文件。更改保温材料或防火构造，应征得设计单位、设计审批单位和建设单位的同意。

(2) 外保温工程所用保温材料的燃烧性能应满足设计要求。

(3) 外保温工程施工现场的防火安全由总承包单位和分包单位共同负责。总承包单位对外保温工程施工现场的防火安全负总责，并应制定相应的消防管理制度，由各分包单位具体落实；分包单位应负责分包范围内外保温工程施工现场的防火安全，并接受总承包单位的监督管理。

(4) 总承包单位和分包单位应分别落实外保温工程施工防火安全责任制，确定外保温工程施工单位现场负责人，具体负责施工现场的防火安全工作；配备或指定防火工作人员，负责外保温工程施工期间的日常防火安全技术管理工作。

(5) 外保温分包单位应根据外保温工程和保温材料特点编制

施工方案，方案中应有具体的防火安全技术措施和施工现场火灾事故应急预案；方案中应避免外保温工程施工与有明火的工序交叉作业。

（6）总承包单位或分包单位应在施工现场合理有效地配置灭火器材与设施，作业前应对相关施工人员进行有关的防火安全教育培训，并要求掌握外保温工程施工过程中防、灭火知识和技能。

2. 材料防火性能要求

（1）总、分包单位应对外保温工程所用的可燃类保温材料等进行严格的防火安全管理和监督检查。

（2）保温材料和配套材料进场时应按《建筑节能工程施工质量验收规范》（GB 50411—2007）规定进行检验。进场的保温材料必须有材料燃烧性能等级检验报告。

（3）进入施工现场的可燃类保温材料，应对其燃烧性能等级进行见证取样复验。复验结果应符合设计要求。

（4）组成保温装饰板的可燃类保温材料的燃烧性能应满足设计要求。

3. 施工防火

（1）施工准备

1）外保温工程施工现场为禁火区域，应远离火源、严禁吸烟。如附近有明火作业，必须严格执行动火审批制度。

2）外保温工程施工作业工位，应配备足够的消防器材，指定专人维护、管理、定期更新，应确保其适用、有效。

3）施工现场使用的电气设备必须符合防火要求；电缆、电线等带电线路应与可燃类保温材料堆放区保持安全距离。

（2）堆放

1）堆放场严禁吸烟，并应有显著标识。

2）堆放场 10m 范围内及上空不得有明火作业，并应有禁火标识。

3）堆放场及加工制作场地不得放置易燃、易爆等危险物品。

4）堆放场应按每 50m^2 场地配备种类适宜的灭火器、砂箱或其他灭火器具。

5）采取露天堆放时，材料存放量不应超过 3d 的工程需用量，并应采用不燃材料完全覆盖。采用库房堆放时，库房应采用不燃材料搭设。

（3）施工防火要点

1）采用防火构造的外保温工程，其防火构造的施工应与保温材料的施工同步进行。

2）外保温工程的施工应分区段进行，各区段应保持一定的防火间距，并宜尽早安排覆盖层（抹面层或界面层）的施工。保温层施工时，没有保护面层的保温层不得超过三层楼高，裸露不得超过 2d。

3）外保温工程施工区域动用电气焊、砂轮等明火时，必须确认明火作业涉及区域内没有裸露的可燃类保温材料，并设专门动火监护人和灭火器材。严禁在已安装的保温材料上进行电气焊接和其他明火作业。

4）幕墙的支撑构件和空调机等设施的支撑构件，其电焊等工序应在保温材料铺设前进行，确需在保温材料铺设后进行的，应在电焊部位的周围采用防火毯等防火保护措施。

5）聚氨酯等保温材料进行现场发泡作业时，应避开高温环境，施工工具及服装等应采取防静电措施。

6）喷涂、浇筑聚氨酯保温材料必须在喷涂、浇筑后 24h 内进行防护层施工。

7）施工用照明等发热设备靠近可燃类保温材料时，应采取可靠的防火保护措施。电气线路不应穿过可燃类保温材料，确需穿过时，应采取穿管（不燃材料）防火保护等措施。

8）现浇混凝土大模内置外保温工程施工，宜在安装就位前，对保温板面做好界面处理。若未事先做好界面处理，应在外墙混凝土拆模后及时对保温层表面进行防护层处理。

9）外保温施工期间如遇公休日及节假日，需对已安装的裸露的保温层进行防火覆盖处理，并将作业区域内剩余保温材料按“3. 施工防火”中第（2）条款要求堆放管理。放假前应对外保温工程进行检查，确保无裸露的保温层和板材堆放。

10）施工期间，施工单位应加强保温材料的堆放管理，随时清理遗留在施工现场的废弃保温材料。

2-64 外墙保温层的抗裂砂浆层施工应符合哪些规定？

外墙保温层的抗裂砂浆层施工应符合下列规定：

（1）抗裂砂浆层的厚度、配合比应符合设计要求。内掺纤维等抗裂材料时，比例应符合设计要求，并应搅拌均匀。

（2）抗裂砂浆施工时应先涂刮界面处理材料，然后分层抹压抗裂砂浆。

（3）抗裂砂浆层的中间应设置耐碱玻纤网格布或金属网片。金属网片应与墙体结构固定牢固。玻纤网格布铺贴应平整无皱折，两幅间的搭接宽度不应小于 50mm。

（4）抗裂砂浆应抹平压实，表面无接槎印痕，网格布或金属网片不得外露。防水层为防水砂浆时，抗裂砂浆表面应搓毛。

（5）抗裂砂浆终凝后，应及时洒水养护，时间不得少于 14d。

三、建筑幕墙节能技术

3-1　什么是建筑幕墙?

建筑幕墙由支承结构体系与面板组成的、可相对主体结构有一定位移能力、不分担主体结构所受作用的建筑外围护结构或装饰性结构。

3-2　建筑节能对幕墙的基本要求是什么?

建筑幕墙在建筑中应用较为普遍，但由于幕墙的不同形式，对保温层的保护形式也有所不同，玻璃幕墙的可视部分属于透明幕墙。对于透明幕墙，节能设计标准中对其有遮阳系数、传热系数、可见光透射比、气密性能等相关要求。为了保证幕墙的正常使用功能，在热工方面对玻璃幕墙还有抗结露要求、通风换气要求等。玻璃幕墙的不可视部分，以及金属幕墙、石材幕墙、人造板材幕墙等，都属于非透明幕墙。对于非透明幕墙，建筑节能的指标要求主要是传热系数。但同时考虑到建筑节能问题，还需要在热工方面有相应要求，包括避免幕墙内部或室内表面出现结露，冷凝水污损室内装饰或功能构件等。

对于非透明幕墙、开放幕墙，则在保温层外应设防水膜，在南方地区则设防水反射膜（如铝箔）。对易于吸水吸潮的矿棉类产品得根据不同气候条件放置防水透气膜，在寒冷和严寒地区设置在内侧，其他地区设置在外侧。带保温层的幕墙建筑其防火性能也应引起足够重视，一般应用不燃或难燃材料。

3-3 透明围护结构的节能措施是什么?

透明部分围护结构的节能则要难得多，因为它不可能用非透明的保温材料达到，而必须依靠改变透明体（例如玻璃）本身的热工性能，增加玻璃的层数，调节空间层、采取密封技术、改善边沿条件以及在玻璃上镀或贴上特殊性能的膜，也可以采取遮阳措施等办法，得以改善围护结构的热工性能，而其结果也远远不如非透明围护结构有效。其基本节能措施如下：

（1）大型公建的玻璃幕墙面积不宜过大。应尽量避免在东、西朝向大面积采用玻璃幕墙。

（2）玻璃幕墙应采用中空玻璃、Low-E 中空玻璃、充惰性气体的 Low-E 中空玻璃、两层或多层中空玻璃等，也可采用双层玻璃幕墙提高保温性能。

（3）应避免形成跨越分隔室内外保温玻璃面板的冷桥。主要措施包括：采用隔热型材、连接紧固件采取隔热措施、采用隐框结构、索膜结构等。

（4）玻璃幕墙周边与墙体或其他围护结构连接处应采用有弹性、防潮型保温材料填塞，缝隙应采用密封剂或密封胶密封。

（5）在有遮阳要求时，玻璃幕墙宜采用吸热玻璃、镀膜玻璃(包括热反射镀膜、Low-E 镀膜、阳光控制镀膜等)、吸热中空玻璃、镀膜（包括热反射镀膜、阳光控制镀膜等）中空玻璃等。

（6）空调建筑的向阳面，特别是东、西朝向的玻璃幕墙，应采取各种固定或活动式遮阳等有效的遮阳措施。在建筑设计中宜结合外廊、阳台、挑檐等处理方法进行遮阳。

（7）玻璃幕墙应进行结露验算，在设计计算条件下，其内表面温度不应低于室内的露点温度。

（8）幕墙非透明部分（面板背后保温材料）所在的空间应充分隔汽密封，防止结露。

（9）空调建筑大面积采用玻璃窗、玻璃幕墙，根据建筑功能、建筑节能的需要，可采用智能化控制的遮阳系统、通风换气系统。

3-4　提高透明体的热工性能的技术是什么？

一般的透明体都是玻璃，玻璃是热的良导体，其导热系数为0.90W/(m·k)，单层玻璃的热阻极小。玻璃的阳光辐射阻挡能力也很差。单片6mm透明玻璃的传热系数为5.58 W/(m^2·k)，遮阳系数达到0.99，可见玻璃的热工性能很差。要改善玻璃的保温隔热性能，就必须要设法降低玻璃的热传导性；防热应设法减少玻璃的遮阳系数。基本原则是使玻璃的热传导系数和遮阳系数的绝对值之和降到尽可能小，其办法如下：

(1) 增加玻璃的层数，经验和实测证明：单纯增加玻璃的厚度对改善其热工性能收效甚微，而增加层数则可能取得明显的效果。双层透明中空玻璃的传热系数比单片透明玻璃几乎减小了一半。目前三玻两中空的玻璃窗已在市场上得到应用。

(2) 控制玻璃之间的空气间层。一般地说，双层玻璃窗的热工性能随两层玻璃之间空气层厚度的增加而有所改善，但并非绝对，当间距超过一定限度后，热工性能未必能再改善。因为空气层厚度过大则两玻璃之间的空气会因温差而产生对流，从而加强能量的传递，降低其保温隔热性能，实验证明，最佳间距在12mm左右。

(3) 选择合适的着色或镀膜玻璃。不同颜色和不同镀膜的玻璃，其传热系数和遮阳系数都会有差别，着色玻璃是通过改变玻璃本身材料的组成使对太阳能的吸收发生变化而限制太阳热辐射直接透过，降低其遮阳系数，增加的色剂不同，降低的遮阳系数也不同，但一般降低的量是有限的；镀膜玻璃是在玻璃的表面镀上一层不同材料的反射膜，将太阳辐射热发射出去，从而降低玻璃的遮阳系数。由于膜材料和膜系结构的不同，可分为热反射镀膜玻璃（阳光控制膜玻璃）和低辐射镀膜（Low-E）玻璃。

Low-E 膜层的作用首先是反射远红外热辐射，有效降低玻璃的传热系数；其次是反射太阳中的热辐射，有选择地降低遮阳系数。Low-E 玻璃在阻挡同样数量的太阳热能时，并不过多地限制可见光透过，这对建筑物采光极为重要。

Low-E 镀膜技术的优越性，还在可以精确控制膜层的厚度及均匀性，通过调整膜层结构而达到或接近所要求的光谱选择性透过或反射指标，因此有冬季型 Low-E 膜玻璃；夏季型 Low-E 膜玻璃和遮阳型 Low-E 膜玻璃之分。其遮阳系数分别可达 0.84、0.52 和 0.47。

（4）中空玻璃的封边、隔条与充气。现在透明部分围护结构，无论是采光顶窗户还是玻璃幕墙，为了达到较好的保温隔热效果，一般都不采用单层玻璃而采用中空玻璃。早期曾用过简易的双层玻璃，但由于其密封性差、水气和粉尘容易侵入造成结霜，不但影响其热工性能和透气率，也是一种污染，目前已基本不再采用。

中空玻璃两片玻璃之间的封条胶和隔离条对中空玻璃的热工性能有很大的影响，封边胶的粘结强度和抗老化性是影响中空玻璃质量的重要因素，目前采用较多、效果较好的是丁基胶聚氨酯和聚硫胶。

3-5　提高幕墙非透明部分节能的技术措施是什么？

建筑非透明部分围护结构以石材、金属幕墙为主。过去国内幕墙建筑很少考虑幕墙的保温问题，幕墙建筑是众所周知的耗能大户。近几年来已有所重视，在达到节能标准的情况下，非透明幕墙的保温隔热性能也要比透明幕墙好得多。而且，其保温隔热措施也较易实施。因此，在可能的情况下，幕墙建筑宜采用非透明幕墙。如果希望建筑的立面有玻璃的质感，可采用非透明的玻璃（或其他透明材料）幕墙，即玻璃后面仍是保温隔热材料和普通墙体。其围护结构节能的主要技术措施如下：

（1）非透明部分围护结构外墙是建筑物的重要组成部分。一要满足结构要求（如：承重、抗剪等），二是需要外墙材料具有较低的导热系数。要求节能墙体不仅保温隔热而且要求抗裂、防水、透气及具有一定的耐火极限。

（2）需保温的非透明部分围护结构应首选外保温构造。

（3）外墙外保温构造时应尽量减少混凝土出挑构件及附墙部件。当外墙有出挑构件及附墙部件时（如：阳台、雨罩、靠外墙阳台栏板、空调室外机搁板、附壁柱、凸窗的非透明构件、装饰线和靠外墙阳台分户隔墙等）应采取隔断热桥或保温措施。

（4）外墙外保温的墙体，窗口外侧四周墙面应进行保温处理。外窗尽可能外移或与外墙面平，以减少窗框四周的“热桥”面积，但应设计好窗上口滴水处理。

（5）外墙保温采用内保温构造时，应充分考虑结构性热桥影响。

（6）当墙体采用轻质结构时，应按《民用建筑热工设计规范》（GB 50176—1993）的规定，进行隔热验算。在满足《民用建筑热工设计规范》（GB 50176—1993）规定的隔热标准基础上，对空调房间外墙内表面最高温度，宜控制在夏季空调室外计算温度与夏季空调室外计算日平均温度之间，且不应高于32℃。

（7）在正确使用和正常维护的条件下，外墙外保温工程的使用年限应不少于25年。

（注：正常维护包括局部修补和饰面涂层维修两部分。对局部破坏应及时修补。对于不可触及的墙面，饰面层正常维修周期应不小于5年。）

3-6 影响门窗和玻璃幕墙节能效果的材料主要有哪些？

影响门窗和玻璃幕墙节能效果的主要材料如下：

（1）骨架材料

不同的骨架材料对幕墙传热系数影响较大，不容忽视，塑料框、木框等因材料本身的传热系数较小，对外窗和玻璃幕墙的传热系数影响不大。铝合金框、钢框等材料本身的导热系数很大，形成的热桥对外窗和玻璃幕墙的传热系数影响也较大，必须采用“断桥”处理。

20世纪70年代末，隔热断桥铝型材在国外问世，主要用于高寒地区的铝合金门窗和幕墙，到20世纪80年代末开始用于高寒地区的是有框玻璃幕墙。目前，我国在保温隔热性能要求很高的建筑中，也开始把它用于明框隔热玻璃幕墙、隐框隔热玻璃幕墙及点支撑隔热玻璃幕墙。

隔热断桥铝型材的隔热原理是基于产生一个连续的隔热区域，利用隔热条将铝合金型材分隔成两个部分。隔热条“冷桥”选用材料为聚酰胺尼龙66，其导热系数为0.3 W/(m·K)，远小于铝合金的导热系数，而力学性能指标与铝合金相当。

(2) 透明玻璃材料

随着技术的不断进步，玻璃品种越来越多，目前主要以节能为目的的品种有吸热玻璃、镀膜玻璃、中空玻璃、真空玻璃等。

1) 吸热玻璃。吸热玻璃是在玻璃本体内掺入金属离子使其对太阳能有选择地吸收，同时呈现不同的颜色。吸热玻璃的节能是通过太阳光透过玻璃时，将光能转化为热能而被玻璃吸收，热能以对流和辐射的形式散发出去，从而减少太阳能进入室内。

2) 镀膜玻璃。镀膜玻璃在建筑上的应用主要有两种，即热反射玻璃（也称太阳能控制玻璃）和低辐射玻璃。此外，还有贴膜、涂膜玻璃等。

① 热反射玻璃是在玻璃表面镀上金属、非金属及其氧化物薄膜，使其具有一定的反射效果，能将太阳能反射回大气中而达到阻挡太阳能进入室内，使太阳能不在室内转化为热能的目的。太阳能进入室内的量越少，空调负荷也就越少；热反射玻璃的反射率越高说明其对太阳能的控制越强。但是玻璃的可见光透过率会随着反射率的升高而降低，影响采光效果，太高的玻璃反射率也可能出现光污染问题。

② 低辐射镀膜玻璃能有效地控制太阳能辐射，阻断远红外

线辐射，使夏季节省空调费用，冬季节省暖气费用，具有良好的隔热保温性能。能有效阻断紫外线透过，防止家具及织物褪色，被认为是热工性能较好的节能玻璃。但其膜层结构较为复杂，要求设备具有超强的生产能力及技术控制精度。离线低辐射镀膜玻璃的特性多数是通过金属银层实现的，金属银的氧化将意味着低辐射镀膜玻璃失去低辐射性能，所以离线低辐射镀膜玻璃不能直接暴露在空气中单片使用，只能将其制成复合产品。此外，若在制成复合产品时措施不当或密封不严，会在很大程度上缩短其低辐射性能的寿命。

3）中空玻璃。中空玻璃由于在两片玻璃之间形成了一定的厚度，并被限制了流动的空气或其他气体层，从而减少了玻璃的对流和传导传热，因此它具有了较好的隔热能力。例如由两片5mm普通玻璃和中间层厚度为10mm的空气层组成的中空玻璃，在热流垂直于玻璃进行热传递时对流传热、传导传热、辐射传热各约占总传热的2%、38%、60%。同时中空玻璃的单片还可以采用镀膜玻璃和其他节能玻璃，能将这些玻璃的优点都集中于中空玻璃上，也就是说中空玻璃还可以集本身和镀膜玻璃的优点于一身，从而发挥更好的节能作用。

4）真空玻璃。真空玻璃是目前节能效果最好的玻璃。真空玻璃是在密封的两片玻璃之间形成真空，从而使玻璃与玻璃之间的传导热接近于零，同时真空玻璃的单片一般至少有一片是低辐射玻璃。低辐射玻璃可以减少辐射传热，这样通过真空玻璃的传热，其对流、辐射和传导都很少，节能效果非常好。但目前国内生产能力不足，且对产品质量要求很高，加上成本因素（成本较高），使推广有一定难度。

（3）近年来，在中空玻璃技术的基础上，一些新型的隔热玻璃不断出现，主要有：

1）惰性气体隔热玻璃

通过在中空玻璃的空腔内充入惰性气体，可以得到更高隔热性能的玻璃。目前国外已经出现了充氪气的三层中空玻璃，结合

Low-E 技术，它的传热系数可以达到 0.7W/(m^2·K)。

2）气凝胶隔热玻璃

气凝胶是一种多孔性的硅酸盐凝胶，95%（体积比）为空气。由于它内部的气泡十分细小（小于 20mm），所以具有良好的隔热性能，同时又不会阻挡、折射光线（颗粒远小于可见光波长），具有均匀透光的外观。把这种气凝胶注入中空玻璃的空腔，可以得到传热系数小于 0.7W/(m^2·K) 的隔热玻璃组件。该种物质长时间使用后的沉降现象是目前限制它大范围商业应用的主要因素。

3）真空隔热玻璃

通过把中空玻璃空腔里的空气抽走，消除掉空腔内部的对流和传导传热，可以获得更好的隔热效果。这种玻璃的空腔很窄，一般为 0.5～2.0mm，两层玻璃之间用一些均匀分布的支柱分开。通过附加 Low-E 涂层改善其辐射特性，真空隔热玻璃的传热系数已经达到 0.5W/(m^2·K)。这种隔热玻璃相对于其他的隔热玻璃而言，具有厚度厚、重量轻的优点，但生产工艺较为复杂，中间小立柱的存在也影响了它的外观，在一定程度上限制了它在幕墙、门窗上的应用。

（4）间隔条

间隔条不但影响中空玻璃的边部节能，而且还影响中空玻璃的密封寿命和中空玻璃幕墙的安全和结构性能。铝间隔条具有良好的垂直度、抗扭曲性以及光滑平整的表面，可以保证比较好的水密性和气密性，长期以来作为中空玻璃隔条。但是铝金属间隔条的导热系数大，增大能量损失，并且形成小范围的空气对流，降低屋内的舒适度，在严重的时候玻璃内表面结露，影响中空玻璃的密封胶的密封性能，需进行断热处理。而不锈钢暖边间隔条具有优越的力学性能、良好的热工性能和稳定的化学性能。

3-7 透明玻璃幕墙如何选择节能材料技术?

透明玻璃幕墙节能材料的技术选择主要从以下几方面入手：

1. 提高玻璃的热工性能

玻璃面材是影响透明玻璃幕墙热工性能的主要因素，应着重研究改善玻璃热工性能的技术与措施，提高玻璃的热工性能主要有以下技术措施：

（1）增加玻璃的层数

采用双层中空玻璃构造或双层幕墙结构。双层玻璃要求增加型材的规格，增加型材的成本和消耗；双层中空玻璃构造可解决热导问题，但难以解决隔热问题等。双层呼吸式玻璃幕墙热工性能较好，但一次投资大，占地面积大，且维修费用高，难以推广。

（2）采用真空玻璃

北京市在国内建立了首条用于建筑的真空玻璃生产线，为建筑节能玻璃发展提供了难得的产品平台，限于规模、成本等因素，大面积推广还有一定难度，目前用于高档高性能建筑中。此外，真空玻璃的尺寸受加工条件限制，难以满足玻璃幕墙大规格单元的要求。

（3）采用镀膜玻璃

镀膜玻璃是一种高技术玻璃，包括热反射玻璃、太阳能调节玻璃、低辐射（Low-E）玻璃等品种。其中 Low-E 玻璃具有冬季保温，夏季隔热的功能。我国现有 Low-E 玻璃的生产能力难以达到大面积推广的供货要求。

（4）对于高能耗的既有建筑的玻璃幕墙，由于受条件的制约和限制，要大幅度地提高玻璃面层的热工性能，使其具有较好的保温隔热性能，并能较主动地适应室外环境的变化，难度很大。若采用粘贴低辐射膜或用透明玻璃节能涂膜对玻璃表面进行涂刷，可不拆换玻璃，大大降低改造成本，同时节省施工时间，施工又十分简便，同时又减少了建筑垃圾的产生。

2. 提高型材热工性能

如将普通铝合金型材换成断桥型材。

目前玻璃幕墙中作为框体骨架材料的主要有铝合金材料和钢

材，而铝合金和钢材的导热系数较大，降低其传热系数的有效途径是与其他导热系数较低的材料结合，从结构角度设计导热系数低同时不降低其结构强度的框体结构。目前在玻璃幕墙中普遍采用的框体材料的热工性能仍不够理想，而热工性能相对较好的框体材料价格相对较高，型材的材质、断热处理的措施是提高其热工性能的关键，需要开发研究综合性能好而价格适中的新型隔热框体结构材料。

3. 开发推广暖边技术

鉴于铝金属间隔条缺乏断热功能，各国积极开展相关研究。其中发展和推广最好的是暖边技术。所谓的暖边技术是将金属隔条用导热系数低的材料阻隔起来，减少真空玻璃边部的温差，提高中空玻璃内表面温度，有效地减缓窗户附近的空气流通等。据统计，1990 年冷边中空玻璃占整个北美市场份额的 85%，暖边仅占 15%，但是到了 2000 年，暖边上升到 80%，冷边则下降到 20%。

4. 研究新型遮阳产品

通常采用的传统的遮阳产品能起到一定的隔热作用，其缺点是在遮阳的同时也遮挡了视线，影响了采光，增加了电能。目前国外已应用透明遮阳卷帘（不是百叶）来替代传统的遮阳产品，在一定程度上解决了遮阳与遮挡的矛盾。应研究新型的遮阳产品，在有效遮阳的同时保持玻璃幕墙的通透性，以达到较好的隔热、节能效果。

3-8 幕墙建筑保温防火设计要求是什么？

（1）建筑高度不低于 50m 的幕墙建筑，全部外保温应采用燃烧性能等级为 A 级的保温材料。

（2）建筑高度小于 50m 的幕墙建筑，全部外保温除可采用燃烧性能等级为 A 级的保温材料外，还可采用符合要求的酚醛泡沫板或硬泡聚氨酯，保温层外应覆盖厚度不小于 20mm 的防火保护层。

（3）石材、金属等不透明幕墙宜设置基层墙体，其耐火极限应符合现行防火规范关于外墙耐火极限的有关规定。幕墙面板与基层墙体之间的空腔，应在每层楼板处设置高度不低于100mm的、燃烧性能等级为A级的保温材料，沿水平方向连续封闭严密，确保该封闭隔离带的耐久有效性。不设置基层墙体时，复合外墙的耐火极限也应符合现行防火规范中关于非承重外墙耐火极限的有关规定。石材或人造无机板幕墙为开缝构造时，空腔也应分层封堵，不可在竖缝处断开。

（4）除酚醛泡沫板和硬泡聚氨酯需覆盖不小于20mm厚的防火保护层外，一般不燃材料保温层外也宜有厚度不小于10mm的防火保护层。燃烧性能等级为A级的泡沫玻璃板、泡沫水泥板等硬质吸水率低的无机保温板材可不另设防火保护层。

（5）保温材料的上、下应分别采用厚度不小于1.5mm的镀锌钢板有效包封，包封闭合腔体的有效高度应不小于0.8m。

（6）对于悬挂与建筑结构基层墙体之外的点窗（幕墙窗），窗结构与基层墙体之间的空腔（包括保温层与面板之间的空腔），应沿着点窗的周围设置高度不低于100mm的、燃烧性能等级为A级的保温材料，沿水平方向连续封闭严密，严格控制火灾时烟雾的传播。

四、建筑屋面节能技术

4-1　什么是屋面节能技术？

屋面节能技术是通过改善屋面的热工性能阻止热量的传递。主要措施有保温屋面（用高效保温隔热材料做外保温或内保温）、加贴绝热反射膜的“凉帽”屋面、架空通风屋面、蓄水屋面、坡屋面、绿化屋面等。

屋面保温可采用板状高效保温材料或加贴绝热反射膜的保温材料、整体现喷保温材料作保温层。封闭式保温层的含水率应相当于该材料在当地自然风干状态下的平衡含水率。

屋面隔热可采用架空、蓄水、种植或加贴绝热反射膜的隔热层。但当屋面防水等级为Ⅰ级，或在寒冷地区、地震地区和振动较大的建筑物上，不宜采用蓄水屋面；架空屋面宜在通风较好的建筑物上采用，不宜在寒冷地区采用；种植屋面根据地域、气候、建筑环境、建筑功能等条件，选择相适应的屋面构造形式。

4-2　屋面的节能技术的原则是什么？

（1）保温隔热屋面适用于具有保温隔热要求的屋面工程。当屋面防水等级为Ⅰ级时不宜采用蓄水屋面。

（2）屋面保温可采用板式材料或整体现喷保温层，屋面隔热可采用架空、蓄水、种植等隔热层。

（3）封闭式保温层的含水率，应相当于该材料在当地自然风干状态下的平衡含水率。

(4) 架空屋面宜在通风较好的建筑物上采用；不宜在寒冷地区采用。

(5) 蓄水屋面不宜在寒冷地区、地震地区和振动较大的建筑物上采用。

(6) 设置蓄水屋顶时，水面宜有水浮莲等浮生植物或白色漂浮物，水深宜为15～20cm。

(7) 种植屋面应根据地域、气候、建筑环境、建筑功能等条件，选择相适应的屋面构造形式。

(8) 采用封闭空气间层或带有铝箔的空气间层。当为单面铝箔空气间层时，铝箔宜设在温度较高的一侧。

(9) 设置通风屋顶时，通风屋顶的风道长度不宜大于10m，间层高度以20cm左右为宜，基层上面应有6cm左右的隔热层。

(10) 保温层的构造应符合下列规定：

1) 保温层设置在防水层上部时，保温层的上面应做保护层。

2) 保温层设置在防水层下部时，保温层的上面应做找平层。

3) 屋面坡度较大时，保温层应采取防滑措施。

4) 吸湿性保温材料不宜用于封闭式保温层。

4-3 什么是倒置屋面?

倒置屋面就是将保温层置于防水层之上，其做法是：屋面板、隔汽层、找坡层、找平层、平铺保温层、保护薄膜及级配卵石（或干铺地砖）。

4-4 什么是种植屋面?

种植屋面就是在屋面上种植植物做屋顶花园，其做法基本上与一般平屋面无异。在屋面板上铺保温层、做找平层、涂防水层，但种植屋面在防水层上要做隔汽层、防水混凝土层、排水层

（可用卵石或专用塑料排水层）上设过滤层，最上面铺种植介质。

以上各种屋面做法可由建筑师根据设计要求选用，非上人和上人屋面为最普遍采用的屋面做法；架空屋面有较好的保温隔热效果；倒置屋面有利于保护防水层，延长防水层的使用寿命。

4-5 常用屋面保温隔热材料有哪些？

1. 憎水膨胀珍珠岩板

憎水珍珠岩保温板，又称 FSG 防水保温板，它是以憎水膨胀珍珠岩散料为骨料，加入防水剂和胶粘剂进行配制、筛选、加压成型、烘干等工序制成的隔热防水保温板。憎水珍珠岩保温板具有容量轻、憎水率高、强度好、导热系数小、施工方便等优点，是其他材料无法比拟的。

2. 硬质聚氨酯泡沫塑料

聚氨酯硬质泡沫塑料采用高功能聚醚多兀醇和多次甲基多苯基多异氰酸酯为主要原料，在催化剂、发泡剂、表面活性剂等作用下，经化学反应发泡制成。聚氨酯产品具有容量轻、强度高、绝热、隔声、阻燃、耐寒、防腐、不吸水、施工简便快捷等优异特点。

3. 聚苯乙烯泡沫塑料板

聚苯乙烯泡沫塑料板采用可发性聚苯乙烯颗粒（EPS）为原料，经加热预发泡后在模具中加热成型的板材，有普通型（PT）和阻燃型（ZR）。聚苯乙烯泡沫塑料板具有质轻、极好的隔热性、吸水性小、耐低温等优点。

4. 挤塑聚苯乙烯泡沫塑料板

挤塑聚苯乙烯泡沫塑料板（简称“挤塑板”）是以聚苯乙烯树脂为主要成分，添加少量添加剂，通过加热挤压成型制得的具有闭孔结构的硬质泡沫塑料。

5. 蒸压加气混凝土块

蒸压加气混凝土块是用 70％左右的粉煤灰与定量的水泥、

生石灰胶结料、铝粉、无水石膏等按配合比混合均匀，加入定量水，经搅拌成浆后注入模具发气成型，经静停固化后切割成坯体，再经高温蒸压养护固化成的制品。蒸压加气混凝土块具有容量轻、力学性能较好、保温、隔热，可锯、切、钉、钻等特点。

6. 泡沫玻璃板

泡沫玻璃板是以玻璃粉为基料，加入发泡剂通过隧道窑加热焙烧成，是一种低温隔热材料，具有容重轻、导热系数小、不透湿、吸水率小、不燃烧、不霉变、机械强度高却易加工，能耐酸性腐蚀（氢氟酸除外），本身无毒，化学性能稳定，既是保冷材料，又是保温材料，能适应冷热交替范围等特点。

7. 金属保温夹芯屋面板

金属面夹芯板包括金属面聚苯乙烯夹芯板、金属面硬质聚氨酯夹芯板和金属面岩棉、矿渣棉夹芯板。

4-6 屋面保温层的构造设计应符合什么要求?

（1）保温层设置在防水层上部时，保温层的上面应根据上人或非上人要求做刚性保护层或卵石保护层。

（2）保温层设置在防水层下部时，保温层的上面应做水泥砂浆或细石混凝土找平层。

（3）屋面坡度较大时，保温层应采取防滑措施。

（4）吸湿性保温材料不宜用于封闭式保温层。

4-7 倒置式屋面构造设计应符合什么要求?

（1）倒置式屋面的坡度不宜大于3%。

（2）倒置式屋面的保温层，应采用吸水率低且长期浸水不腐烂的保温材料。

（3）保温层可采用干铺或粘贴板状保温材料，也可采用现场喷涂硬泡聚氨酯保温层。

（4）保温层的上面采用卵石保护层时，保护层与保温层之间应铺设聚氨酯无纺布隔离层。

（5）现场喷涂硬泡聚氨酯保温层与表面涂料保护层之间应具相容性。

（6）倒置式屋面的檐沟、水落口等部位，应采用现浇混凝土或砖砌堵头，并做好排水处理。

4-8 种植屋面构造设计应符合什么要求？

（1）种植屋面必须根据屋面的结构和荷载能力，在建筑物整体荷载允许范围内实施，并不得降低建筑结构的耐久性和抗震性。

（2）种植屋面一般用于平屋面，坡度1%～3%，屋面坡度较大时其排（蓄）水层、种植土应采取防滑措施。

（3）种植屋面必须铺设一层耐植物根系穿刺的防水材料。

（4）种植屋面所用材料及植物等应符合环保要求。

（5）种植土应根据植物需求，选择质轻、综合性能良好的材料，其厚度应根据设计要求及植物种类确定。

（6）排（蓄）水材料应根据屋面功能、种植土层厚度、经济条件等进行选择。

（7）种植屋面应根据植物及环境布局的需要，可分区布置，也可整体布置。分区布置应设挡墙（板），其形式应根据需要确定。

4-9 架空隔热屋面构造设计应符合什么要求？

（1）架空屋面宜在通风较好的建筑物上采用。

（2）架空屋面坡度不宜大于5%。

（3）架空隔热层的高度宜为180～300mm，可按屋面宽度或坡度大小确定。

（4）当屋面宽度大于10m时，架空屋面应设置通风屋脊。

（5）架空隔热层的进风口，宜设置在当地炎热季节最大频率风向的正压区，出风口宜设置在负压区。

4-10 什么是“冷屋顶”节能技术？

所谓“冷屋顶”（cool roofs）是指日射反射率高的屋顶，它通过对普通屋顶涂上高反射率的涂料，提高屋顶的日射反射率，减少太阳热量的吸收，从而达到减少空调冷负荷和空调节能的目的。研究表明，采用“冷屋顶”节能可使空调负荷减少10％～50％。

4-11 聚苯板保温屋面（XPS板、EPS板）施工要点是什么？

1．基层处理

（1）现浇钢筋混凝土屋面板：将屋面板表面清理干净，灰浆、杂物全部清除，基层应干燥。

（2）装配式钢筋混凝土屋面板：应用强度等级不小于C20的细石混凝土，将板缝灌填密实。当板缝宽度大于40mm或上窄下宽时，应在缝中放置构造钢筋，细石混凝土振捣密实，板端缝应进行密封处理。必要时，屋面板接缝应用一布二涂附加层进行加强处理。

2．弹线找坡

（1）按设计坡度及流水方向弹线，找出屋面坡度走向，确定保温层的厚度范围。

（2）当设计屋面有隔汽层时，应先进行隔汽层施工，然后再铺设保温层。

（3）隔汽层采用涂料时应满刷。涂刷均匀，薄厚一致，一般三遍成活儿。隔汽层采用卷材时，一般采用单层卷材空铺，粘结搭接缝。

(4) 封闭式保温层，在屋面与墙的连接处，隔汽层应沿墙向上连续铺设，并高出保温层上表面不得小于150mm。

3. 保温层铺设

(1) 干铺保温层

1) 聚苯板可直接铺设在结构层或隔汽层上，紧靠需保温隔热的表面，铺平、垫稳、缝对齐。

2) 分层铺设时，上、下两层板的接缝应相互错开，表面两块相邻聚苯板板边厚度应一致。

3) 板间的缝隙应用同类材料的碎屑嵌填密实。

(2) 粘贴保温层

1) 聚苯板也可采用粘结法铺设。用粘结材料平粘在屋面基层上，应贴严、粘牢。板缝间或缺棱掉角处应用聚苯板碎屑加粘结材料拌匀后填补严密。

2) 粘贴聚苯板的胶粘剂一般采用水乳型高分子乳液胶粘剂，如EVA乳液、丙烯酸乳液或醋酸乙烯乳液配制的胶粘剂，不得用溶剂型胶粘剂。溶剂型胶粘剂会把聚苯板溶化，降低保温性能。

4-12 聚氨酯硬泡体喷涂施工要点是什么?

(1) 建筑屋面的结构层为混凝土时，应设找坡层或找平层。找坡层或找平层应坚实、平整、干燥（其含水率应小于8%），表面不应有浮灰和油污。平屋面的排水坡度不应小于2%，天沟、檐沟的纵向排水坡度不应小于1%。屋面与山墙、女儿墙、天沟、檐沟以及突出屋面结构的连接处应为圆弧形，其圆弧半径为R=80～100mm。屋面上的设备、管线等应在聚氨酯硬泡体防水保温层喷涂施工前安装就位，管根部位应用细石混凝土填塞密实。

(2) 清理基层

当施工作业基层的表面有浮灰或油污时，聚氨酯硬泡体防水保温层会从作业基面上拱起或脱离。因此，必须将基层表面的灰浆、油污、杂物彻底清理干净。

（3）聚氨酯硬泡体喷涂

1）聚氨酯硬泡体防水保温工程施工应使用现场连续喷涂施工的专用喷涂设备。

2）聚氨酯硬泡体防水保温材料必须在喷涂施工前配制好。两组分液体原料（多元醇和异氰酸酯）与发泡剂等添加剂必须按工艺设计配合比准确计量，投料顺序不得有误，混合应均匀，热反应应充分，输送管路不得渗漏，喷涂应连续均匀。

3）基层检查、清理、验收合格后即可喷涂施工。根据防水保温层厚度，一个施工作业面可分几遍喷涂完成，每遍喷涂厚度宜在10～15mm。当日的施工作业必须当日连续喷涂施工完毕。屋面上的异型部位应按“细部构造”进行喷涂施工。

4）聚氨酯硬泡体材料喷涂施工后20min内严禁上人行走。

5）聚氨酯硬泡体防水保温层检验、测试合格后，方可进行防护层施工。

6）聚氨酯硬泡体防水保温层喷涂施工，应喷涂一块500mm×500mm同厚度试块，以备材料的性能检测。

（4）保护层施工

1）聚氨酯硬泡体防水保温层表面应设置一层防紫外线的保护层。保护层可选用耐紫外线的防护涂料或聚合物水泥。

2）当采用聚合物水泥保护层时，可将聚合物水泥刮涂在保温层表面，要求分3次刮涂，保护层厚度在5mm左右，每遍刮涂时间不小于24h。

4-13 架空屋面施工要点是什么?

（1）屋面保温层、防水层或保护层均已完工，并已通过质量验收，屋面管道、设备等均已安装完毕方可施工。

(2) 弹线分格

屋面隔热板应按设计要求设置分格缝。分格缝可按照防水保护层的分格或以不大于 12m 为原则进行分格。

(3) 砖筑砖墩

1) 屋面防水层如无刚性保护层，则应在砖墩下增铺一层卷材或油毡，以大于砖墩周边 150mm 左右为宜。

2) 砌筑砖墩应灰缝饱满、平整。宜用 M5 水泥砂浆砌筑。

(4) 坐砌隔热板

1) 坐砌隔热板时宜横向拉线，纵向用靠尺控制板缝，使其横平竖直。

2) 砌筑时应坐浆饱满，宜用 M2.5 水泥砂浆砌筑，砌平、粘牢。

(5) 养护

隔热板坐浆完毕，需进行 1～2d 的养护，待砂浆强度达到上人要求时，可进行隔热板勾缝。

(6) 表面勾缝

1) 隔热板表面缝隙宜用 1∶2 水泥砂浆填塞。勾缝水泥砂浆要调好稠度，随勾缝随拌料。

2) 勾缝要填实、塞满，勾缝砂浆表面要反复压光。

3) 勾缝要对缝进行湿养护 1～2d。

4-14 种植屋面施工要点是什么？

(1) 伸出屋面的管道、设备、预埋件等在保温层施工前安装完毕，管道根部用细石混凝土填塞密实并将基层杂物、灰浆清理干净。

(2) 按设计要求的厚度铺设保温材料。铺平、垫稳，验收合格。

(3) 找平层施工

先找出排水坡度，然后抹 1∶2.5～1∶3 的水泥砂浆找平层，厚度为20mm。

(4) 防水层施工

若设计为SBS橡胶改性沥青防水卷材，采用热熔施工，单层厚度不小于3mm。卷材接缝处应溢出熔化的沥青胶条，连续不间断、顺直。

(5) 耐根穿刺层施工

1) 当耐根穿刺材料采用合金防水卷材时，大面与自粘橡胶沥青卷材粘结，搭接缝采用热焊接法施工。

2) 当耐根穿刺材料采用高密度聚乙烯土工膜时，大面采用空铺，搭接缝采用热焊接法施工。

3) 采用其他耐根穿刺材料施工时，应符合《种植屋面防水施工技术规程》(DB11 366—2006) 的要求。

4) 耐根穿刺防水层在平面与立墙转角处应向上铺设至种植基质表面上250mm处收头。

5) 当防水层与耐根穿刺层不相容时，中间宜加一道隔离层，隔离层可采用聚乙烯膜 (PE)、无纺布或油毡等。

(6) 蓄水试验

防水层及耐根穿刺层完工后，应按相关材料特性进行养护，并进行蓄水或淋水试验。确认无渗漏后再做保护层及其他工序。

(7) 保护层施工

根据设计要求在防水层及耐根穿刺层上铺设相关保护层（聚乙烯膜或油毡），以保护防水层、耐根穿刺层不被损坏。

(8) 铺设排（蓄）水板

排水层宜采用排（蓄）水板，凸面朝下，一般采用空铺对接方法铺平。

(9) 铺设过滤层

过滤层一般采用200～250g/m² 聚酯纤维无纺布。搭接缝用线绳连接，大面空铺，四周向上翻100mm，端部及收头处50mm范围内用胶粘剂与基层粘牢。

(10) 砌筑挡土墙

挡土墙也称花台，可根据设计要求采用不同的材料。如塑料格栅、小圆木、砌块、空心砖砌筑等。挡土墙一般不高于400mm。

（11）铺设种植基质

1）根据设计要求，可以铺设0.05～1.5m不等厚度的种植基质。种植基质的厚度可采用造坡方式。边缘种草可薄，中间种乔木可增厚。也可根据树木大小设置树池、花坛等。

2）种植基质不得采用田园土。一般采用无机质与有机质配制的、经过消毒的轻质种植基质。

3）在屋面与立面转角处、女儿墙根处、伸出屋面管道根、水落口、天沟、檐口等部位300～500mm范围内不得铺设种植基质，可用陶粒或卵石代替。

4）种植屋面女儿墙周边应设置缓冲带（约250mm宽）。当建筑物的排水系统设在屋面周边时，周边的排水沟可以作为防冻胀缓冲带。

（12）种植绿色植物

1）绿色植物的种植时间，应根据植物对气候条件的要求确定。

2）种植屋面种植高于2m的植物时应采取防风固定措施。种植屋面不适于种植高于4m的植物。

3）种植屋面应预留水管或其他供水设施，以确保灌溉。

4-15 加气混凝土（或泡沫混凝土）砌块屋面保温施工要点是什么？

1. 干铺保温层

（1）加气混凝土砌块可直接铺在结构层或隔汽层上，紧靠需隔热保温的表面，逐行铺设铺平、垫稳、缝对齐。相邻两行的加气块接缝应错开，厚度应一致。

（2）分层铺设时，上、下两层加气混凝土砌块的接缝应错开。

（3）接缝的缝隙应用碎加气混凝土砌块嵌填密实。

2. 粘贴保温层

加气混凝土砌块也可采用粘贴法铺设。用粘结材料平粘在屋面基层上，贴严、粘牢。板缝间或缺棱掉角处应用碎加气混凝土砌块加粘结材料拌匀后填补严密。粘贴加气混凝土砌块采用水泥、石灰混合砂浆。其比例为：水泥∶石灰∶砂子＝1∶1∶8。

3. 复合保温层的铺设

为了达到节能65％的要求，有的工程保温层设计为两种保温材料复合做法。

（1）当采用聚苯板与加气混凝土砌块复合保温时，聚苯板保温层在下，加气混凝土砌块铺在聚苯板上面。

（2）当采用聚氨酯板与加气混凝土砌块复合保温时，聚氨酯板保温层在下，加气混凝土砌块铺在聚氨酯板上面。

4-16 屋面保温防火设计要求是什么？

（1）当建筑屋顶基层采用耐火极限不低于1.00h的不燃烧体时，屋顶保温层可采用燃烧性能等级不低于B_2级的保温材料；其他情况时，屋顶保温层应采用燃烧性能等级不低于B_1级的保温材料。

（2）女儿墙压顶上部抹面砂浆和保温材料应采用燃烧性能等级为A级的材料。檐口采用挑檐做法时，挑檐本身应为不燃烧体。

（3）屋面直接接触空气的开口部位四周的保温层，应采用燃烧性能等级为A级的保温材料设置防火隔离带，其宽度不应小于500mm。

（4）倒置式屋面外露的B_2级聚苯板保温层应采用厚度不小于20mm的防火保护层覆盖，覆盖层可为水泥砂浆、不燃保温浆料、细石混凝土、水泥板、卵石等（卵石层厚度应不小于40mm)。屋面保温外露酚醛泡沫板和硬泡聚氨酯时，应覆盖厚度不小于6～10mm的防火保护层。

（5）正置式屋面若可燃性防水层直接接触空气时，应采用厚度不小于20mm的防火保护层覆盖。

五、建筑门窗节能技术

5-1 什么是门窗的传热系数（K）？

K 值是指在稳态条件下，门窗两侧空气温度差为 $1^{0}K$，1h 内通过 $1m^2$ 面积门窗传热的热量。K 值是在一系列建筑节能设计标准中最基本的标尺，尤其在我国严寒、寒冷、夏热冬冷地区，需取暖的建筑物占全国建筑物的 58.6%。所以，这些地区对 K 值要求也严，K 值越低门窗的保温节能效果也越明显。

5-2 什么是门窗气密性？

门窗气密性是门窗防止冷风渗透表征空气通过关闭外窗的性能，采用门窗两侧压力差为 10Pa 时的每小时单位缝长空气渗透量（或单位门窗的总的空气渗透量）进行分级（$m^3/m \cdot h$ 和 $m^3/m^2 \cdot h$）。门窗开启扇形成的开启缝隙、门窗构件拼装时形成的缝隙都会使空气发生渗透；冬天冷空气从缝隙渗入室内，夏天室内空调制冷的冷空气渗透到室外造成热损失。因此，气密性能越好，发生空气渗透量越少，门窗保温性能也越好。

5-3 居住建筑外窗的气密性是如何要求的？为什么？

外窗应具有良好的密闭性能，外窗气密性等级不应低于《建筑外门窗气密、水密、抗风压性能分级及检测方法》（GB/T 7106—2008）中规定的 4 级。

为了保证建筑节能，要求外窗具有良好的气密性能，以避免冬季室外空气过多地向室内渗漏。《建筑外门窗气密、水密、抗风压性能分级及检测方法》（GB/T 7106—2008）中规定的 4 级对应的性能是：在 10Pa 压差下，每小时每米缝隙的空气渗透量不大于 1.5m^3，且每小时每平方米面积的空气渗透量不大于 4.5 m^3。3 级对应的性能是：在 10Pa 压差下，每小时每米缝隙的空气渗透量不大于 2.5m^3，且每小时每平方米面积的空气渗透量不大于 7.5 m^3。

5-4 严寒和寒冷地区居住建筑的窗墙面积比限值是什么？

建筑物的窗墙面积比应符合表 5-1 的规定，如果窗墙面积比不满足表 5-1 的规定，则必须进行围护结构热工性能的权衡判断。

严寒和寒冷地区居住建筑的窗墙面积比限值　　表 5-1

朝　向	窗墙面积比	
	严寒地区	寒冷地区
北	≤0.25	≤0.30
东、西	≤0.30	≤0.35
南	≤0.45	≤0.50

注：1. 敞开式阳台的阳台门上部透明部分计入窗户面积，下部不透明部分不计入窗户面积；

2. 表中的窗墙面积比按开间计算。表中的“北”代表从北偏东小于 600 至北偏西小于 600 的范围；“东、西”代表从东或西偏北不大于 300 至偏南小于 600 的范围；“南”代表从南偏东不大于 300 至偏西不大于 300 的范围。

窗墙面积比既是影响建筑能耗的重要因素，也受建筑日照、采光、自然通风等满足室内环境要求的制约。一般普通窗户（包括阳台的透明部分）的保温性能比外墙差很多，而且窗的四周与墙相交之处也容易出现热桥，窗越大，温差传热量也越大。因此，从降低建筑能耗的角度出发，必须限制窗墙面积比。

5-5 门窗的节能主要从哪些方面考虑?

门窗的节能主要考虑以下几方面：

1. 尽量减少门窗的面积

门窗是建筑能耗散失的最薄弱部位，面积约占建筑外围护结构面积的 30%，其能耗约占建筑总能耗的 2/3，其中传热损失为 1/3，在保证日照、采光、通风、观景条件下，尽量减少外门窗洞口的面积。

2. 设置遮阳设施

设置遮阳设施，考虑空调设备的位置。减少阳光直接辐射屋顶、墙、窗及透过窗户进入室内，可采用外廊、阳台、挑檐、遮阳板、热反射窗帘等遮阳措施。门窗的遮阳设施可选用特种玻璃、双层玻璃、窗帘或遮阳板等。

3. 提高门窗的气密性

有资料表明，房间换气次数由 0.8 次/h 降到 0.5 次/h，建筑物的耗能可降低 8%左右，因此设计中应采用密闭性良好的门窗。通过改进门窗产品结构（如加装密封条），提高门窗气密性，防止空气对流传热，加设密闭条是提高门窗气密性的重要手段之一。

4. 尽量使用新型节能门窗

采用热阻大、能耗低的节能材料制造的新型保温节能门窗（塑钢门窗）可大大提高热工性能，同时还要特别注意玻璃的选材。玻璃窗的主要用途是采光，但由于玻璃窗的耗冷量占制冷机最大负荷的 20%～30%，冬季单层玻璃窗的耗热量占锅炉负荷的 10%～20%，因而控制窗墙比在 30%～50%范围内时，窗玻璃尽量选特性玻璃，如吸热玻璃、反射玻璃、隔热遮光薄膜。

5. 合理控制窗墙比

窗墙比是窗洞口与墙的面积比值，增大这两个比值不利于空调建筑节能，应尽量减少空调房间两侧温差大的外墙面积及窗的面积，控制窗墙比，对外墙及屋顶的导热系数等提出具体要求。通过外窗的耗热量占建筑物总耗热量的 35％～45％，故在进行前期建筑设计时，在保证室内采光通风的前提下合理控制窗墙比是很重要的，一般北向不大于 25％；南向不大于 35％；东西向不大于 30％。

5-6 封闭式阳台的保温应如何要求？

封闭式阳台的保温应符合下列要求：

（1）阳台和直接连通的房间之间应设置隔墙和门、窗。

如果阳台和直接连通的房间之间不设置隔墙和门、窗，则可将阳台作为所连通房间的一部分。阳台与室外空气接触的墙板、顶板、地板的传热系数必须符合热工性能限值要求，阳台的窗墙面积比必须符合窗墙面积比限值的要求。

（2）如果阳台和直接连通的房间之间设置了隔墙和门、窗，且阳台和直接连通的房间之间的隔墙、门、窗的传热系数不大于热工性能限值要求，窗墙面积比不超过窗墙面积比限值的要求，则对阳台外表面没有特殊热工要求。

如果阳台和直接连通的房间之间设置了隔墙和门、窗，且阳台和直接连通的房间之间的隔墙、门、窗的传热系数大于热工性能限值，则阳台与室外空气接触的墙板、顶板、地板的传热系数不应大于热工性能限值表中所列限值的 120％，严寒地区阳台窗的传热系数不应大于 2.5W/(m^2·K)，寒冷地区阳台窗的传热系数不应大于 3.1W/(m^2·K)，阳台外表面的窗墙面积比不应大于 60％，阳台和直接连通房间隔墙的窗墙面积比不超过窗墙面积比限值。如果阳台的面宽小于直接连通房间的开间宽度，则可按房间的开间计算隔墙的窗墙面积比。

5-7 什么是断桥铝合金门窗?

断桥铝型材框扇。在铝合金型材内注入一条聚酰胺塑料隔板，以此将铝合金型材分离形成断桥，来阻止热量的传递。此种节能框扇由于聚酰胺塑料隔板将铝合金型材隔断，形成冷桥，从而在一定程度上降低了窗体的导热系数，因而具有较好的保温性能。

5-8 什么是玻璃钢型材门窗?

玻璃钢门窗是以玻璃纤维及其制品为增强材料，以不饱和聚酯树脂为基体材料，通过拉挤工艺生产出空腹型材，经过切割、组装、喷涂等工序制成门窗框，再装配上毛条、橡胶条及五金件制成的门窗。玻璃钢型材是类似于钢筋混凝土的一种复合结构体，是一种轻质高强材料，它同时具有铝合金型材的刚度和PVC型材较低的热传导性，是继木结构门窗、钢结构门窗、铝结构门窗及塑钢（PVC＋钢衬）门窗之后的一种具有绿色节能环保性能的新型节能窗框材料。

5-9 夏热冬冷地区门窗节能的基本要求是什么?

夏热冬冷地区建筑气候不同于三北地区，突出表现在夏季时间长、太阳辐射强度大，因此，不能照搬北方地区的节能经验。夏热冬冷地区的窗户节能应侧重在夏季防热上，同时兼顾窗户的冬季保温。为此，可以从以下几方面来考虑提高窗户的保温隔热性能。

1. 加强窗户的隔热性能

窗户的隔热性能主要是指在夏季窗阻挡太阳辐射热射入室内的能力。采用各种特殊的热反射玻璃或贴热反射薄膜有很好的效果，特别是选用对太阳光中红外线反射能力强的热反射材料更理想，如低辐射玻璃。但在选用这些材料时要考虑到窗的采光问题，不能以损失窗的透光性来提高隔热性能，否则，它的节能效果会适得其反。

2. 加强窗户内、外的遮阳措施

在满足建筑立面设计要求的前提下，增设外遮阳板、遮阳篷及适当增加南向阳台的挑出长度都能起到一定的遮阳效果。在窗户内侧设置镀有金属膜的热反射织物窗帘，正面具装饰效果，在玻璃和窗帘之间构成约 50mm 厚的流动性较差的空气间层。这样可取得很好的热反射隔热效果，但直接采光差，应做成活动式的。另外，在窗户内侧安装具有一定热反射作用的百叶窗帘也可获得一定的隔热效果。

3. 改善窗户的保温性能

改善建筑外窗的保温性能主要是指提高窗的热阻，由于单层玻璃窗的热阻很小，内、外表面的温差只有 0.4℃，因此，单玻窗的保温性能很差。采用双层或多层玻璃窗或中空玻璃，利用空气间层热阻大的特点，能显著提高窗的保温性能。另外，选用导热系数小的窗框材料，如塑料、断热处理过的金属框材等，均可改善外窗的保温性能。一般来讲，这一性能的改善也同时提高了隔热性能。

另外，提高窗户的气密性可以减少对该换热所产生的能耗。目前，建筑外门窗的气密性较差，应从门窗的制作、安装和加设密封材料等方面提高其气密性。在设计时，这一指标的确定可根据卫生换气量 1.5 次/h 来考虑，即不一定要求门窗绝对密不透气。

4. 控制建筑朝向及窗墙面积比

由于建筑外（门）窗比墙体的传热系数大得多，同时考虑到采光性和经济性，故必须控制窗墙面积比。窗墙面积比要根据不同地区的气候条件及不同的朝向来确定。不同地区、不同朝向的太阳辐射强度和日照率不同，窗户所获得的太阳辐射热也不相同，因此，北、东、西向窗墙比应小些，南向可大些。

夏热冬冷地区，夏季太阳辐射强度大、时间长，因此东西向的窗墙比应更小或不开窗，南向窗应加强防太阳辐射，北向窗应提高保温性能，这样可取得较好的综合节能效益。

5. 建立正确的节能观念，培养良好的节能习惯

尽管可以采用许多技术措施来提高门窗的保温隔热性能，降低建筑能耗和增加室内热舒适程度，但是仍需要人们建立正确的节能观念和使用方法，这样才能取得更佳的效果。在夏季，白天和夜间的热流方向恰恰相反，白天的热流方向主要是从室外传入室内，尤其是空调建筑，因此，要加强隔热或遮阳措施，这时一般不宜开窗。但在夜间，室外气温下降，热流便由室内流向室外，这时应将窗户打开，或采取强制通风的方法将白天室内积蓄的热量尽快排向室外，以利于降低室内气温，减少空调能耗，增加舒适度，此时应避免采取任何绝热措施。在冬季，热流的基本流向是从室内向室外，故要特别注意室内保温，尤其是在夜间的保温（因室外气温很低），在保证人体健康所需的新鲜空气的前提下，应尽量少开窗。白天应尽可能地增加采光量（在不开窗的情况下），充分利用太阳辐射热提升室内温度，改善热舒适性，降低供暖能耗。

5-10　公共建筑的门窗节能应满足什么基本要求?

（1）建筑每个朝向的窗（包括透明幕墙）墙面积比均不应大于0.70。当窗（包括透明幕墙）墙面积比小于0.40时，玻璃（或其他透明材料）的可见光透射比不应小于0.4。当不能满足此规定时，必须按相应的标准进行权衡判断。

（2）外窗的可开启面积不应小于窗面积的30%；透明幕墙应具有开启部分或设有通风换气装置。

（3）屋顶透明部分的面积不应大于屋顶总面积的30%，当不能满足此规定时，必须按《公共建筑节能设计标准》（GB

50189—2005）进行权衡判断。

（4）建筑中庭夏季应通风降温，必要时设置机械排风装置。

（5）制冷负荷大的建筑，外窗（包括透明幕墙）宜设置外部遮阳。

（6）寒冷地区建筑的外门宜设门斗或应采取其他减少冷风渗透的措施。其他地区建筑的外门也应采取保温隔热节能措施。

（7）设计中应采用气密性良好的门窗。

5-11　断桥铝合金窗（有副框）施工技术要点是什么？

1. 施工准备

（1）安装前应对墙体、洞口质量进行全面检查，门窗洞口尺寸应符合国家标准《建筑门窗洞口尺寸系列》（GB/T 5824—2008）的有关规定。并按有关规定进行检验，做好工序交接。同一类型门窗，与相邻的上、下、左、右洞口应保持通线，洞口应横平竖直。

（2）当洞口需设置预埋件时，应检查预埋件的数量、规格及位置，预埋件的数量应和固定片的数量一致，固定件的位置应与预埋件的位置相吻合。

（3）门窗安装前，应按设计图纸的要求，检查待安装门窗数量、规格、制作质量以及有否损伤、变形等。门窗五金件、密封条、紧固件等应齐全，不合格者应予以更换。

（4）安装门窗时，其环境温度不宜低于5℃。

（5）装卸门窗时应轻拿轻放，不得撬、甩、摔。吊运门窗其表面应用非金属软质材料衬垫，并在门窗外缘选择牢靠平稳的着力点，不得在门窗框内插入抬扛起吊。

（6）安装用主要机具、工具应完备，材料应齐全，量具应定期检查，如达不到要求，应及时更换。

2. 钢副框安装

（1）钢副框在外墙保温及室内抹灰施工前进行。将副框与主体结构用固定片和膨胀螺栓连接，安装点间距为500mm，保证进入结构墙体的长度不小于50mm。

（2）安装前首先将固定片镶入组装好的钢副框，四角各一对，距端部15～200mm，严格按照图纸设计安装点安装膨胀螺栓和固定片。

（3）安装就位后，在膨胀螺栓钉帽处将膨胀螺栓与钢副框点焊连接，以防止膨胀螺栓在外力作用下松动，并及时对膨胀螺栓钉帽焊缝用防锈漆进行防锈处理。

（4）钢副框下部用水泥砂浆固定，间距约500mm，如图5-1所示。

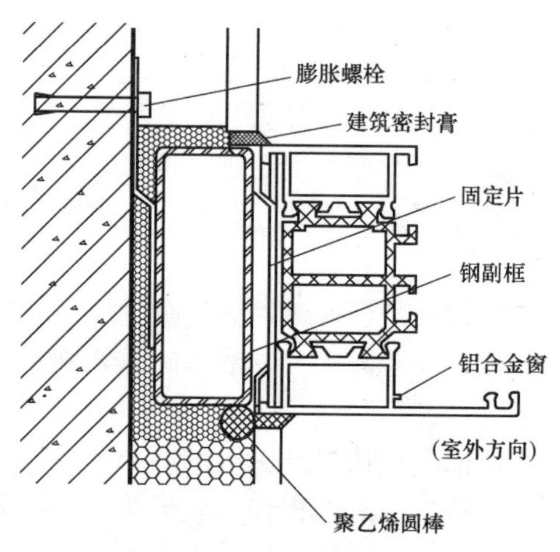

图5-1　钢副框安装

3. 铝合金主框、窗扇安装

（1）铝合金主框在外保温和室内抹灰施工完毕、外墙涂料施工前进行安装，主框安装完毕验收后再安装窗扇。

（2）根据钢副框的分格尺寸找出中心，确定上下左右位置，由中心向两边按分格尺寸安装窗的主框，铝合金主框内侧（朝向室内一侧）与钢副框内侧齐平，铝合金主框外侧（朝向室外一侧）超出钢副框部位下打发泡剂，使发泡剂与铝合金主框、钢副框、外窗台很好地粘结，防止该部位出现渗漏。

（3）现场安装时应先对清图号、框号以确认安装位置，安装工作一般由上向下安装。

（4）上墙前对组装的铝合金窗进行复查，如发现有组装不合格者或有严重碰、划伤者，缺少附件等应及时加以处理。

（5）将主框放入洞口，严格按照设计安装点将主框通过安装螺母调整。

（6）用调整螺钉将主框安装与副框连接牢固，每组调整螺母与调整螺钉的间距为500mm。

（7）铝合金主框安装完毕后，根据图纸要求安装窗扇；主框与窗扇配合紧密、间隙均匀；窗扇与主框的搭接宽度允许偏差为±1mm。

（8）窗附件必须安装齐全、位置准确、安装牢固，开启或旋转方向正确、启闭灵活、无噪声，承受反复运动的附件在结构上应便于更换。

5-12 塑料门窗施工技术要点是什么？

1. 施工准备

同5-11问第1条断桥铝合金窗（有副框）施工准备

2. 安装方法

（1）塑钢门窗应采用预留洞口法安装，不得采用边安装边砌口或先安装后砌口施工方法。固定方法有膨胀螺栓固定法或固定片固定法。

（2）多层建筑、高层建筑应测出窗口中线，并逐一做出标记。

（3）在安装时，注意窗的朝向、上下、固定框，未装滑轮的窗扇应保证橡胶条接口处向上。

（4）确定窗框上下边位置及内外朝向正确后，安装固定片，固定片的位置应装在距窗角、中横框、中竖框150～200mm处，固定片间距应不大于600mm，不得将固定片直接装在中横框、中竖框的档头上。安装时必须先用直径为3.2mm的钻头钻孔，然后将十字槽盘头自攻螺钉拧入，不得直接锤击钉入。

（5）将窗框装入洞口，其上下框中线应与洞口中线对齐。按设计图纸确定窗框在洞口墙体纵向的安装位置，并调整窗框的垂直度、水平度及直角度，以及对角线之差允许偏差均应符合规定。

（6）当窗与墙体固定时，应先固定上框，后固定边框。

（7）窗框与洞口间伸缩缝内腔应采用闭孔聚氨酯发泡剂弹性材料填充，不得采用矿棉、水泥砂浆等材料填塞。填塞后，撤掉临时用木楔或垫板，其空隙也采用闭孔弹性材料填塞。

（8）窗周密封胶应在涂料施工前填打，填打密封胶时应用力均匀、一气呵成，密封胶胶体斜面宽度不得少于12mm，以12～15mm为宜，填密封胶时应均匀不间断。

（9）窗（框）扇上如沾有水泥砂浆，应在其硬化前用湿布擦拭干净，不得使用硬质材料铲刮窗、框、扇表面。

3. 门窗框与洞口间隙的密封和隔热处理施工技术要点

（1）填缝料选择

对门窗框或副框与洞口之间的间隙应采用弹性闭孔材料填充饱满，聚氨酯发泡填缝料具有导热系数低、隔热性能好，具有较强的粘结性、弹性好。其封闭孔洞具有较好的防水功能，能较好地解决窗框与窗洞间的渗漏、热桥问题和框料胀缩问题。

（2）门窗与洞口的间隙要求

1）带副框的门窗一般是先装副框，连接固定后再进行洞口及室内外的装饰作业；不带副框门窗的通常是在室内外墙面及洞口粉刷完毕后进行安装，即净口安装。洞口粉刷后形成的尺寸必须准确，对洞口精度要求见表5-2所列。

2）基层湿润。填缝料前先在基层用喷水壶喷洒一层清水，为保证喷洒均匀，要使其形成水雾（可用小型加压喷雾器）。其原因是基层湿润有利于填缝料充分膨化，且有利于填缝料与周围充分粘结。

洞口的精度要求（mm）　　表 5-2

构造类别	宽度		高度		对角线差		正、侧面垂直度		平行度
	≤1500	>500	≤500	>1500	≤2000	>2000	≤2000	>2000	
有副框门窗或组合拼管安装的允许偏差	≤2.0	≤3.0	≤2.0	≤3.0	≤4.0	≤5.0	≤2.0	≤3.0	≤3.0
无副框门窗洞口粉刷后尺寸允许偏差	+3.0	+5.0	+6.0	+8.0	≤4.0	≤5.0	≤3.0	≤4.0	≤5.0

注：1. 洞口与外窗外框之间的缝隙，一般竖缝为 3～5mm，横缝 6～8mm；
2. 清理缝隙。首先清除缝内砖屑、石子等杂物，再用毛刷、鼓风器（俗称皮老虎）清除里面的浮尘。

3）填缝操作。将罐内料摇匀 1min 后装枪，填注时按垂直方向自下而上，水平方向自一端向另一端的顺序均匀慢速喷射。由于填缝料的膨化作用，在施工时喷射量可控制在需填充体积的 2/3。

4）填缝料大约在施工后 10min 开始表面固化。1h 后即可进行下道工序。在充分固化后，应先对其进行修整，用美工刀修理成 10mm 深的槽。

5）打密封胶。窗框四周内外密封胶应在内外墙涂料施工前填打，填打前应将窗框四周的杂物、灰尘清理干净，填打时应用力均匀、一气呵成，胶体斜面宽度不得少于 12mm，以 12～15mm 为宜。填密封胶时应均匀不间断，胶体宽度均匀一致。

5-13 门窗安装其他应注意的问题是什么？

（1）门窗搬运时应注意将门窗产品按编号搬运到相应的楼层。应特别注意防止低层门窗放到高层，高层的门窗放到低层。以避免高层门窗抗风压性能不足，低层门窗抗风压性能过剩。

（2）安装方法选择与要求：门窗一般有两种固定方法：一是固定件安装；二是直连法安装。一般带副框安装的门窗都采用直连法安装，副框与墙体固定一般采用 M8×60mm 塑料膨胀螺钉，膨胀螺钉符合有关标准规定。塑料膨胀螺钉离副框四个角为 100～150mm，两螺钉间距不能超过 600mm。副框与门窗主框相连采用 M8 的自攻螺钉，自攻螺钉位置应距窗角、中竖框、中横框 150～200mm，两螺钉间距应不大于 600mm，高层建筑应不大于 500mm。采用固定件安装时，固定件的位置与门窗主框墙体连接相同。

(3) 窗框安装固定时应在窗框装入洞口时（或副框入洞口时）其上、下框中线和底线与洞口中线和底线对齐。窗的上、下框四角及中横框的对称位置应用木楔或垫块做临时固定，然后按设计图纸或甲方要求确定窗框在洞口厚度方向的安装位置，如图 5-2 所示。

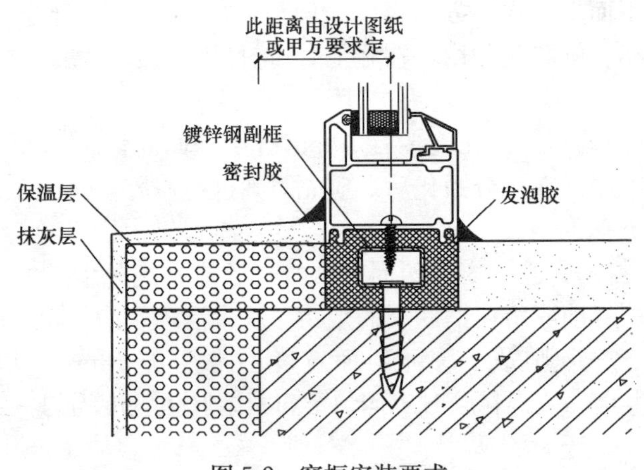

图 5-2　窗框安装要求

在位置确认无误后调整窗框在洞口内“三维”方向的垂直度和水平度（即窗框在墙体厚度方向的垂直度、正立面方向的垂直度和水平度），其允许偏差符合门窗安装质量要求。

(4) 门框安装：门的安装基本上与窗的安装一致。所不同的是门的安装应注意与地面施工配合，一般在地面工程施工前进行，依据图纸及门扇开启方向，确定门框的安装位置，安装时采取防门框变形的措施。安装无下框平开门应使两边框的下脚低于地面标高 30mm，带下框的平开门或推拉门下框底部应低于地面标高 10mm，然后将上框固定在墙体上，调整门框水平度和垂直度。安装连窗门时，一般采用拼管拼接，铝合金门窗、玻璃钢门窗有专用的拼接件。无论是否采用拼管拼接，都应将上、下门框、窗框牢固地固定在上、下楼板或墙体上。

（5）安装缝隙及洞口处理：门窗洞口与门窗框或副框之间安装缝隙，必须采用聚氨酯发泡材料堵塞，缝隙应充满；采用副框安装时，副框与门窗框之间的缝隙同样采用聚氨酯发泡材料填充。

（6）门窗扇安装：一般节能保温窗为平开窗，安装门窗扇时应对安装铰链和锁块特别注意，锁块位置是否与传动器锁点匹配、铰链部分密封胶条是否有损坏。安装完毕后要仔细检查框扇搭接量是否在设计范围内，四周是否均匀；推拉门窗，框扇搭接是否均匀，毛条、密封胶条质量尤为重要。

六、建筑遮阳技术

6-1 什么是遮阳系数及外窗的综合遮阳系数?

遮阳系数（shading coefficient）是指通过窗户（包括窗玻璃、遮阳和窗帘）投射到室内的太阳辐射量与照射到窗户上的太阳辐射量的比值。外窗的综合遮阳系数（overall shading coefficient of window）是指考虑窗本身和窗口的建筑外遮阳装置综合遮阳效果的一个系数，其值为窗本身的遮阳系数与窗口的建筑外遮阳系数的乘积。

6-2 建筑遮阳的基本要求是什么?

(1) 遮阳设施应根据地区气候、技术、经济、使用房间的性质及要求条件，综合解决夏季遮阳隔热、冬季阳光入射、自然通风、采光等问题。

(2) 不同朝向太阳辐射特点

太阳辐射强度随季节变化及朝向不同差别很大。在夏季，一般以水平面最高，东、西向次之，南向较低，北向最低。

当存在大面积天窗时，如中庭空间屋顶面是建筑遮阳设计的首要考虑部位，其次是东、西向。考虑到西向太阳辐射强度最大时刻时室外气温较高，西向遮阳比东向更为重要；接下来依次是西南向、东南向、南向和北向墙面。

(3) 外遮阳将太阳辐射直接阻挡在室外，节能效果较好。固定式外遮阳价格相对便宜，但灵活性较差，设计不当时易影响冬季阳光入射及房间自然通风等。可调式外遮阳一般结构较复杂，价格较高。内遮阳不直接暴露在室外，对材料及构造的耐久性要求较低，价格相对便宜，操作、维护方便。内遮阳将入射室内的直射光漫反射，降低了室内阳光直射区内的空气温度，对改善室内温度不平衡状况及避免眩光具有积极作用。

外遮阳可分为水平式、垂直式、综合式和挡板式四种基本形式，使用时应根据具体情况加以选择。

6-3 建筑遮阳的形式和方法有哪几种？

1. 第一类：室内遮阳

室内遮阳系统可以分为立面遮阳和顶面遮阳。

（1）立面遮阳有垂直帘、横帘、卷帘、艺术帘等，一般都用于窗户的遮阳，可以是手动，也可以是电动。由于中国人的传统建筑观念是坐北朝南，因此，面对东升西落的太阳，垂直帘是最为理想的遮阳产品。它可以根据太阳的移动而转动，在达到令人满意的遮阳效果的同时，获得最大的室内外通透性。卷帘是最为简单而又干脆的，可以拉下，切断室内外的联系，遮挡一切；也可以畅通无阻，让室内外融成一体。

（2）顶棚帘顾名思义，用于屋顶的玻璃遮阳。卷上时，露出蓝天白云，阳光透窗而下，令你分不清身在室内还是室外。放下时，为你遮挡强烈的阳光，节省你的空调费用。

2. 第二类：墙体遮阳

3. 第三类：室外遮阳

室外遮阳系统可以分为遮阳篷和百叶遮阳板。

（1）遮阳篷可以分为曲臂式遮阳篷、摆臂式遮阳篷、遮阳伞。遮阳将建筑与环境融为一体。百叶遮阳板，俗称遮阳翻板，类似于室内铝合金百叶帘，但尺寸更大，且安装于室外。板材一般采用铝合金。作为一种刚性的硬质材料，它能利用空气对流来降低热量，遮阳效果和节能效果都属上乘。

(2) 百叶遮阳板按外形大致分为三类：梭形单体百叶、梭形组合百叶、单板遮阳百叶。

1）梭形单体百叶板机构主要用于大型商场、展览馆、车库等场所的外立面和顶面遮阳。这种机构是通过改变叶片翻转角度来达到不同遮阳效果，并以此调节光通量。这种机构可以有效地排除温室效应，机构坚固、牢靠，还可以起到一定的防盗作用。

2）梭形单体百叶板机构又可分为纵向和横向两种。叶片主体由铝合金一次压制而成，材料经过时效处理，刚性较强且带有韧性。叶片表面喷塑或氟碳喷涂处理。叶片支撑轴为不锈钢材料采用磨削工艺加工而成。支撑轴在叶片内部带有倒钩，在叶片旋转过程中不会从叶片中脱落。叶片有多款色泽可供挑选，并具有不变形、耐高温、不易褪色、清洗简单方便等优点。叶片表面可以是全铝光板，叶可以制成网孔板，透光透气。传动方式可以手动，也可以电动。一般采用框架形式，适用于任何建筑结构。

3）单板遮阳百叶机构采用单层铝合金型材，表面喷塑或氟碳喷涂处理。整套机构不受框架限制，可任意制作成多种几何图形。一般采用手动转柄方式，操作轻松、简便。

室外遮阳的节能效果是非常显著的，作为建筑节能的一种新途径，有着巨大的实用潜力。

用于玻璃幕墙的遮阳，还可以将百叶遮阳板置于内外两层玻璃窗的中间，靠近外层玻璃。

6-4 外遮阳系数应如何计算？

外遮阳系数应按下式计算确定：

$$SD=ax^2+bx+1$$

$$x=A/B$$

式中 SD——外遮阳系数；

x——外遮阳特征值，$x>1$ 时，取 $x=1$；

a、b——拟合系数，按表 6-1 选取；

A、B——外遮阳的构造定性尺寸，按图 6-1～图 6-5 确定。

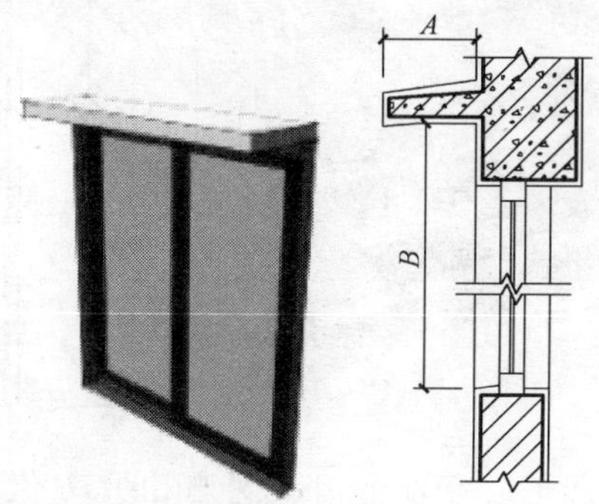

图 6-1　水平式外遮阳的特征值

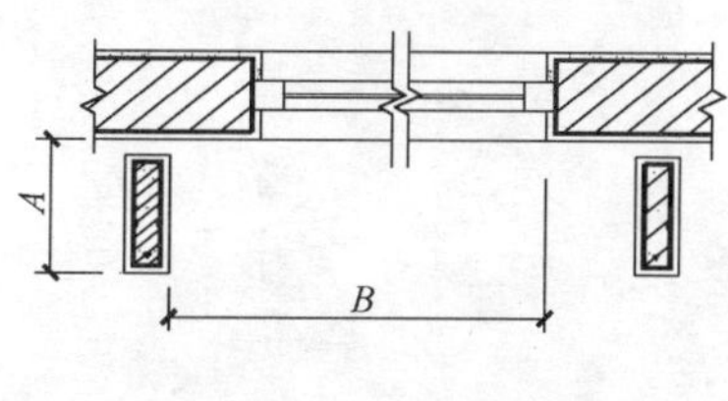

图 6-2　垂直式外遮阳的特征值

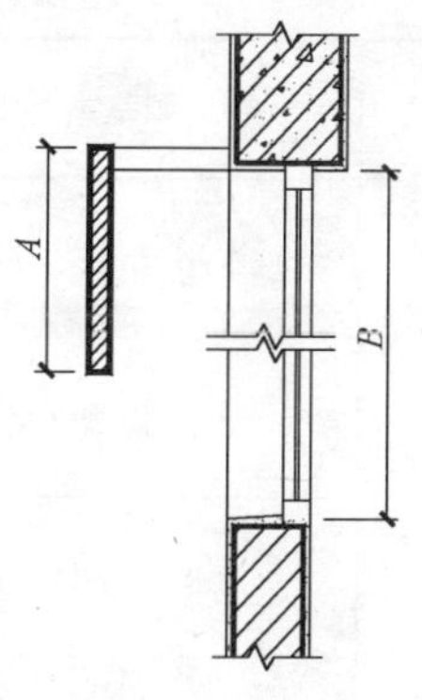

图 6-3　挡板式外遮阳的特征值

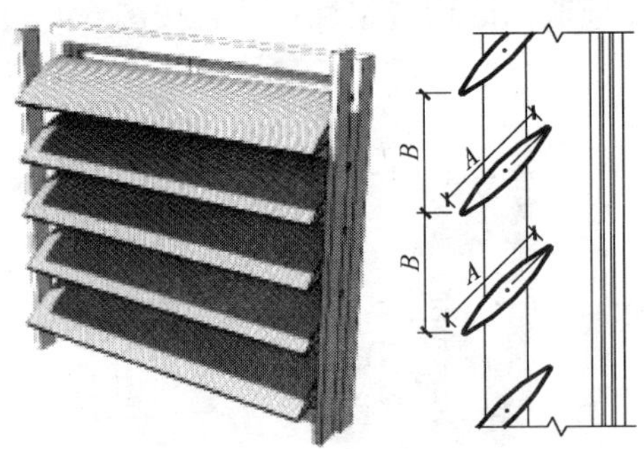

图 6-4　横百叶挡板式外遮阳的特征值

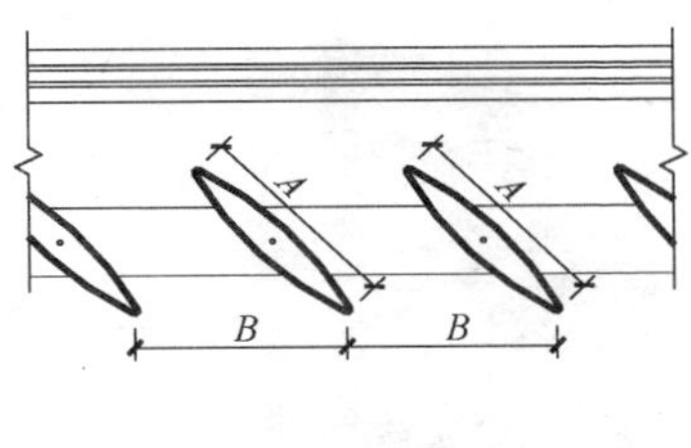

图 6-5　竖百叶挡板式外遮阳的特征值

外遮阳系数计算用的拟合系数 *a*、*b*　　　　表 6-1

气候区	外遮阳基本类型	拟合系数	东	南	西	北
严寒地区	水平式(图 6-1)	*a*	0.31	0.28	0.33	0.25
		b	−0.62	−0.71	−0.65	−0.48
	垂直式(图 6-2)	*a*	0.42	0.31	0.47	0.42
		b	−0.83	−0.65	−0.90	−0.83
寒冷地区	水平式(图 6-1)	*a*	0.34	0.65	0.35	0.26
		b	−0.78	−1.00	−0.81	−0.54
	垂直式(图 6-2)	*a*	0.25	0.40	0.25	0.5
		b	−0.55	−0.76	0.54	−0.93

续表

气候区	外遮阳基本类型		拟合系数	东	南	西	北
寒冷地区	挡板式(图 6-3)		*a*	0.00	0.35	0.00	0.13
			b	−0.96	−1.00	−0.96	−0.93
	固定横百叶挡板式(图 6-4)		*a*	0.45	0.54	0.48	0.34
			b	−1.20	−1.20	−1.20	−0.88
	固定竖百叶挡板式(图 6-5)		*a*	0.00	0.19	0.22	0.57
			b	−0.70	−0.91	−0.72	−1.18
	活动横百叶挡板式(图 6-4)	冬	*a*	0.21	0.04	0.19	0.20
			b	−0.65	−0.39	−0.61	−0.62
		夏	*a*	0.50	1.00	0.54	0.50
			b	−1.20	−1.70	−1.30	−1.20
	活动竖百叶挡板式(图 6-5)	冬	*a*	0.40	0.09	0.38	0.20
			b	−0.99	−0.54	−0.95	−0.62
		夏	*a*	0.06	0.38	0.13	0.85
			b	−0.70	−1.10	−0.69	−1.49

一般外层为单玻，内层为中空玻璃；也有相反的做法，外层为中空。一般两层玻璃之间的距离较大，检修人员可进入。在每层楼层的顶部的外层玻璃处设置排风口，以排出阳光射入未被反射出的热量，故也称为“呼吸幕墙”。遮阳百页采用电动控制。遮阳效果较好，遮阳系数可达到 0.3，符合节能标准的要求。

6-5 建筑物遮阳制品安全性是如何要求的?

(1) 抗风压性能

1) 在额定风压的作用下，遮阳制品应能正常使用，并不会产生塑性变形或损坏；在安全风压的作用下，遮阳制品不会从导轨中脱出而产生安全危险。

2）对于户织物遮阳制品的额定风压为其测试风压 P，安全风压按照 $1.2 \times P$ 确定。

3）对于百叶帘、百叶窗、滑移窗等遮阳制品的额定风压为其测试风压 P，安全风压按照 $1.5 \times P$ 确定。

4）其他遮阳制品，如机翼遮阳制品、格栅遮阳制品，抗风压应符合《建筑结构荷载规范》（GB 50009—2001，2006 年版）要求。

（2）抗积雪荷载性能

使用的水平夹角小于 60°的外遮阳设施应进行雪荷载检测。其抗雪荷载要求应按当地降雪情况，确定名义雪压，由供需双方共同确定。

（3）耐积水荷载性能

1）适用于建筑用各种织物遮阳制品。

2）织物遮阳制品完全伸展时，在雨水积水重力的作用下，应能承受相应荷载的作用。

3）对于坡度不大于 25％的织物遮阳制品，在其完全伸展状态下，承受最大积水所产生的荷载时应不发生面料破损和破裂，并保持排水性能良好。

4）在积水荷载释放、织物干燥后，手动织物遮阳制品的操作力应能保持在原等级范围内。

5）当遮阳制品坡度小于 25％或小于制造商的推荐值，下雨时折臂遮阳篷应收回，并在使用说明书中应予说明。

（4）防雷性能

防雷性能应满足《建筑物防雷设计规范》（GB 50057—2010）要求。

（5）防火性能要求

建筑物遮阳制品所用遮阳材料、连接杆件等主要部件材料的燃烧性能应不得低于《建筑材料及制品燃烧性能分级》（GB 8624—2006）中 B 级要求。

（6）电机性能要求

外遮阳制品用电机整体结构防护等级不应低于《旋转电机整体结构的防护等级（IP 代码）分级》（GB/T 4942.1—2006）中 IP54 级的规定，内遮阳、中置遮阳制品用电机不应低于 IP44 级的规定。电机绝缘等级应符合《电气绝缘　耐热性分级》（GB/T 11021—2007）中 F 级的规定。电机运行条件和环境空气温度应符合《旋转电机定额和性能》（GB 755—2008）的规定。

电机应具有过热保护装置。电机连续工作时间不得小于 240s。

（7）噪声性能要求

建筑物遮阳制品所用电机的噪声不大于 45dB。

（8）建筑物遮阳制品操作性能

建筑物遮阳制品的操作方式可分为手动操作和电动操作。当手动操作方式操纵力过大不能满足使用者群体要求时，应采用电动操作方式。

电动操作方式可分为单机操控、群组操控和智能操控等形式。单机操控为对一个电机进行控制，操纵一个遮阳制品；群组操控对一个电机或多个电机进行控制，操纵多个（一组）遮阳制品；智能控制是指通过对光照强弱、风感、雨水等感应自动控制遮阳制品的开启和伸展等动作。群组操控一般适用于建筑物为透明幕墙的大型遮阳制品的控制。

（9）建筑物遮阳制品的耐久性和易维修性指遮阳制品的材料、部件、零件、器件、机构等在使用过程中保持设计性能要求的能力。遮阳制品的耐久性应满足相关制品标准的要求。

6-6　采用玻璃本体遮阳要求是什么？

（1）采用着色玻璃（吸热玻璃）遮阳时，可见光透过率应不低于 60%，其他技术性能符合《平板玻璃》（GB 11614—2009）的要求；采用热反射玻璃遮阳时，可见光透过率应不低于 60%，并应考虑玻璃对环境的光污染，其他技术性能符合《镀膜玻璃

第1部分：阳光控制镀膜玻璃》（GB/T 18915.1—2002）的要求。

吸热玻璃和热反射玻璃属于遮阳玻璃品种，受原理上的限制，在遮阳隔热的同时损失了可见光透过率，已逐步被具有遮阳功能的低辐射玻璃所取代，提出60%以上可见光透过率可减少照明能耗，采用性能更加优越的其他玻璃品种。

（2）采用低辐射玻璃（Low-E玻璃）时，应考虑玻璃遮阳和保温性能的综合平衡，玻璃的性能符合《镀膜玻璃　第2部分：低辐射镀膜玻璃》（GB/T 18915.2—2002）的要求。

（3）采用贴膜、涂膜玻璃遮阳时，可见光透过率应不低于60%，其他性能符合相关产品标准的要求。贴膜玻璃和涂膜玻璃是对现有玻璃进行遮阳改造最简便的方法，目前还没有统一的产品标准。

6-7　什么是内置遮阳中空玻璃制品？

内置遮阳中空玻璃制品是在中空玻璃内安装遮阳装置（如遮阳金属百叶）的制品。遮阳装置的功能动作（如伸展、收回、翻转等）在中空玻璃外面实现，制品适用于安装中空玻璃的门窗和幕墙。遮阳完全开启时遮阳系数低于0.20，并可根据采光要求改变百叶角度；提高中空玻璃的保温性能；内置遮阳系统具有更高的安全性；内置遮阳免除对遮阳百叶的清洁；兼有隔声性能。

内置遮阳装置的开启和关闭应操作方便，启闭过程运行平稳。遮阳装置为百叶，采用手动操作时，展帘、收帘启闭力不应大于40N，翻转操作力不应大于30N。反复启闭性能：内遮阳中空玻璃的可调节遮阳装置反复启闭次数不应少于2万次，且试验后启闭无异常，使用无障碍。当遮阳装置有调整角度的功能时（如百叶），角度调整的反复次数不应少于2万次。热工性能：遮阳中空玻璃的隔热性能用传热系数 K 表示，当内置遮阳装置处于伸展状态时，遮阳中空玻璃的传热系数不应大于2.0W/(m^2·

K)；当内置遮阳装置处于收回状态时，遮阳中空玻璃的传热系数不应大于 3.0W/(m^2 · K)。遮阳系数：当内置遮阳装置处于伸展状态时，遮阳中空玻璃的遮阳系数不应大于0.20。透光折减系数：遮阳中空玻璃的透光折减系数用 T_r 表示，当内置遮阳装置处于收回状态时，遮阳中空玻璃的透光折减系数不应小于 0.60；当内置遮阳装置处于伸展状态时，遮阳中空玻璃的透光折减系数不应大于 0.10。其他性能满足中空玻璃《中空玻璃》（GB/T 11944—2002）要求。

6-8 遮阳制品施工（安装）要点是什么？

1. 施工前的准备

（1）遮阳制品安装工程施工前应编制专项施工组织设计，内容包括：材料与制品的要求、工程进度计划、与其他分项工程的协调配合方案、搬运及吊装方法、测量方法、安装工艺、成品保护、检查验收、安全措施和劳动保护等事项。

（2）遮阳制品的材料、零件、附件和结构件等应符合设计要求，进场时提交产品质量合格证书。

（3）遮阳制品安装前，应对其前一道基层施工的质量应验收合格并进行复核。

（4）凡对遮阳制品可能造成严重污染的分项工程，应在遮阳制品施工前完成或采取有效的保护；遮阳制品安装对其他工程可能造成严重污染的在施工时应加以防护。

（5）进场的材料、零件、附件应分类存放，并应有得当的防潮、防雨、防压等防护保护措施。

（6）材料、零件、附件和结构件在搬运时不得碰撞或挤压。

（7）现场对材料、零件、附件、结构件进行的辅助性加工，其位置和尺寸应符合设计要求。

（8）所用的材料、零件、附件和结构件在安装前应进行检查，不得有变形、刮痕、错位等损伤。不合格的构件不得安装。

（9）遮阳制品与主体结构连接的预埋件，应符合设计要求。后置的埋件应进行抗拉拔试验，确认是否达到设计要求。

2. 遮阳制品的施工安装

（1）手动机械线路安装

按照图纸确定手动机械线路的位置和走线路线，整体线路不得破坏其他预埋和预设线路；如与其他线路、装置等相冲突，在安装图纸洽商时应协调。

机械线路安装时应保证线路的运行畅通，对需要维护、维修的部位预留通道。

（2）电动管线安装

按照图纸确定电动管线的位置和走线路线，整体线路不得破坏其他预埋和预设线路，如与其他线路、装置等相冲突，在安装图纸洽商时应协调。

管线应连接紧密，管口光滑，护口齐全，明配管线及其支架、吊架牢固，排列整齐，管线弯曲处无明显折皱，油漆防腐完整，暗配管线保护层满足设计要求。

（3）遮阳制品与主体结构连接

根据遮阳制品与主体结构的连接方式，分为直接连接和间接连接。直接连接是遮阳制品直接安装在主体结构受力部位上；间接连接是遮阳制品安装在支撑构件（边框）上，支撑构件（边框）与主体结构受力部位连接。小型遮阳制品，如卷帘遮阳、织物遮阳、百叶帘遮阳等一般采用直接连接，大型遮阳制品，如机翼遮阳、格栅遮阳等，一般采用间接连接。

（4）遮阳制品遮阳体安装

需要现场安装遮阳体，在拆卸包装时应检查包装和包装零部件完好程度。安装时应按照安装作业指导书的要求顺序安装，要求尺寸准确，调节到位，并不得在安装过程中磕碰、刻画、污损零部件，按照尺寸精度满足对应制品要求。

（5）遮阳系统调试、运行

遮阳系统安装完毕后，应对遮阳制品逐一调试。

调试内容包括遮阳体运行是否顺畅、有无障碍、运行是否到位、各种操作动作执行情况及其顺畅度和复位状况等；电动操作系统指令或信号的灵敏度，遥控操作有效距离执行情况，各种指令变换的执行情况，手动操作力的大小及有无障碍、误操作的控制等。对光照强弱、风速、雨水等感应的智能控制，应有配套的现场检测方法。

七、建筑楼地面节能技术

7-1 建筑楼板如何保温？

楼板、分层间楼板（底面不接触室外空气）和底面接触室外空气的架空或外挑楼板（底部自然通风的架空楼板），传热系数 K 有不同的规定。保温层可直接设置在楼板上表面（正置法）或楼板底面（反置法），也可采取铺设木格栅（空铺）或无木格栅的实铺木地板：

（1）保温层在楼板上面的正置法，可采用铺设硬质挤塑聚苯板、泡沫玻璃保温板等板材或强度符合地面要求的保温砂浆等材料，其厚度应满足建筑节能设计文件的要求。

（2）保温层在楼板底面的反置法，可如同外墙外保温做法一样，采用符合国家、行业标准的保温浆体或板材外保温系统。

（3）底面接触室外空气的架空或外挑楼板宜采用反置法的外保温系统。

（4）铺设木格栅的空铺木地板，宜在木格栅间嵌填板状保温材料，使楼板层的保温和隔声性能更好。

7-2 建筑底层地面如何节能？

底层地面的保温、防热及防潮措施应根据地区的气候条件，结合建筑节能设计标准的规定采取不同的节能措施。

（1）寒冷地区供暖建筑的地面应以保温为主，在持力层以上土壤层的热阻已符合地面热阻规定值的条件下，最好在地面面层下铺设适当厚度的板状保温材料，进一步提高地面的保温和防潮性能。

（2）夏热冬冷地区应兼顾冬天供暖时的保温和夏天制冷时的防热、防潮，也宜在地面面层下铺设适当厚度的板状保温材料提高地面的保温及防热、防潮性能。

（3）夏热冬暖地区应以防潮为主，宜在地面面层下铺设适当厚度保温层或设置架空通风道以提高地面的防热、防潮性能。

7-3 什么是低温热水地面辐射供暖？

以温度不高于 60℃ 的热水为热媒，在加热管内循环流动，加热地板，通过地面以辐射和对流的传热方式向室内供热的供暖方式。

7-4 低温热水地板辐射供暖施工要点是什么？

1. 施工工艺流程

低温热水地板辐射供暖施工工艺流程如图 7-1 所示。

2. 施工工艺要点

（1）楼地面基层清理

1）土建地面已施工完，各种基准线测放完毕。敷设管道的防水层、防潮层、绝热层已完成，并已清理干净。

2）凡采用地板辐射供暖的工程在楼地面施工时，必须严格控制表面的平整度，仔细压抹，其平整度允许误差应符合混凝土或砂浆地面要求。在保温板铺设前，应清除楼地面上的垃圾、浮灰、附着物，特别是油漆、涂料、油污等有机物，必须清除干净。

（2）绝热板材铺设

1）房间周围边墙、柱的交接处应设绝热板保温带，其高度要高于细石混凝土回填层。

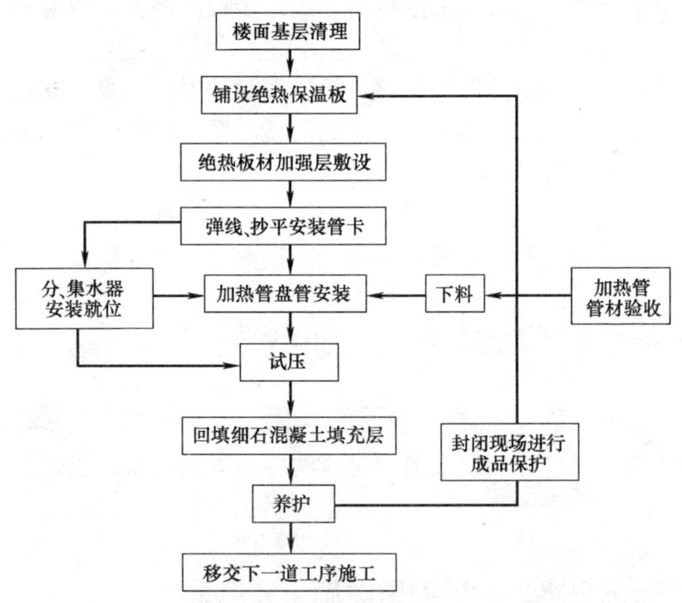

图 7-1　低温热水地板辐射供暖施工工艺流程图

2）绝热板应清洁、无破损，在楼地面铺设平整、搭接严密。绝热板拼接紧凑，间隙为 10mm，错缝铺设，板接缝处全部用胶带粘结，胶带宽 40mm。

3）房间面积过大时，以 6000mm×6000mm 方格留伸缩缝，缝宽 10mm。伸缩缝处，用厚度 10mm 绝热板立放，高度与细石混凝土层平齐。

（3）绝热板材加固层的施工

1）钢丝网规格的方格不大于 200mm×200mm，在供暖房间满布，拼接处应绑扎连接。

2）钢丝网在伸缩缝处不能断开，铺设应平整，无锐刺及翘起的边角。

（4）加热盘管敷设

1）加热盘管在钢丝网上面敷设，管长应根据工程上各回路长度酌情定尺寸，一个回路尽可能用一盘整管，应最大限度地减小材料损耗。填充层内不许有接头。

2）按设计图纸要求，事先将管的轴线位置用墨线弹在绝热板上，抄标高、设置管卡，按管的弯曲半径不小于10D（D指管外径）计算管的下料长度，其尺寸偏差控制在±5%以内。必须用专用剪刀切割，管口应垂直于断面处的管轴线。严禁用电、气焊、手工锯等工具分割加热管。

3）按测出的轴线及标高垫好管卡，用尼龙扎带将加热管绑扎在绝热板加强层钢丝网上，或者用固定管卡将加热管直接固定在敷有复合面层的绝热板上。同一通路的加热管应保持水平，确保管顶平整度为±5mm。

4）加热管固定点的间距，弯头处间距不大于300mm，直线段间距不大于600mm。

5）在过门、过伸缩缝、过沉降缝时，应加装套管，套管长度不小于150mm。套管比盘管大两号，内填保温边角余料。

（5）分、集水器安装

1）分、集水器安装可在加热管敷设前安装，也可在敷设管道回填细石混凝土后与阀门、水表一起安装。安装必须平直、牢固。在细石混凝土回填前安装，需做水压试验。

2）当水平安装时，一般宜将分水器安装在上，集水器安装在下，中心距为200mm，且集水器中心距地面不小于300mm。

3）当垂直安装时，分水器、集水器下端距地面不应小于150mm。

4）加热管始末端出地面至连接配件的管段，应设置在硬质套管内。加热管与分水器、集水器分路阀门的连接，应采用专用卡套式连接件或插接式连接件。

（6）细石混凝土层施工

1）在加热管系统试压合格后，方能进行细石混凝土层回填施工。细石混凝土层施工应遵循土建工程施工规定，选用体积收缩稳定性好的配合比。建议强度等级应不小于C15，卵石粒径宜不大于12mm，并宜掺入适量防止龟裂的添加剂。

2）浇筑细石混凝土前，在过门、过沉降缝处、过分格缝部位宜嵌双玻璃条分格（玻璃条用 3mm 玻璃裁划，比细石混凝土面低 1～2mm），其安装方法同水磨石嵌条。

3）细石混凝土在盘管加压（工作压力或试验压力不小于 0.4MPa）状态下浇筑，回填层凝固后方可泄压，填充时应轻轻捣固，浇筑时不得在盘管上行走、踩踏，不得有尖锐物件损伤盘管和保温层，要防止盘管上浮，应小心下料、拍实、找平。

4）细石混凝土接近初凝时，应在表面进行二次拍实、压抹，以防止顺管轴线出现塑性沉缩裂缝。表面压抹后应保湿养护 14d 以上。

7-5 复合保温板地下室顶板保温工程施工要点是什么？

1. 工艺流程

（1）薄抹灰涂料系统：地下室顶板面基层处理→打磨找平→涂刷界面剂（必要时）→粘贴（粘钉）复合保温板→嵌缝→涂抹面胶浆→贴网格布→涂抹面胶浆→干燥后刷面层涂料。

（2）有饰面层系统：地下室顶板面基层处理→打磨找平→弹线、放控制线→粘贴（粘钉）复合保温板→分格缝处理→揭保护膜、整体修缮。

2. 施工要点

（1）地下室顶板基层上的油渍、污物应清除干净并用钢丝刷清底，对凹凸处应进行剔平找补，保证顶面坚实、平整、洁净。

（2）复合保温板现场切割时，应做到边角方正，按房间确定尺寸并按板块尺寸在顶棚上弹线。弹线后，对翘曲凹凸处用钢挫打磨找平，应达到与顶板吻合无缝。

（3）粘贴复合保温板一般采用条粘法和点粘法，粘结厚度不宜大于 3mm。

（4）地下室顶板抹灰时，应将抹面胶浆用毛刷甩浆拉毛，待抹面胶浆硬化后，适当洒水养护，再开始抹灰，拉毛应均匀无漏点。

（5）复合保温板粘结完毕后，应将板块拼缝用胶浆涂抹、嵌塞严实，点框法总粘贴面积不小于 40%。常温下静置至少 24h 后，板缝处找平打磨。

（6）网格布应按地下室面积预先裁割。

（7）涂料应按照地下室内墙涂料要求，待抹面胶浆干燥后，稍用砂纸打磨、找平，涂刷涂料。

7-6 不同气候分区公共建筑楼地面及地下室外墙的热工要求？

公共建筑不同气候分区楼地面及地下室外墙的传热系数及热阻要求见表 7-1 所列。

公共建筑不同气候分区楼地面及地下室外墙的传热系数 K [W/(m²·K)]及热阻 R[(m²·K)/W]　表 7-1

气候分区	楼地面部位	体形系数≤0.3	体形系数>0.3
严寒地区 A 区	底面接触室外空气的楼板	$K \leqslant 0.45$	$K \leqslant 0.40$
	分隔供暖与非供暖空间的楼板	$K \leqslant 0.60$	
	周边地面	$R \geqslant 2.00$	
	非周边地面	$R \geqslant 1.80$	
	供暖地下室外墙（与土壤接触的墙）	$R \geqslant 2.00$	
严寒地区 B 区	底面接触室外空气的楼板	$K \leqslant 0.50$	$K \leqslant 0.45$
	分隔供暖与非供暖空间的楼板	$K \leqslant 0.80$	
	周边地面	$R \geqslant 2.00$	
	非周边地面	$R \geqslant 1.80$	
	供暖地下室外墙（与土壤接触的墙）	$R \geqslant 1.80$	
寒冷地区	底面接触室外空气的楼板	$K \leqslant 0.60$	$K \leqslant 0.50$
	分隔供暖与非采暖空调空间的楼板	$K \leqslant 1.50$	

续表

气候分区	楼地面部位	体形系数≤0.3	体形系数>0.3
寒冷地区	周边及非周边地面	$R \geqslant 1.50$	
	供暖、空调地下室外墙(与土壤接触的墙)	$R \geqslant 1.50$	
夏热冬冷地区	底面接触室外空气的架空或外挑楼板	$K \leqslant 1.00$	
	地面及地下室外墙(与土壤接触的墙)	$R \geqslant 1.20$	
夏热冬暖地区	底面接触室外空气的架空或外挑楼板	$K \leqslant 1.50$	
	地面及地下室外墙(与土壤接触的墙)	$R \geqslant 1.00$	

注：1. 周边地面系指距外墙内表面2m以内的地面，非周边地面系指距外墙内表面2m以外的地面；

2. 地面热阻系指建筑基础持力层以上各层材料的热阻之和；

3. 地下室外墙热阻系指土壤以内各层材料热阻之和。

八、建筑供热、供暖节能技术

8-1 供暖系统的构成？

热源（锅炉等设备）—热网、输送系统（水泵及管网）—热用户（末端设备、散热设备）；由热源、热网和热用户组成的系统，称为供暖供热系统。

8-2 热源的种类有哪些？

集中供热热源有：热电厂余热（蒸汽和热水）、区域锅炉房（蒸汽和热水）、工业余热、地热水供热、热泵机组、直燃机。

8-3 什么是供暖供热系统节能？

实现供暖供热系统节能，首先，需要提高两个效率，即锅炉运行效率和管网输送效率；其次，是提高末端设备的换热效率。

其中，锅炉运行效率为锅炉产生的、可供有效利用的热量与其燃烧的煤燃气、油所含热量的比值。在不同条件下，又可分为锅炉铭牌效率（又称额定效率，指锅炉在设计工况下的效率）和锅炉运行效率（指锅炉实际运行工况下的效率）。为实现供暖供热系统节能，必须强调提高锅炉运行效率。而室外管网输送效率为管网输出总热量（输入总热量减去各段热损失）与管网输入总热量的比值。

通过几个方面能效比的提高，在保证用户的需求的条件下，降低供暖系统的能耗，降低运行成本。

8-4 什么是供热系统综合能效指标？

供热系统综合能效指标，考虑了系统的总耗能量，包括燃料消耗量和相关电力消耗量，从而把耗煤量和水输送系数两个指标结合。

$$\& = R\sum Q_f / \sum Q_z$$

式中 $\&$——供热系统综合能效指标；

R——室温合格率；

$R\sum Q_f$——达到热用户要求室温的有效热量；

Q_z——系统年耗能量，包括热源的燃料耗热量与系统用电设备电力消耗的折合热量。

8-5 供暖供热系统能耗过高的原因？

（1）建筑围护结构的能耗损失与建筑形式、使用功能、所在地域、建筑材料等因素有关。

（2）供暖供热系统能耗损失与设计、系统形式、供热方式、输送方式、管网平衡、系统调试、运行管理等因素有关。

（3）在技术方面，供暖供热设计往往存在不利于节能的先天性缺陷，如设计热负荷偏高，因而选用设备偏大，形成锅炉低负荷运行，水泵大流量运行等；运行管理水平低、能耗大，如供暖运行方式不合理、缺少科学的运行调节等。

8-6 供暖供热系统可以从哪些方面开展节能？

为推进供暖供热系统节能，可从以下几方面着手：

（1）设计前期与建筑协调配合，做好负荷模拟，有条件的应对同地域同类项目进行负荷调研，合理配置热源负荷，确定供热系统方式、输送方式；系统设计外网应注意水力失调，室内管网必须做水力平衡计算；有条件应合理配置成熟的自控管理系统。

（2）施工时应确保设计要求的落实，确保材料、特别是保温材料的质量和施工质量。

（3）系统必须进行平衡调试，确保系统的运行质量。在旧有供暖供热系统节能改造方面，大力推广全国供暖网的总结和推荐，并在实践中收到明显节能效益的12项《锅炉供暖节能技术措施》。

（4）在新建节能住宅实施“热表到户，计量收费”，在旧有非节能住宅中逐步实施“热表到户，计量收费”。

（5）在新建的供暖供热系统中，实现远期配套的动态调节方面，由我国近期不完善的静态调节，过渡到远期配套的动态调节（如国外早已普遍使用的散热器温控阀、气温补偿器、压差遥控器以及调速循环泵等），需要一段较长的时间。目前国外产品已大量涌进，国内厂家引进产品国产化或自行开发的产品也层出不穷，应尽快将进口的、国产的动态调节设备分别配套使用在整个供暖供热系统的试点工程上，以便总结经验，研究适合于我国国情的远期动态调节技术，择优选用。

（6）在节能立法和政策方面，建议制定《城市锅炉供暖运行节能标准》；新建供暖供热系统的节能资金投入应纳入基建投资；旧有供暖供热系统的节能改造费应纳入供暖成本；制定锅炉、供暖运行节能的奖励政策；建立锅炉供暖节能奖励基金。

（7）热源节能：应该包括锅炉房和换热站（供热站）内的所有节能。主要应提高能源转换的效率，包括锅炉和换热器的效降、降低输送系统的能耗（风机和水泵的能耗）；降低辅助系统的能耗包括煤、灰和排污等系统的能耗。

（8）热网节能：应包括热网的各项能量损失的减少。减少散热损失是热网节能的重要一环，由于管道保温达不到标准要求而失热能是不允许的；由于热网上用户距热源远近不同，造成的不平衡而产生的热损失，必须力求避免；由于种种原因供热系统内热媒——热水通过热网的某些环节造成损失也会导致能源的浪费。

(9) 用户节能：用户的供热系统的节能应该包括保证管网系统平衡，不出现垂直失调（上热下冷）；保证室内系统不漏水；使室内供热系统便于调节和计量，避免因供暖过热引起的开窗等能耗损失。

8-7 建筑集中供热热源形式选择应符合什么原则？

居住建筑集中供热热源形式选择，应符合以下原则：

(1) 以热电厂和区域锅炉房为主要热源；在城市集中供热范围内时，应优先采用城市热网提供的热源。

(2) 在技术经济合理的情况下，宜采用冷、热、电联供系统。

(3) 集中锅炉房的供热规模应根据燃料确定，采用燃气时，供热规模不宜过大，采用燃煤时供热规模不宜过小。

(4) 在工厂区附近时，应优先利用工业余热和废热。

(5) 有条件时应积极利用可再生能源，如太阳能、地热能等。

8-8 为什么要进行供热供暖热计量？

供热供暖系统有热源、输送和用户端组成，除了热源、输送系统的供热效率，用户端的能耗使用情况，使用效率需要通过热计量得出；同时，可改变过去不按用户端使用的热量计费而按平方米均摊的收费办法，避免用户端不必要的能耗损失（过热开窗），达到按需用热、降低能耗的目的。

8-9 燃气锅炉供热节能的关键是什么？

提高燃煤供热供暖系统的两个效率（即锅炉效率和管网输送

效率）是落实节能的关键。燃气锅炉供热的节能，也应遵循此原则。下面分别简要说明燃气锅炉供热提高“两个效率”的要点。

（1）关于提高燃气锅炉效率

要提高每一台锅炉的平均运行效率，最好选配比例调节燃烧机；同时，要求厂家的调试工作一定要规范、到位，并以测试报告为依据，只有这样才能保证运行中，在30%～100%负荷工况下，使平均运行效率尽量接近额定效率成为可能。

（2）要尽量减少整个供暖期内各锅炉的启、停次数和待机时间。

因每次锅炉启、停都要经过吹扫，消耗燃气；而待机时，锅炉就相当一个大散热器，也要损失热。

（3）总之，为提高锅炉组（群）的季节效率，设计的选型配置至关重要，如选用多大容量的锅炉？各选用几台？如何组合最佳？都是需要认真考虑的问题。考虑的原则：

一是使锅炉的组合具有较好的变负荷调节能力；

二是锅炉的最小出力尽量与最低负荷相匹配（只有这样才能具备“减少锅炉启、停次数和待机时间”的条件）。这也是设计中选型配置需要遵循的原则。做好这一点就能为运行节能打下良好的基础，就是最好的设计；反之，如果配置不合理，即使额定效率90%的锅炉，其锅炉组的季节效率有可能仅达到70%，自然就不节能了。

8-10 燃油燃气及燃煤锅炉的选择，应符合什么规定？

燃油燃气及燃煤锅炉的选择，应符合以下规定：

（1）锅炉的最低热效率，不应低于表8-1中规定的数值。

锅炉热效率 **表8-1**

锅 炉 类 型	热效率(%)
燃煤(Ⅱ类烟煤)蒸汽、热水锅炉	78
燃油、燃气蒸汽、热水锅炉	89

（2）应合理确定锅炉房单台锅炉的容量，确保在最大热负荷和低谷热负荷时都能高效运行。

（3）锅炉台数不宜少于 2 台，中、小型建筑一台锅炉能满足热负荷和检修需要时可设 1 台。

（4）应充分利用锅炉产生的多种余热。

8-11 锅炉的设计效率如何确定？意义是什么？

锅炉的选型应与当地长期供应的燃料种类相适应。锅炉的设计效率不应低于表 8-2 中规定的数值，在保证了锅炉最低设计效率不低于 73%，才能保证锅炉运行效率大于 70%。

锅炉的最低设计效率（%）　　表 8-2

锅炉类型、燃料种类及发热值			在下列锅炉容量(MW)下的设计效率(%)						
			0.7	1.4	2.8	4.2	7.0	14.0	>28.0
燃煤	烟煤	Ⅱ	—	—	73	74	78	79	80
		Ⅲ	—	—	74	76	78	80	82
燃油、燃气			86	87	87	88	89	90	90

8-12 为什么严寒和寒冷地区的住宅内，不应设计直接电热供暖？

建设节约型社会已成为全社会的责任和行动，用高品位的电能直接转换为低品位的热能进行供暖，热效率低，是不合适的。同时必须指出，“火电”并非清洁能源。在发电过程中，不仅对大气环境造成严重污染，而且还产生大量温室气体（CO_2），对保护地球、抑制全球气候变暖非常不利。

严寒、寒冷地区全年有 4～6 个月供暖期，时间长，供暖能耗占有较高比例。近些年来由于供暖用电所占比例逐年上升，致使一些省市冬季尖峰负荷也迅速增长，电网运行困难，出现冬季电力紧缺。盲目推广没有蓄热配置的电锅炉，直接电热供暖，将进一步劣化电力负荷特性，影响民众日常用电。因此，应严格限制应用直接电热进行集中供暖的方式。

8-13 燃气锅炉房节能应符合什么规定?

燃气锅炉房节能应符合下列规定：

(1) 给高层建筑供暖时供热面积不宜大于 70000m^2，给多层建筑供暖时供热面积不宜大于 40000m^2。

(2) 锅炉房的供热半径不宜大于 150m。当受条件限制供热面积较大时，应经技术经济比较确定，采用分区设置热力站的间接供热系统。

(3) 模块式组合锅炉房，宜以楼栋为单位设置；数量宜为 4～8 台，不应多于 10 台。

(4) 每个锅炉房的供热量宜在 1.4MW 以下。总供热面积较大，且不能以楼栋为单位设置时，锅炉房也应分散设置。

(5) 燃气锅炉直接供热系统的锅炉供、回水温度和流量的限定值，与负荷侧在整个运行期对供、回水温度和流量的要求不一致时，应按热源侧和用户侧配置二次泵水系统。

8-14 锅炉供热系统设计时应如何利用锅炉产生的各种余热?

锅炉房设计时利用以下措施回收锅炉产生的余热：

(1) 热媒供水温度不高于 60℃的低温供热系统，应设烟气余热回收装置。

(2) 有条件时应选用冷凝式燃气锅炉，当选用普通锅炉时，应另设烟气余热回收装置。

8-15 什么是燃气锅炉的烟气冷凝回收?

燃气锅炉房的烟气冷凝回收可提高锅炉热效率。目前，大多数燃气锅炉的排烟温度大约为150℃，所以，把高温烟气直接排放到大气，不但造成环境热污染，而且还造成了能源浪费。如果在锅炉排烟管道上增加一套冷凝型烟气换热器，回收烟气中的余热，无疑可以解决上述两个问题。安装冷凝型烟气换热器，目的是利用烟气的余热，尤其是烟气中以蒸汽形式存在的能量（潜热）。烟气冷却到露点以下开始冷凝，蒸汽相变所释放的热量把冷却介质（如供热系统的回水）加热，即可回收烟气的余热，如图8-1所示。

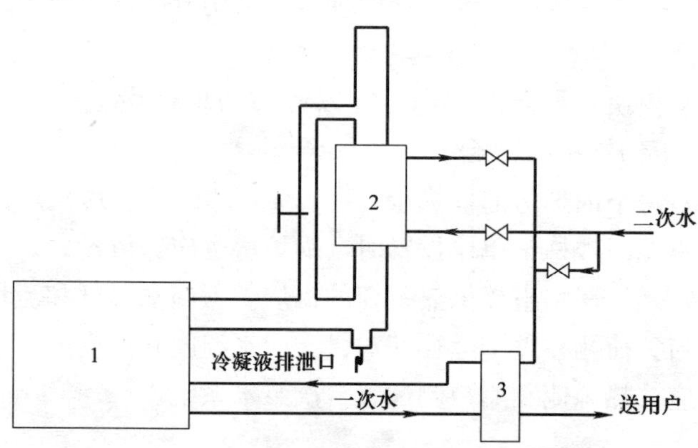

图8-1 燃气锅炉的烟气冷凝回收

1—锅炉；2—冷凝回收装置；3—换热站

8-16 采用户式燃气炉节能吗? 作为热源时有何要求?

（1）户式燃气炉的优点是可以独立控制，按需供暖；有一定的节能优势，但能耗也受户室之间供暖需求的影响。

（2）在有条件采用集中供热或在楼内集中设置燃气热水机组

(锅炉）的高层建筑中，不宜采用户式燃气供暖炉（热水器）作为供暖热源。采用户式燃气炉作为热源时，应设置专用的进气及排烟通道，并应符合下列要求：

1）燃气炉自身必须配置有完善且可靠的自动安全保护装置。

2）燃气热风供暖炉的额定热效率不低于80%。

3）燃气热水供暖炉的额定热效率不低于89%，部分负荷下的热效率不低于85%。

4）具有同时自动调节燃气量和燃烧空气量的功能，并配置有室温控制器。

5）配套供应的循环水泵的工况参数，与供暖系统的要求相匹配。

8-17 什么是供暖系统的质调节？量调节？意义是什么？

（1）集中供热调节的方法主要有以下几种：

1）质调节。通过改变网路的供水温度，而用户的循环水量和供热时数保持不变。

2）分阶段改变流量的质调节。

3）间歇调节。改变每天供暖小时数。

4）质量——流量调节

（2）意义在于按需运行管理，保证运行质量的同时，达到节能的目的。

8-18 管网输送方式有哪些？对输送能耗的影响是什么？

（1）一次管网直供（一次泵系统），易产生多余的资用压头和无效的能量损失，适用输送半径较小的系统。

（2）二次换热系统（一次、二次管网系统），系统规模较大时可确保热源的运行效率，易进行负荷调整，减少输配能耗。

（3）加压泵系统，设置合理时可降低系统压力，减少运行电耗。

（4）分布式变频供热输配系统是近几年推出的供热系统，分热源水泵、热网水泵、热用户水泵三级输送模式，一次投资高，但可通过变频水泵调节运行，减低总能耗，减少调节设备。

8-19 管网系统保温的节能技术有哪些？

管网系统节能技术主要有：

（1）按照《设备及管道绝热效果的测试与评价》（GB/T 8174—2008）的要求，检查设备及管道的保温情况。

地上管道：现有的地上供热管道都必须进行保温，并符合最新标准。

换热器、阀门和管道保温技术：换热器、阀门和管道保温技术，可用于热源和输配管网等处的部件保温，减少热源设备和输配管网的热损失，提高能源效率。

（2）保温材料的选择。保温材料应具有明显的阻碍热量传递的能力，通常情况下，它们的传热系数低于0.23W/(m^2·K)。根据组成成分的不同，保温材料可以分为矿物保温材料、有机保温材料和金属夹层保温材料；根据环境温度的不同，保温材料可分为防火保温材料（环境温度高于650℃）、保温材料（环境温度在室温和650℃之间）和贮冷保温材料（环境温度低于室温）。根据外形和结构的不同，保温材料又可以分为微孔保温材料、夹层保温材料和纤维保温材料。保温材料通常比较轻，具有多孔结构和可拆卸性。常用保温材料包括膨胀珍珠岩、聚苯乙烯、聚氨酯、玻璃棉和矿物棉等。

（3）直埋蒸汽管道保温。管沟直埋技术用在旧管网的改造，可以减少输配管网的热损失，提高能源效率。过去在供暖工程热网布置中较多采用架空敷设和地沟敷设，近些年来随着集中供暖事业的发展，在许多系统中普遍采用了预制直埋管道。这种管道施工简便，防水性能好，特别适合生活区地下管线密集复杂、地下水位较高、施工速度要求快的场合。

8-20 选择和安装供暖散热器时应注意些什么？

选择散热器时，对同一材质的散热器，应考核和比较其单位散热量、单位散热量的价格和金属热强度等指标。散热器的外表面应刷非金属性涂料。散热器宜明装。

散热器的单位散热量、金属热强度指标（散热器在热媒平均温度与室内空气温度差为 1℃时，每 1kg 重散热器每 1h 所放散的热量）和单位散热量的价格这三项指标，是评价和选择散热器的主要依据。特别是金属热强度指标，是衡量同一材质散热器节能性和经济性的重要标志。

试验证明，散热器外表面涂刷非金属性涂料时，其散热量比涂刷金属性涂料时能增加 10%左右。

散热器暗装在罩内时，不但散热器的散热量会大幅度减少；而且，由于罩内空气温度远远高于室内空气温度，从而使罩内墙体的温差传热损失大大增加。为此，应避免这种错误做法。

散热器暗装时，还会影响温控阀的正常工作。如工程确实需要暗装时（如幼儿园），则必须采用带外置式温度传感器的温控阀，以保证温控阀能根据室内温度进行工作。

另外，散热器的安装数量应与设计负荷相适应，不应盲目增加。有些人以为散热器装得越多就越安全，实际效果并非如此；盲目增加散热器数量，不但浪费能源，还很容易造成系统热力失匀和水力失调，使系统不能正常供暖。

8-21 为什么要进行热水集中供暖分户热计量与室温调控？

根据《中华人民共和国节约能源法》的规定，新建建筑和既有建筑的节能改造应当按照规定安装用热计量装置。

供热企业和终端用户间的热量结算，应以热量表作为结算依据。用于结算的热量表应符合相关国家产品标准，且计量检定证书应在检定的有效期内。

新建和改扩建的居住建筑或以散热器为主的公共建筑的室内供暖系统应安装散热器恒温控制阀或其他自动温度控制阀进行室温调控，以达到合理用能的目的。

8-22 热计量装置安装有哪些要求?

(1) 热量表水平安装在供热回路的进水管管道上。水流方向应与热量表箭头指示的方向一致。安装时热量表表头位置如果不便读数，可旋转表头至适合读数的位置，旋转时用力应均衡。

(2) 测温球阀或测温二通，必须安装在供热回路的回水管管道上。

(3) 系统管路在安装热量表前应进行彻底清洗，以保证管道中没有污染物和杂物。

(4) 流量传感器的方向不能接反，前后管径要与流量计一致。

8-23 什么是燃煤锅炉房改造?

将燃煤锅炉房被改造成燃气锅炉房。容量在 20 MW 以内的燃气锅炉通常都是卧式锅炉（2～3 个回程），通过配备省煤器和烟气冷凝系统，优化锅炉效率。在没有烟气冷凝器的情况下，锅炉效率约为 90%～92%。配备烟气冷凝系统后，锅炉效率升至 100%～105%。燃气锅炉常用的是 2 级或 3 级燃烧器，这对于小容量锅炉是可行的，但如能配备连续调节式燃烧器，则燃烧效果更佳。另外，锅炉可通过配备燃烧器氧气调节装置，优化气体/燃料比，从而提高锅炉效率；尤其是对于较大容量的锅炉，更应如此。

8-24 什么是燃煤锅炉的煤风比控制技术？其意义是什么？

（1）燃烧用空气量（过量空气系数）调节不当可能会导致燃煤不完全燃烧或增加排烟热损失。该技术措施首先由温度传感器采集炉膛温度，根据炉膛温度判断锅炉燃烧是否正常。如果锅炉处于正常燃烧状态，则通过烟气的含氧量来控制鼓风机的转速。当含氧量高于设定值，说明送风量太大，降低鼓风机的转速；相反，则增加鼓风机的转速。如果锅炉处于点火、停火或燃烧异常状态，则切换到手动控制状态。引风机的变频控制与鼓风机的控制方法类似，其控制参数是炉膛压力，保证一定的负压，即保证炉膛压力略低于大气压力。由压力传感器采集炉膛压力，与预设的压力范围（$P_1 \sim P_2$）进行比较，如果炉膛压力低于 P_1，则减小引风机转速；如果高于 P_2，则增大引风机的转速。排烟烟气量调节不当可能会增大排烟热损失。引风机的变频控制同样可以优化锅炉的燃烧状态，提高锅炉效率，引风机的变频控制必须与鼓风机的控制同步进行。

目前，大多数燃煤锅炉的炉排均为手动控制，即步进控制。炉排的转速决定了锅炉燃煤的供给量，而燃煤的供给量又会影响锅炉出水温度和系统供热量。炉排的手动步进控制，会导致系统的热量供需失衡。

（2）炉排变频控制的基本原理是根据锅炉的出水温度调节炉排的速度（燃煤供给量），即燃煤供给量与锅炉出水温度一一对应。根据室外温度计算确定锅炉出水温度，并与温度传感器采集到的实际出水温度进行比较。如果实际出水温度过高，则减小炉排转速；反之，则增加炉排速度。需要注意的是：在控制过程中，炉排转速的变化不能立即改变锅炉出水温度，存在一定的时间延迟。

8-25 什么是水力平衡系统？水力平衡的方式有哪些？

（1）供热系统能耗的高低，不仅取决于热源，而且与整个管网系统有关。在供暖系统中，普遍存在着水力失调的问题，水力失调造成系统冷热不均，距离热源较近的用户，室内温度较高，距离远的用户室内温度偏低。为保证远端用户室内温度，不得不提高供水温度和加大循环水量，不但很难保证供暖质量，而且造成巨大浪费。

通过实际测试，往往近端用户单位流量是远端用户单位流量的数倍，为使远端用户达到16℃，近端用户室温已经超过20℃，甚至开窗户造成能源浪费，因此必须进行水力平衡调试。

（2）通过加装调节装置（调节阀、平衡阀和自力式流量控制器），在此基础上进行水力平衡调试，使各个调节装置处的流量达到计算流量值，即整个系统达到了平衡。实施水力平衡调试技术可节能10％以上。

（3）水力平衡的方式可通过以下方法达到：

设计计算；设置阀门；系统调试。

8-26 水力平衡阀的设置和选择应遵循哪些原则？

水力平衡阀的设置和选择，应遵循以下原则：

（1）阀两端的压差范围应符合阀门产品标准的要求。

（2）热力站出口总管上不应串联设置自力式流量控制阀；当有多个分环路时，各分环路总管上可根据水力平衡的要求设置静态水力平衡阀。

（3）定流量水系统的各热力入口，可按照规定要求设置静态水力平衡阀或自力式流量控制阀。

（4）变流量水系统的各热力入口，可根据水力平衡的要求和系统总体控制设置的情况应设置压差控制阀，但不应设置自力式定流量阀。

(5) 采用静态水力平衡阀时，应根据阀门流通能力及两端压差选择确定平衡阀的直径与开度。

(6) 采用自力式流量控制阀时，应根据设计流量进行选型。

(7) 采用自力式压差控制阀时，应根据所需控制压差选择与管路同尺寸的阀门；同时，应确保其流量不小于设计最大值。

(8) 选择自力式流量控制阀、自力式压差控制阀、电动平衡两通阀或动态平衡电动调节阀时，应保持阀权度 $S=0.3\sim0.5$。

8-27 区域供热锅炉房采用自动检测与控制的运行方式时应满足哪些要求?

区域供热锅炉房采用自动检测与控制的运行方式时应能满足以下要求：

(1) 实时检测：通过计算机自动检测系统，全面、及时地了解锅炉的运行状况。

(2) 自动控制：随时测量室外的温度和整个热网的需求，按照预先设定的程序，通过调节投入燃料量（如炉排转速）等手段实现锅炉供热量调节，满足整个热网的热量需求，保证供暖质量。

(3) 按需供热：通过锅炉系统热特性识别和工况优化分析程序，根据前几天的运行参数、室外温度预测该时段的最佳工况，进而实现对系统的运行指导，达到节能的目的。

(4) 安全保障：通过对锅炉运行参数的分析，做出及时判断。

(5) 健全档案：可以建立各种信息数据库，对运行过程中的各种信息数据进行分析，并根据需要打印各类运行记录，储存历史数据，为量化管理提供了物质基础。

(6) 锅炉房、热力站的动力用电、水泵用电和照明用电应分别计量。

8-28 集中供暖、集中空调系统分户热量分摊装置或设施有哪些?

目前在国内已经有一定规模应用的供暖系统“热量分摊”方法有:

1. 温度分摊法

温度分摊法适用于各种室内供暖系统。温度分摊法的户间热量分摊系统由各个热用户室内温度传感器、采集器、热量采集显示器、热量计算分配器、通信线路以及建筑物热力入口设置的楼栋热量表组成。通过室内温度传感器测量的各个热用户的室内温度,并结合各个热用户的供暖面积测算出各个热用户的用热比例,按此比例对楼栋热量表测量出的建筑物总供热量进行户间热量分摊。

遵循的分摊原则是:同一栋建筑物内的用户,如果供暖面积相同,在相同的时间内,相同的室温应缴纳相同的热费。它与住户在楼内的位置没有关系,收费时不必进行住户位置的修正。它也与建筑内供暖系统没有直接关系,所以适用新建建筑的热计量收费,也适合于既有建筑的热计量收费改造。住房和城乡建设部已将《温度法热计量分配装置》列入“2008 年住房和城乡建设部归口工业产品行业标准制定、修订计划”。

2. 热分配计分摊法

热分配计分摊法适用于以散热器为散热设备的室内供暖系统。散热器热量分配表分为蒸发式热量分配表与电子式热量分配表两种基本类型。蒸发式热量分配表初投资较低,但需要入户读表。电子式热量分配表初投资相对较高,但该表具有入户读表与遥控读表两种方式可供选择。热分配计分摊法需要在建筑物热力入口设置楼栋热量表,在每台散热器的散热面上安装一台散热器热量分配表。在供暖开始前和供暖结束后,分别读取分配表的读数,并根据楼前热量表计量得出的供热量,进行每户住户耗热量计算。应用散热器热量分配表时，同一栋建筑物内应采用相同形式的散热器；在不同类型散热器上应用散热器热量分配表时，首先要进行刻度标定。由于每户居民在整幢建筑中所处位置不同，即便住户面积相同，保持同样室温，散热器热量分配表上显示的数字却是不相同的。所以，收费时要将散热器热量分配表获得的热量进行住户位置的修正。该方法适用于垂直新建建筑热量分摊和垂直既有建筑的热计量收费改造，比如将原有垂直单管顺流系统加装跨越管就可以。原建设部已批准《蒸发式热分配表》(CJ/T 271—2007) 为城镇建设行业产品标准。

3. 流量温度（流温系数）分摊法

流量温度（流温系数）分摊法适用于共用立管为单管加跨越管的分户独立式室内供暖系统。该户间热量分摊系统由流量热能分配器、温度采集器处理器、单元热能仪表、三通测温调节阀、无线接收器、三通阀、计算机远程监控设备以及建筑物热力入口设置的楼栋热量表等组成。通过流量热能分配器、温度采集处理器测量出的各个热用户的流量比例系数和温度系数，测算出各个热用户的用热比例，按此比例对楼栋热量表测量出的建筑物总供热量进行户间热量分摊。该分摊方法需要对分摊系统中的三通测温调节阀进行预调节。该方法在收费时也需对住户位置进行修正。可用于新建建筑，但是不适合在垂直单管顺流式的既有建筑改造中应用，此时温度测量误差将无法消除。

4. 流量时间（通断时间）分摊法

流量时间（通断时间）分摊法适用于水平单管串联的分户独立室内供暖系统。系统由通断调节阀、温控器、热量表组成，在每一户的代表房间放置温控器，它可通过无线通信，控制该户的通断调节阀。使用者可通过温控器设定需要的室温，温控器根据实测室温与设定值之差，确定在一个控制周期内通断调节阀的开停比，并按照这一开停比控制通断调节阀的通断，以此调节送入室内的热量。温控器同时还记录该户的实际“通”和“断”的累计时间，从而得出一个供热时间段内累积的接通时间。各户可按照供暖面积和各户的接通时间之乘积来分摊总热量，确定各户应缴纳的热费。该方法的必要条件是每户必须为一个独立的水平串联式系统，要求开始计量时各户的室内温度相近。由于每户为一个系统，不能实现分室温控。这种方法收费时不需住户位置修正。可用于新建建筑，但不适合用于采用传统垂直系统的既有建筑的改造。

5. 户用流量表分摊法

户用流量表分摊法适用于分户地面辐射供暖系统。户用流量表由可测量热水流量的流量传感器与显示仪表组成，可以是整体式的也可以是组合式的。本法以通过住户的热水量进行热量分摊，必要条件是每户必须为一个独立的水平系统。这种方法忽略了每户供暖供回水温差的不同，考虑到分户地面辐射供暖系统各户间的供回水温差接近，不需要在各户地面辐射供暖系统的供回水管道安装温度传感器。该方法在收费时也需对住户位置进行修正，较适用于地面辐射供暖系统的户间热量分摊。

6. 户用热量表分摊法

户用热量表分摊法适用于分户独立式室内供暖系统及分户地面辐射供暖系统。户用热量表安装在每户供暖环路中，可以测量每个住户的供暖耗热量。热量表由流量传感器、温度传感器和计算器组成。根据流量传感器的形式，可将热量表分为：机械式热量表、电磁式热量表、超声波式热量表。机械式热量表的初投资相对较低，但流量传感器对轴承有严格要求，以防止由于长期运转磨损而造成误差较大；对水质有一定要求，以防止流量计的转动部件被阻塞，影响仪表的正常工作。电磁式热量表的初投资相对机械式热量表要高，但流量测量精度是热量表所用的流量传感器中最高的、压损小。电磁式热量表的流量计工作需要外部电源，而且必须水平安装，需要较长的直管段，这使得仪表的安装、拆卸和维护较为不便。超声波热量表的初投资相对较高，流量测量精度高、压损小、不易堵塞，但流量计的管壁锈蚀程度、水中杂质含量、管道振动等因素将影响流量计的精度，超声波热量表安装条件需要合理的直管段。户用热量表分摊法在收费时，需要对住户位置进行修正。可用于新建建筑，但不适合用于采用传统垂直系统的既有建筑的改造。原建设部已批准《热量表》（CJ 128—2007）为城镇建设行业产品标准。

8-29 散热器的选型及安装应遵循什么原则?

散热器的选型及安装，一般应遵循下列原则：

（1）散热器的工作压力应满足系统的工作压力，并符合国家现行有关产品标准的规定。

（2）散热器要有好的传热性能，散热器的外表面应涂刷非金属性涂料。

（3）民用建筑宜采用外形美观、易于清扫的散热器；放散粉尘或防尘要求较高的工业建筑，应采用易于清扫的散热器；具有腐蚀性气体的工业建筑或相对湿度较大的房间，应采用耐腐蚀的散热器。

（4）选用钢制散热器、铝合金散热器时，应有可靠的内防腐处理，并满足产品对水质的要求。

（5）采用铸铁散热器时，应选用内腔无粘砂型散热器。

（6）采用热分配表进行热计量时，所选用的散热器应具备安装热分配表的条件。强制对流式散热器不适合热分配表的安装和计量。

（7）散热器宜布置在外墙窗台下，当布置在内墙时，应与室内设施和家具的布置协调。两道外门之间的门斗内，不应设置散热器。

（8）散热器宜明装，非特殊要求散热器不应设置装饰罩。暗装时装饰罩应有合理的气流通道和足够的通道面积，并方便维修。

（9）散热器的布置应尽可能缩短户内管系统的长度。

（10）每组散热器上应设手动或自动跑风门。有冻结危险场所的散热器前不得设置调节阀。

8-30 室内采用散热器供暖时，每组散热器的进水支管上安装散热器恒温控制阀的作用是什么？

散热器恒温控制阀（又称温控阀、恒温器等）安装在每组散热器的进水管上，它是一种自力式调节控制阀，用户可根据对室温高低的要求，调节并设定室温。这样恒温控制阀就确保了各房间的室温，避免了立管水量不平衡，以及单管系统上层及下层室温不匀问题。同时，更重要的是当室内获得“自由热”（Free Heat，又称“免费热”，如阳光照射，室内热源——炊事、照明、电器及居民等散发的热量）而使室温有升高趋势时，恒温控制阀会及时减少流经散热器的水量，不仅保持室温合适，同时达到节能目的。

8-31 采用低温地面辐射供暖方式进行供暖的优点是什么？

低温地板辐射供暖是国内近 20 年以来发展较快的新型供暖方式，埋管式地面辐射供暖具有温度梯度小、室内温度均匀、脚感温度高等特点，在热辐射的作用下，围护结构内表面和室内其他物体表面的温度，都比对流供暖时高，人体的辐射散热相应减少，人的实际感觉比相同室内温度对流供暖时舒适得多。在同样的热舒适条件下，辐射供暖房间的设计温度可以比对流供暖房间低 2～3℃，因此房间的热负荷随之减小。

8-32 低温地面辐射供暖系统分室控温，按户计量室温控制宜采用什么方法？

分室控温是在按户计量的基础上，对各个主要房间的室内温度进行自动控制。室温控制宜采用以下方法：

(1) 采用可编程恒温控制器，通过远程设定型恒温阀阀头控制室内温度。在分水器的每个环路的出口处设置电动调节阀，该阀根据房间内温度传感器的信号自动改变开度，调节相应回路加热盘的热媒流量，使室温保持在设定值。

(2) 在分水器的每个供水环路的始端设置分体式直接作用式恒温控制阀，将温控器装置在被控房间内，通过预埋导线与控制阀相连，控制阀根据温控器的信号自动调节其开度。

(3) 采用直接作用温控阀调节室内温度：在需要控温房间的加热盘管上装上直接作用式恒温控制阀。

为了测得比较有代表性的室内温度，作为温控阀的动作信号，温控阀或温度传感器应安装在室内离地 1.5m 处。因此，加热管必须嵌墙抬升至该高度处。由于此处极易积聚空气，所以要求直接作用恒温控制阀必须具有排气功能。

(4) 选择户内有代表性的房间设置房间温度控制器，通过该控制器设定和监测室内温度；在分水器前的进水支管上，安装电热（热敏）执行器和两通阀。房间温度控制器将监测到的实际室内温度与设定值比较后，将偏差信号发送至电热（热敏）执行机构，从而改变二通阀的阀芯位置，改变总的供水流量，保证房间所需的温度。

8-33 既有住宅和既有公共建筑的室内供暖系统改造可采用哪些形式？

既有住宅和既有公共建筑的室内供暖系统改造可采用以下几种形式：

(1) 原系统为垂直单管顺流系统时，宜改造为在每组散热器的供回水管之间均设跨越管（或装置 H 分配阀）的系统。

(2) 原系统为垂直双管系统时，宜维持原系统形式。

(3) 原系统为单双管系统时，既有住宅宜改造为垂直双管系统或改造为在每组散热器的供回水管之间均设跨越管（或装置

H分配阀）的垂直单管系统；既有公共建筑宜维持原系统形式。

（4）当室内管道更新时，既有住宅的以上三种原有系统形式也可改造为设共用立管的分户独立系统。

（5）原系统为低温热水地面辐射式供暖系统时，应需在每一分支环路上设置室内远传型自力式恒温阀或电子式恒温控制阀等温控装置。

8-34 什么是气候补偿系统？其功能是什么？

建筑物的耗热量因受室外气温、太阳辐射、空气湿度、风向和风速等因素的影响时刻都在变化。要保证在上述因素变化的条件下，维持室内温度恒定（如18±2℃）或满足用户要求，供热系统的供回水温度就应在整个供暖期间根据室外气象条件的变化进行调节，以使锅炉供热量、散热设备的放热量和建筑物的需热量相一致，防止用户室内发生室温过低或过高的现象。通过及时而有效的运行调节可以做到在保证供暖质量的前提下，达到最大限度的节能。室外温度的变化决定了建筑物需热量的大小和能耗的高低，运行参数必须随室外温度的变化每时每刻进行调整，始终保证锅炉房的供热量与建筑物的需热量相一致，只有这样才能实现最大限度的节能。每个锅炉房供暖系统都应该按本系统的运行曲线去运行，这条曲线才是该锅炉房的最佳运行曲线。气候补偿系统是给锅炉房供暖系统提供最佳运行曲线的控制系统。

气候补偿系统可实现的功能如下：

（1）根据室外温度的变化控制和调节输送给用户的供水温度，避免发生用户室温过高的现象，造成能耗增加。

（2）充分利用太阳辐射热和人的活动规律进行时间控制。

（3）根据室外温度的变化，实现对运行曲线的自动分段调整。

（4）根据每个锅炉房的设备和围护结构状况，可随时、方便地进行调整。

（5）锅炉在较高的回水温度下运行，避免冷凝水的出现，防止锅炉腐蚀，延长锅炉使用寿命。

8-35 如何实现供水温度自动控制?

（1）供水温度自动控制技术可用于热源和热力站等处，通过对供水温度进行自动控制，减少供暖能耗、改善输配管网的运行工况。

（2）对于直接供暖系统来说，锅炉房内没有换热器，锅炉与输配管网不分开。锅炉的供水直接提供给最终用户，如图 8-2 所示。

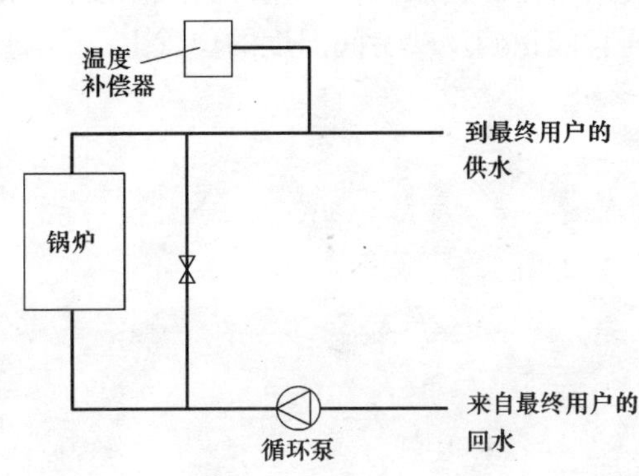

图 8-2 直接连接系统的供水温度自动控制

图 8-2 中包括两种控制：

1）气候温度补偿器根据室外温度，控制锅炉出水温度。首先测得室外温度，根据室外温度计算出锅炉出水温度，如实际温度比计算温度低，则增加燃料供给量；反之，减小燃料供给量。

2）锅炉旁通就是把部分锅炉回水送到锅炉出水管上，通过调节出水和回水的比例调节锅炉供水温度。例如，锅炉设计出水温度 95℃、进水温度 55℃，而所需供水温度 85℃。这时调节锅炉旁通，把部分进水旁通到供水管上，调节供水温度至 85℃。

（3）间接连接系统就是在热源和末端用户之间增加换热设备

（热力站），热源与热力站的循环为一次侧管网，热力站与末端用户之间的循环为二次侧管网。换热设备把一次管网的热量传递到二次管网。在热力站安装自动控制装置可以增强换热器的换热效果，提高热力站的供暖效率，实现供暖的量化管理，保证按需供暖。

8-36 恒温阀安装要点是什么？

（1）恒温阀的规格、数量应符合设计要求。

（2）明装散热器恒温阀不应安装在狭小和封闭空间内，其恒温阀阀头应水平安装，且不应被散热器、窗帘或其他障碍物遮挡。

（3）暗装散热器的恒温阀应采用外置式温度传感器，并应安装在空气流通且能正确反映房间温度的位置上。

九、建筑空调、通风节能技术

9-1 什么是空调系统？常用的空调系统有哪些？

空气调节（简称空调）是使房间或封闭空间的温度、湿度、洁净度和空气流动速度等参数，达到给定要求的技术。以空气调节为目的而对空气进行处理、输送、分配，并控制其参数的所有设备、管道及附件、仪器仪表的总和称为空调系统，它同时包含了供暖的功能。

常用的空调系统按其空气处理设备的设置情况，可分为集中式空调系统、分散式空调系统和半集中式空调系统。

9-2 什么是中央空调？

通过集中冷热源、输送设备、管网及末端处理设备向建筑物提供冷量或热量的系统；冷热源以某种介质作为冷量或热量的载体，在吸热或放热过程中产生冷量和热量。

通常换热的介质有水、制冷剂或空气。

9-3 常用的空调冷热源有哪些？

冷源：冷水机组、风冷（热）泵、水源（土壤）热泵、溴化锂吸收式制冷机组。

热源：热电厂余热（蒸汽和热水）、区域锅炉房（蒸汽和热水）、工业余热、地热水供热、热泵机组、溴化锂吸收式制冷机组。

9-4 空调系统节能的意义是什么?

目前空调系统主要用于公共建筑，在公共建筑的全年能耗中，暖通空调消耗的能量，约占到50%～60%。因此如何降低公共建筑的能耗水平，空调系统的设计、运行控制就尤为重要。

9-5 什么是空调节能技术?

目前，我国应用最多的集中式形式为全空气空调系统，而半集中式形式则为风机盘管加新风的空调系统。要实现空调系统的节能，主要从以下两个方面考虑：一方面是提高中央空调系统的运行效率，另一方面是对系统运行过程中的能量予以回收（包括可再生能源的利用）。

系统节能的理念在新的空调系统设计和系统的改造过程中就需要渗透，如果系统和设备选择不当，则系统节能无从谈起。但即使设计合理，但运行不当，也难以达到设计时的节能目标。因此，设计与运行是相辅相成的两个方面。

空调节能主要指对控制室内温、湿度的空调系统及设备采用先进技术或合理方式以达到节约能耗目的。空调节能技术可从以下几个方面进行：

（1）合理地控制室内参数，减低空调冷负荷。在空调设计时合理地选择室内设计温度和湿度，避免夏季盲目低温和冬季采用过高温度。在风机盘管加新风系统中设置新风调节阀，避免新风量不均。设计中避免送风温度过低，因为当送风温度由18℃降到14℃时，在同样的房间温度（26℃，相对湿度50%）下，处理送风的能耗会增加25%。

（2）提高输配系统的效率。设计时合理地选择水泵的扬程，如果扬程过高时，系统阻力无法消耗时，靠减小阀门开度来调节系统的水力平衡，使得系统的能耗过多地消耗在阀门和过滤器上。适当采用二级泵系统，通过二次泵调整系统的流量和负荷。在送风系统设计时应确定合理的流量及余压，使风机工作在高效区，也可通过变频设备调整风量和负荷需求。

（3）提高制冷系统的效率。在制冷机负荷相同的情况下，冷冻水温度越高，冷却水温度越低，制冷机的效率越高，因此应选用合理的冷冻水温度，并尽量选用高效冷却塔，降低冷却水温度。合理地调配冷却塔的运行，设置连动装置，避免冷却塔停风机而不停水。

（4）充分利用天然能源。在过渡季节充分利用新风，并且合理地使用热回收装置。例如在有内外区的大型建筑回收内区余热量或从排风系统中回收能量，用以对新风进行预处理。

（5）采用蓄冷系统。在实施峰谷电价的地区，可利用低电价时段采用冰蓄冷系统和水蓄冷系统。

（6）在使用条件、使用功能同步的地区或项目采用热电联产三联供。在项目初期通过合理的规划是可以确保节能效果的。

（7）采用变频技术

空调系统变频技术主要有两种形式：用变速泵和变速风机替代调节阀，减少系统内部消耗，提高整机效率，或者采用变流量技术，根据空调负荷改变水流量或风流量。实行变流量调节不仅可防止或减少运行调节的再热、混合等损失，而且由于流量随负荷的减少而减少，使输送动力能耗大幅度降低，节约风机和水泵耗电量，因而能有效地节能。变流量系统分为变风量系统（VAV）和变水量系统（VWV）。

9-6 如何确保空调系统的节能效果？

（1）设计前期与建筑协调配合，做好负荷模拟，有条件的应对同地域同类项目进行负荷调研，合理配置冷热源负荷，确定系统方式、输送方式、末端设备。

1）合理配置冷热源

空调系统冷热源的合理选择不但直接关系到空调系统能否可靠地供冷、供热，而且也对空调节能与能源合理利用意义重大。选择合适的冷热源涉及能耗、经济性、安全可靠性等综合因素，还要考虑建筑物所在地的气象条件、对环境的影响、空调系统有无采用余（废）热回收的可能等问题。

冷热源单台容量和台数的选择，应能适应空调负荷全年的变换规律、季节及部分负荷的要求。

设备及系统都应满足现行规范的各种性能参数要求。

2）确定系统方式、输送方式、末端设备

空调系统节能运行的好坏取决于系统方式、输送方式、末端设备的形式；良好的系统可保证不同区域、不同使用功能的运行调整和控制，可达到按需、按时提供负荷需求。

（2）空调系统的优化设计

在既要节能，又要保证室内空气品质的前提下，风量可调的置换式送风系统、冷辐射吊顶系统、结合冰蓄冷的低温送风系统、蒸发冷却和去湿空调系统以及冷却塔供冷系统（又称免费供冷系统）、根据工位需求的送风系统在国外绿色办公建筑中已成为流行的空调方案。系统的合理分区以及大温差技术也在空调节能中占有非常重要的地位。

（3）施工时应确保设计要求的落实，校核设备，特别是水泵、风机的扬程、余压，降低不必要的能耗损失。确保材料、特别是保温材料的质量和施工质量；系统必须进行平衡调试，确保系统的运行质量。

（4）设置热能回收装置

空调系统耗能的特点之一是大量余热的浪费。热回收装置可在空调系统运行过程中，使状态不同（载热不同）的两种流体，通过某种热交换设备进行总热（或湿热）传递，不消耗或少消耗冷（热）源的能量，完成系统需要的热、湿变化过程，从而达到节能的目的。在建筑物的空调负荷中，新风负荷所占比例比较大，一般占空调总负荷的 20％～30％ 。为保证室内环境卫生，空调运行时要排走室内部分空气，必然会带走部分能量，而同时又要投入能量对新风进行处理。如果在系统中设置能量回收装置，用排风中的（热或冷）能量来处理新风（冷或热），就可减少处理新风所需的能量，降低机组负荷，提高空调系统的经济性。目前常用的做法有转轮式余热交换器、板式换热器、热管换热器、建筑结构蓄热（冷）、热回收环路热泵系统等热回收装置和系统。其中前四种属于直接接触式热回收装置，热回收式热泵则为间接式热回收装置。如果热泵与直接接触式热回收设备联合使用，其热回收效率比单一设备要高得多。工程中有转轮式热回收与热泵的联合工作系统，热管热回收与热泵的联合工作装置等。热回收系统目前在国外特别是在日本应用得相当普遍。

（5）空调系统的节能控制

自动控制技术是使空调系统能够高效节能运行的不可或缺的组成部分。一个可靠、精确、具有智能功能的计算机检测与控制系统可以依据室外气象条件与室内热湿负荷，在满足使用要求的前提下，确定最佳节能温、湿度控制方案和最节能的空气处理过程，使空调系统自动运行在最节能工况下。采用先进的控制设备，开发并利用功能强大、界面友好的控制软件也是保证空调系统节能运行的有效措施。例如，采用自适应控制与模糊控制等高级控制软件，减少调试工作量，提高控制精度，从而扩大温、湿度的允许控制范围，达到优化节能的目的。

设计冷热源设备的调控策略时，应根据不同的使用工况确定运行时间和方式，防止设备长期在低负荷下运行、避免设备频繁启停，提高系统运行效率、减少能源消耗。

9-7　什么是空调、采暖设备能效比?

能效比是空调、采暖系统或设备能源利用效率的量化指标（对于锅炉供热系统常用热效率指标）。用公式表示为：

$$EER=Q/E$$

式中 EER——空调采暖设备的能效比；

Q——空调采暖设备提供的冷（热）量；

E——空调采暖设备提供冷（热量）时所消耗的能量，多数情况为电能。

显然，能效比越高，满足相同的冷（热）量需求所需要消耗的电能越少。提高空调系统能效比是节约空调能耗、实现建筑节能的重要途径。

空调系统或设备的能效比除了受系统或设备本身的构造形式、工作原理的影响外，还与它工作的环境条件有关系。例如，空气源热泵空调器，夏季制冷时室外空气温度越低、室内空气设定温度越高，能效比越高；冬季制热时室外空气温度越高、室内设定温度越低，其能效比就越高。如空调在室外温度 30℃、室内温度 28℃时的能效比要比室外温度 37℃、室内温度 25℃的能效比高。所以，通常设备所标明的能效比都是指在某一个规定的工作条件下（称为额定工况）的能效比，《房间空气调节器》（GB/T 7725—2004）规定的房间空调器的额定制冷工况为室内空气干球温度 27℃、湿球温度 19.5℃，室外空气干球温度 35℃、湿球温度 24℃。同理，对于地源热泵这样的与土壤进行换热的空调系统，土壤的温度状况对系统能效比的影响与室外空气对空气源热泵的影响相类似。

9-8 空调系统的节能评价指标有哪些？

（1）空调系统的节能评价指标主要有制冷机的运行性能系数 *COP*、水泵的运行效率、风机的运行效率、水系统的输送系数 *WTF*、全空气系统输送系数 *ATF*、冷站能效比 *ECP* 等。

（2）主要评价指标

1）制冷机的运行性能系数 *COP*：在运行工况下制冷量与其消耗能量之比；其值越高，设备能效越好。

2）各种冷水（热泵）机组制冷性能系数 *COP* 见表 9-1 所列。

冷水（热泵）机组制冷性能系数　　　　表 9-1

类　型		额定制冷量 *CC*(kW)	性能系数 *COP*(W/W)
水冷	活塞式/涡旋式	<528 528～1163 >1163	3.8 4.0 4.2
	螺杆式	<528 528～1163 >1163	4.10 4.30 4.60
	离心式	<528 528～1163 >1163	4.40 4.70 5.10
风冷或蒸发冷却	活塞式/涡旋式	<50 >50	2.40 2.60
	螺杆式	<50 >50	2.60 2.80

3）水系统的输送系数 *WTF*：水系统干管输配的总冷（热）量与水系统干管循环水泵的耗电量之比（kW/kW），它的大小是检验供回水温差、水力平衡计算及水泵选择是否经济合理的综合指标。按节能标准规定：空调供冷 *WTF* 不应小于 30；冬季供暖、寒冷和夏热冬冷地区不应小于 150。

4）全空气系统输送系数 *ATF*：风系统输配的总冷（热）量与风系统输送风机（排风机）的耗电量之比。

5）冷站能效比 *ECP*：冷水机组的瞬时供冷量与空调系统冷站设备的瞬时总功率之比，参考值为 2.2～4.0。

9-9 综合部分负荷性能系数值（IPLV）？

空调系统运行时，除了通过运行台数组合来适应建筑冷量需求和节能外，在相当多的情况下，冷水机组处于部分负荷运行状态，为了控制机组部分负荷运行时的能耗，有必要对冷水机组的部分负荷时的性能系数（*IPLV*）做出一定的要求。

蒸汽压缩循环冷水（热泵）机组综合部分负荷性能系数计算的根据：取我国典型公共建筑模型，计算出我国 19 个城市气候条件下，典型建筑的空调系统供冷负荷以及各负荷段的机组运行小时数，参照美国空调制冷协会《采用蒸气压缩循环的冷水机组》（ART 550/590—1998）标准中综合部分负荷性能 *IPLV* 系数的计算方法，对我国 4 个气候区分别统计平均，得到全国统一的 *IPLV* 系数值（表 9-2）。

冷水（热泵）机组综合部分负荷性能系数　　表 9-2

类型		额定制冷量 *CC*/(kW)	综合部分负荷性能系数 *IPLV*/(W/W)
水冷	活塞式/涡旋式	＜528 528～1163 ＞1163	—
	螺杆式	＜528 528～1163 ＞1163	4.47 4.81 5.13
	离心式	＜528 528～1163 ＞1163	4.49 4.88 5.42
风冷或蒸发冷却	活塞式/涡旋式	＜50 ＞50	—
	螺杆式	＜50 ＞50	—

注：*IPLV* 值是基于单台主机运行工况。

9-10　空调系统划分的原则是什么？为什么这样划分？

为了最大限度地节省输送能耗，空调系统的划分不应过大，且应尽可能以水代气进行能量的传送。

在标准状态下，水的比热是空气的 4.2 倍左右，而水的比容只有空气的 1/773 左右，即 $1m^3$ 水能比同容积的空气多携带 3000 多倍的热量。

9-11　空调水系统节能运行基本要求是什么?

（1）冷冻水和冷却水泵开启台数与开启制冷机的数量相等。应按设计要求，在制冷机开启时只开启相应的冷冻泵和冷却泵。

（2）冷冻泵、冷却泵实际运行效率不宜小于 60%。

（3）对于运行效率小于 60%的水泵，宜根据实际运行工况参数（扬程、流量）重新调整或更换水泵。

（4）应对水泵进行调整使系统达到工况点，不宜通过调节制冷机房内的阀门控制总流量大小。

（5）冷冻水供回水温差宜大于 4℃；当冷冻泵、冷却泵可变频调节时，应对其转速进行控制，使冷冻水、冷却水的供回水温差不应小于 4.5℃。

（6）当采用二级泵系统时，二次侧冷冻水供回水温差不应小于 4℃。

（7）冬季供暖工况下，热水供回水温差不宜小于 8℃。

9-12　多台制冷机组单台运行时为什么应关断未运行机组的相关阀门?

多台制冷机组单台运行时，经常会出现其他机组的冷冻水、冷却水进水阀门不关断的现象，这样就形成冷冻水、冷却水通过未运行机组旁通，供水质量发生变化，提升供水温度，降低实际运行冷机的效率。因此实际运行时应避免冷冻水、冷却水通过停机的机组旁通，应关断相关阀门。

9-13　空调冷、热水系统的节能设计应注意哪些?

空调冷、热水系统的设计应符合以下规定：

（1）应采用闭式循环水系统。

（2）只要求按季节进行供冷和供热转换的空调系统，应采用两管制水系统。

（3）当建筑物内有些空调区需全年供冷水，有些空调区则冷、热水定期交替供应时，宜采用分区两管制水系统。

（4）全年运行过程中，供冷和供暖工况频繁交替转换或需同时使用的空调系统，宜采用四管制水系统。

（5）有条件的项目应尽量采用南北、东西管网分设或加装控制调节阀门，以确保负荷需求和不必要的能耗损失。

我国近几年的公建项目采用玻璃幕墙的结构较多，受辐射热的影响，造成南北、东西温差很大，空调负荷需求不一致的现象较大，靠空调末端调整较难，造成能耗损失大，而令使用者舒适度降低。

（6）中、小型工程、系统较小或各环路负荷特性或压力损失相差不大时，宜采用一次泵系统；在经过充分的技术论证（包括设备的适应性、控制系统方案等）、确保运行安全可靠且具有较大的节能潜力和经济性的前提下，一次泵可采用变速调节的方式。

（7）系统较大、阻力较高、各环路负荷特性或压力损失相差悬殊时，应采用二次泵系统；二次泵根据流量需求的变化采用变速变流量调节方式。

（8）冷水机组的冷水供、回水设计温差不应小于5℃。在技术可靠、经济合理的前提下宜尽量加大冷水供、回水温差。

9-14 空调冷却水系统设计应符合什么要求？

空调冷却水系统设计应符合下列要求：

（1）空调冷却水系统应具有过滤、缓蚀、阻垢、杀菌、灭藻等水处理功能。

（2）冷却塔应设置在空气流通条件好的场所，保证达到设计要求的冷却效果，降低能耗。

（3）冷却塔补水总管上设置水流量计量装置。

9-15 冷冻水的供回水温差应如何确定？为什么？

在不影响制冷效果的情况下，适度提高冷冻水出水温度。水泵的循环水量与供回水温差有关，温差越大，循环水量越小，可降低水泵能耗；温差根据使用功能和所在地区及温、湿负荷、制冷设备确定，常规温差为5℃，可调至7～10℃。

9-16 何为冷却塔供冷系统（又称免费供冷系统）？

冷却塔供冷系统是在室外条件满足冷却塔换热需求时，通过冷却水系统换热供给室内冷量的系统。主要适用于长江以北地区、冬季或过渡季需要供冷、有内外区的建筑。系统需要设置季节供冷切换装置，主要需注意冷却水的污物处理，合理选择换热设备。

9-17 为什么空调供暖水系统定压优先考虑高位水箱？

高位水箱定压主要有运行可靠、经济，且减少了补水泵、降低了能耗的作用；但定压点应设置在合理的位置。

9-18 空调风系统节能运行要点是什么？

（1）间歇运行的空调系统宜在使用前30min启动空气处理机组进行预冷或预热，此时关闭新风风阀，预冷或预热结束后开启新风风阀；宜在使用结束前15～30min关闭空气处理机组。

（2）年运行时间超过1200h、风机功率大于5kW的全空气空调系统的空气处理机组风机宜采用变频控制，空调系统最小风量应满足气流组织和风机正常运行的要求。

(3) 人员密度相对较大且变化大的房间，宜采用新风需求控制。

(4) 为保持空调运行期间建筑物内部风平衡，应合理控制新风机组和排风机的运行，防止外窗开启，减少无组织新风，同时防止楼梯间、电梯间等非空调空间与空调空间的不合理空气流动。

(5) 当空调系统所负担区域与厨房、车库等需长时间、大量排风的空间相连时，应通过自动闭门器等装置切断相连空间。对与空调空间相连的厨房、车库等空间，应设置送风机，保持与排风机联动，维持厨房、车库等微负压。

(6) 在室外温度适宜时，如春秋季、夏季夜间，应充分利用新风降温、蓄冷，减少机械制冷运行时间。

(7) 局部热源的热量应通过局部排热系统就地排除，防止进入空调区域带来不必要的空调负荷。

(8) 排风热回收装置应正常运转，空调系统运行时应开启热回收装置，保证新、排风道风阀开关位置正确。过渡季节利用新风降温时，如设有旁通措施，应采取旁通运行。

9-19 新风的作用和新风的必要性是什么？为什么要合理控制新风？

在空调环境中，由于人为的保温保湿等措施，环境内外空气不能自然对流交换，必须人为地送入外界自然空气以保持环境内空气品质的要求，送入的空气称之为新风。空调系统需要的新风，就是要消除空气污染，满足室内人员的卫生要求，同时补充室内排风和保持室内正压。由于集中空调用新风是需要将不同季节的室外空气通过空调机组处理到室内需求温湿度，新风量的多少将影响空调负荷和能耗。因此新风的送入不仅仅是送风设备的耗能问题，而是大流量的连续送入的新风调温调湿大量耗功的问题，它在整个空调耗能中占有相当大的比例。新风既是必需的，又要力求少耗能，因此必须予以充分地重视。

9-20 新风应如何选取？

目前大多数空调系统采用的是前面所述的混合式系统。对于这种系统来说，如何在设计和全年的运行中确定新风量的大小，使之既满足室内空气环境的要求，又达到最大限度地节能，是需要认真分析的。

在设计空调系统或进行系统改造时，新风值的选取可以依据以下原则。

（1）按空调环境人群的密集程度和人员的活动状态确定平均每人需新风量（m^3/h·人）值。对于建筑设计新风量的确定，应该根据建筑的功能，依据我国相关的规范标准执行。

（2）依据空调环境的功能及要求

如果工艺流程的生产车间、冷库库房等是人少或无人的空间环境，则可根据环境实况总体确定通风量。如果是有工作人员的环境，则应在保证人员的正常需要及舒适性要求，按人确定风量值，以确保供氧及降低有害气体浓度比，从而达到要求。

（3）依据新风的布局和调节形式

应按照全置换换气、局部置换换气或混合调节换气与射流送风等不同形式而采用不同的供新风量值。

（4）有条件的项目应按季节设置新风设备，加装变频控制，在保证基本新风标准的同时，在过渡季节通过新风调节室内负荷。

9-21 分区空调的意义？

同一建筑物内平面和竖向各房间空调负荷差别很大，各房间的用途和使用时间不尽相同，而且有时整个建筑物的空调容量很大，因此，用一个系统来解决是不合理的。为使空调系统既能保证不同房间要求的室内空气参数，又做到经济运行，就需要将系统分区。系统分区主要考虑的因素有：房间的温湿度标准、负荷特性、建筑高度、使用时间、空调设备容量、节能管理方便等。

对于大型建筑来说，周边区（进深 6m 左右的区域）受到室外空气温度和日照辐射的影响较大，冬夏季空调负荷随室外气象条件变化，一般夏季需要供冷而冬季需要供热；内部区由于远离外围护结构，室内人体、照明及设备的散热可能全年都需要供冷。因此，通常将建筑在立面上分为周边区与内部区，针对各区负荷的特点分别进行空调分区。周边区由于日射负荷随时间的变化很大，故常按东西南北等朝向进行分区。

除了按朝向分区外，还按建筑物各房间的不同用途、不同的使用时间进行分区。例如，对办公建筑而言，可按办公室、会议室、食堂、活动室等分区，设置不同的空调系统；对旅馆建筑客房是全天使用的，其他如餐厅、宴会厅商店等公用部分并非天使用，就应划分不同的空调系统；对医院来说，把洁净度相同的房间划分为一个区，可按手术室、新生婴儿室、病房、办公楼分别设置空调系统。进行空调分区，不仅能有效地满足各性质、用途房间的使用要求，而且有利于节约空调能耗并便于维护管理。

9-22　怎样降低空调风机能耗?

在集中空调系统中，全空气系统风机能耗是总能耗的重要组成部分。风机的作用是促使待处理的空气流经空气处理设备（如空调机组中的表冷器、风机盘管中的盘管换热器）时，进行强制对流换热，将冷冻水（或热水）携带的冷量（或热量）取出，并将处理好的空气输送至空调房间，用于消除房间的热湿负荷。被处理的空气可以是室外新风、室内循环风、新风与回风的混合风。此外，风机还用来为系统引入新风或进行排风。

降低风机能耗的主要措施有：

1. 正确选用空气处理设备

在中央空调系统中，用得最多的是新风加风机盘管系统和全空气系统。组合式空调机组和风机盘管是最常用、最主要的设备，风机一般也都安装在这些设备内部。

(1) 选用空调机组（包括新风机组、变风量机组及组合式空调机组）时，应注意机组风量、风压的匹配，选择最佳状态点运行，不宜过分加大风机的风压，风压提高，风机耗功率显著增加。应选用漏风量及外形尺寸小的机组。国家标准规定在 700Pa 压力时的漏风量不应大于 3%，目前，很多厂的产品漏风量均在 5%以上，有的高达 10%。实测证明：漏风量 5%，风机功率增加 16%；漏风量 10%，风机功率增加 33%；漏风量达到 15%时，风机功率增加 50%。选择机组时应校核和比较 ATF 的大小，选择 ATF 较大的机组。

(2) 选择风机盘管时，应选用单位风机功率供冷量大的机组。有关资料统计了国内 13 个厂家的产品，单位风机功率供冷量平均值为 58.6W/W，最大的为 75W/W，最小的为 48W/W；可见，现有产品的性能参差不齐，选择时应注意甄别。另外，目前国内风机盘管样本值与测试值差距较大，在选用时一定注意选择经国家空调设备检测中心抽检合格的产品。

2. 应用变风量系统

变风量系统于 20 世纪 60 年代在美国诞生。其基本技术原理很简单：通过改变送入房间的风量来满足室内变化的负荷。由于空调系统大部分时间在部分负荷下运行，所以，风量的减小就带来了风机能耗的降低。

由于变风量系统通过调节送入房间的风量来适应负荷的变化，同时在确定系统总风量时还可以考虑一定的同时使用情况，以能够节约风机运行能耗和减少风机装机容量。变风量系统属于全空气系统，它还可以在过渡季节利用新风消除室内负荷。变风量系统也存在一些缺点，如：在系统风量变小时，有可能满足不了室内新风量的需求，影响房间的气流组织；在湿负荷变化较大的场合，难于保证室内的湿度要求；系统的控制要求，且系统运行难于稳定，噪声较大，投资较高等。这些缺点是导致变风量系统在我国应用不广的原因，但不能因而抹杀变风量系统的节能特性。只要设计者在设计时周密考虑，并设置合理的自动控制措施，就可以达到既满足使用要求又节能的目的。

风机的输入功率与风量和全压的乘积成正比，风机工作时的风量和全压由风机性能和管路特性决定。所以，减小送风量所取得的降低风机能耗的效果与风机工况的调节方法有关。通过电动机变频改变风机的转速，从而减小送风量，可以使风机消耗的功率近似按风量的三次方下降；如果通过调节管路中的阀门等手段来减小风量，由于此时风机的全压一般还略有上升，其能耗的降低就远不如变频调速明显。

3. 通过良好的气流组织设计，提高冷空气的利用效率

空调房间并不是每一处空间都需要空调的。通过良好的气流组织设计，只对需要空调的区域送风，或使送风先到达用风地点，吸收热湿负荷后再经过其他区域。这样，不仅减少了送风量，节省了风机能耗，还降低了空调房间的耗冷耗热量。

例如，在高大厂房中，通过一定的气流组织设计，形成只对下部工作区给予空调，而对上部大空间不给予空调的分层空调；又如置换通风，将新鲜空气直接送入工作区，吸收人员与设备散发的热量及污染物后温度上升，经顶部的排风口排出室外。这样，在房间内工作区温度低、空气较新鲜而上部空气温度及污染程度高，送风的利用效率高。

4. 在冰蓄冷空调系统中应用低温送风

为平衡峰谷电力负荷，蓄冰空调系统在我国应运而生，实际工程中有一定应用。冰蓄冷系统能提供3℃的低温冷冻水，为采用低温送风系统提供了条件。从集中空气处理机组送出温度较低的一次风，经高诱导比的末端送风装置送入空调房间，即构成了低温送风系统。

低温送风系统一次风的送风温度一般在3～11℃之间。与常规空调系统相比，低温送风系统降低了送风温度，可以采用较大

的送风温差，从而减少了一次送风量，相应降低了风机能耗。当然同时也减小了一次风处理设备、送风机及相应的送风管道的初投资。

9-23 怎样降低空调水泵能耗？

水泵运行时所需的输入电功率的计算式为：

$$N=H\times G/102\times \eta$$

式中 N——水泵的输入电功率（kW）；

G——水泵工作时输送的流量（103kS/s）；

η——水泵的效率，一般情况下变化不大，为 0.5～0.60；

H——水泵扬程。

可见，水泵消耗的功率与流量和扬程的乘积成正比。而且，在特定的管路系统中，水泵流量和扬程之间存在一定的关系。

1. 选用水泵时，应避免水泵的额定流量和额定扬程比实际需要高出太多。

如果水泵的额定流量与扬程比实际需要大很多，就会导致系统运行时出现“大流量、小温差”（即系统循环流量很大、供回水温差却很小）的情况，从而增加了水泵的能耗。

2. 应注意分支环路的水力平衡

设计时各分支环路之间的阻力平衡计算是减轻系统运行时水力失调的必要步骤。在一些大的水系统中，设计计算时常常没有对每个环路进行水力平衡，对于压差相差悬殊的环路多数也不采用设置平衡阀等技术手段，施工安装完毕之后一般又不进行任何调试，运行时环路之间出现了水力工况、热力工况失调现象。而大循环流量在一定程度上能缓解这种失调现象，所以很多单位对大流量问题听之任之，甚至有人通过增大循环流量来作为解决失调问题的“技术手段”。因此《公共建筑节能设计标准》（GB 50189—2005）规定，要求对空调供冷、供暖水系统，不论是建筑物内的管路，还是建筑物之外的室外管网，均需按设计规范要求进行认真计算，使各个环路之间符合水力平衡要求。考虑到设计时难以做到各环路之间的严格水力平衡，以及施工安装过程中存在的种种不确定因素，实际运行时系统各部分负荷状况变化等因素，在系统投入运行之前必须进行调试。所以在设计时必须设置能够准确进行调试的技术手段，比如，在各环路中设置平衡阀等装置，以确保在实际运行中各环路之间达到较好的水力平衡，工程实践证明，这是成功的做法。

3. 必要时设置二次泵

当遇到某个或某几个支环路比其余环路压差相差悬殊，则这些环路就应增设二次循环水泵，以避免整个系统为满足这些少数高阻力环路需要，而选用高扬程的总循环水泵。这种做法属于对某些回路增设加压水泵，不同于变流量双级泵系统。

4. 采用变流量水系统

在大规模的空调水系统中，为了节能，已经很少采用定水量系统。建筑物的空调负荷是变化的，大部分时间的实际负荷小于设计负荷值，即空调系统大部分时间处于部分负荷运行状态。如果维持设计循环水供回水温差不变，水泵的运行流量大部分时间可以低于设计流量值，从而减少能耗，这就是变流量水系统。循环水泵的输入功率与流量和扬程的乘积成正比，水泵工作时的流量和扬程由水泵的性能和管路的特性决定。所以，通过减小循环流量所取得的降低水泵能耗的效果与水泵工况的调节方法有关。如果通过调节管路中的阀门等手段来减小流量，由于此时水泵的扬程一般还略有上升，其能耗的降低就远不如变频调速明显。

5. 当制冷系统采用水冷式制冷机组时，还存在冷却水泵的能耗问题

由于冷却水系统简单，只要水泵的流量、扬程、台数选择合理，运行时按照需要进行台数调节，就能很好地控制水泵的能耗。

9-24 水泵及风机变频处理应注意哪些？

（1）根据项目的运行特点和设计数据确定。

（2）改造项目

应根据水泵、风机测试数据，经详细测算和综合技术经济比较后，确定实施更换水泵或加装变频设备，冷冻（却）泵应注意冷水机组的保护要求，以防止机组频繁启动而造成的设备损害，变频设备须加装谐波处理装置。

（3）空调冷冻水泵和供热热水循环泵应分别设置，空调二次泵系统的二次泵及供热系统热水循环泵可加装变频设备，变频设备须加装谐波处理装置。

9-25 什么是蓄冷和蓄热？

（1）将冷或热量在某一段时间内储存在某种介质或材料中，在另一时段释放出来的系统称为蓄冷蓄热储能系统（thermal storge systsm）。

（2）目前蓄冷或蓄热的时段是利用电网低谷负荷时（夜间），将冷量和热量通过水或凝固态相变材料的方式储存起来，在电网负荷高峰段日间（也是空调负荷高峰时段）部分或全部地利用储存的冷热量。由于空调能耗对电网负荷有很大的影响，因此，低能耗、可用电网低谷电的空调设备及相应的蓄冷技术和系统的研发就成为了近年来空调领域的热点，各种蓄冷装置也应运而生。由于潜热蓄冷有蓄冷密度高（即单位体积蓄冷量大），蓄、放冷过程近似等温的特点，因此潜热蓄冷更受青睐。

（3）蓄冷及蓄热的优缺点

1）减少空调制冷设备安装容量、降低系统运行费用的目的。

2）蓄冷空调从系统整体运行上是不经济、不节能的，但从社会统筹考虑，由于大量利用了电网低谷负荷，因而是较好的节能环保性系统。

3）系统初投资大；需要占据一部分机房空间（比常规机房大30%）；系统控制复杂；蓄冷（热）负荷需合理匹配。

9-26 何为低谷电价？

为了缓解电网负荷过重、负荷峰谷差大的矛盾，世界上不发达国家实行了电价时段分计制，即电负荷高峰段电价高，电荷低谷段电价低。这一政策，鼓励用户多用低谷电，少用高峰电。一方面，用户少交了电费，另一方面，减少了电网峰谷差。

9-27 什么是蓄冷空调系统？

蓄冷空调系统是当冷量以显然或潜热形式储存在某种介质中，并能够在需要时释放出冷量的空调制冷系统；通过制冰方式，以相变潜热储存冷量，在需要时融冰释放出冷量的系统称为冰蓄冷空调，利用水的显热储存冷、热量的系统称为水蓄冷、蓄热系统。

（1）采用冰蓄能系统时，有下面两种方案可供选择：全负荷蓄冷和部分负荷蓄冷。

1）全负荷蓄冷是将用电高峰期的冷负荷全部转移至电力低谷期，全天冷负荷均由蓄冷的冷量供给，用电高峰期不开冷水机组。

图9-1表示的是某一建筑仅在7：00～19：00时间段内有供冷的要求，全天的供冷量为面积A。采用全负荷蓄冷时，要将供冷量全部转移至电力低谷区，因此，低谷区的蓄冷量为$B+C$。由于在7：00～19：00时间段内不必开启冷水机组，其运行费就低，这是其主要优点。

但是，由于蓄冷的时间有限，要求其具有大的制冷能力，从而导致全负荷蓄冷系统所需的蓄冷介质的体积很大，设备投资

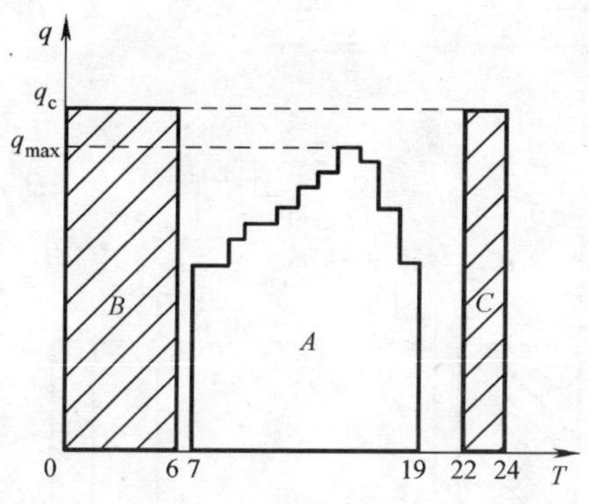

图 9-1　全负荷蓄冷

高昂且占地面积大，一般用在体育场、剧场等需要在瞬间放出大量冷量和供冷负荷变化相当大的地方。这种方式也常用于改建工程，它可利用原有的冷水机组，只需加设蓄冷设备和有关的辅助装置。

2）部分负荷蓄冷是只蓄存全天所需冷量的一部分，用电高峰期间由制冷机组和蓄冷装置联合供冷，这种方法制冷机组和蓄冷装置的容量小，技术经济合理。在新建的建筑中，这是经济上最实用且有效的方案。有工程实践表明，该系统的经济指标可在25%～35%之间。

图 9-2 表示的建筑也仅在 7：00～19：00 时间段内有供冷的要求，全天的供冷量为面积 A_1+A_2，其中 A_1 为冷水机组直接供冷部分，而 A_2 为蓄冷部分，则 $A_2=B+C$。

(2) 冰蓄冷系统的优点

1）减少一次电力初投资费用。由于制冷系统设备装机功率下降，变压器和高低压配电柜等费用均可减少。

2）用户可以利用分时电价政策，大幅节省运行费用。一般情况下，峰谷时段的电价比可达 3：1 或 4：1，因此每年节省的运行电费是相当可观的。

3）由于在空调负荷高峰时，可以依靠融冰来供冷，因此主

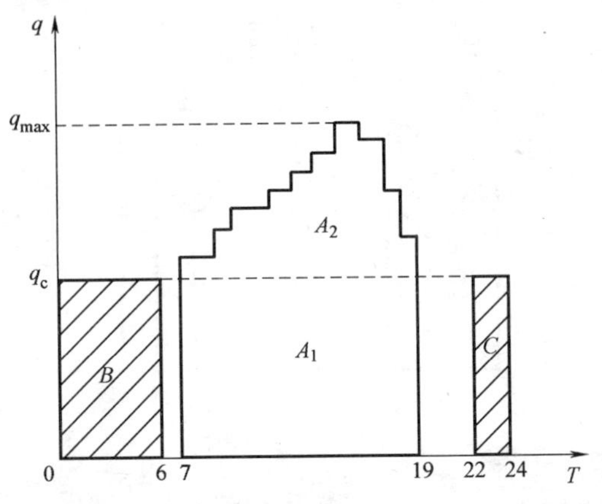

图 9-2　部分负荷蓄冷

机的装机制冷容量及其投资可以减少，减少的制冷主机装机容量和功率可达 30%～50%；相应地，也可以减少冷却塔和水泵等的装机容量、功率及其投资。

4）冰蓄冷系统除了具有较小的制冷设备装机容量，能经常在满负荷高效率下工作，均衡电网负荷，利用夜间廉价电力等优点外，与采用水蓄冷相比，还具有以下几个优点：

① 蓄冷池的容积小，造价低。因为冰的熔解潜热为335kJ/kg，所以冰的蓄冷量约为水蓄冷量的 18 倍，因而蓄存同样冷量所需容积较小。测试表明：如果蓄冷池容积中 10%的水结成冰，同样的蓄冷量，池子的容积仅为水蓄冷池容积的 32%，即缩小了68%。所以，对于不大的地下空间能作为蓄冷池用的建筑物或者老建筑物的改造，采用冰蓄冷显得更具有优势。

② 蓄冷池的热损失小。蓄冷池的热损失大小与池的表面积、蓄冷时间、池温与周围空气之间的温差成正比。冰蓄冷时，虽然池内冷水的温度低，池内外温差大，但由于池的容积减小，而使表面积减小，故冷损失小。冰蓄冷的冷量损失一般为蓄冷量的1%～2%，而相当的条件下水蓄冷的冷损失为蓄冷量的 5%～10%左右。

③ 可以采用闭式水系统以减少水泵输送能耗，并可以改善管道与设备的腐蚀问题，闭式水系统由于水质可以得到保证，受外界腐蚀的机会小。

④ 冰蓄冷水温在0～4℃左右，故送风系统可采用低温送风，风量及风机动力减小。冰蓄冷系统在夜间运行，因为晚间室外温度较低，冷凝温度较低，相应*COP*值较高。另外制冷机基本是在满负荷高效率下工作，设备利用率高。

9-28 空气调节与供暖的冷热源确定的原则是什么？

(1) 空气调节与供暖的冷、热源宜采用集中设置的冷（热）水机组或供热、换热设备。机组和设备的选择应根据建筑规模、使用特征，结合当地能源结构及其价格政策、环保规定按下列原则通过综合论证确定：

1）具有城市、区域供热或工厂余热时，应考虑作为供暖或空气调节的热源。

2）在有热电厂的地区，应考虑推广利用电厂余热的供热供冷技术。

3）在有充足的天然气供应的地区，应考虑推广应用分布式冷、热、电三联供和燃气空调技术，实现电力和天然气的削峰填谷，提高能源的综合利用率。

4）具有多种能源（热、电、燃气等）的地区，应考虑采用复合式能源供冷供热。

5）有天然水资源或地热源可供利用时，应考虑采用水（地）源热泵供冷供热。

空调供暖系统在公共建筑中是能耗大户，而空调冷热源机组的能耗又占整个空调供暖系统的大部分。当前各种机组、设备品种繁多，电制冷机组、溴化锂吸收式机组及蓄冷蓄热设备等各具特色。但采用这些机组和设备时都受到能源、环境、工程状况使用时间及要求等多种因素的影响和制约，为此必须客观全面地对冷热源方案进行分析比较后合理确定。

(2) 发展城市热源是我国城市供热的基本政策，北方城市发展较快，较为普遍，夏热冬冷地区少部分城市也在规划中，有的已在实施，具有城市或区域热源时应优先采用。我国工业余热的资源也存在潜力，应充分利用。

(3)《中华人民共和国节约能源法》明确提出："推广热电联产，集中供热，提高热电机组的利用率，发展热能梯级利用技术，热、电、冷联产技术和热、电 、煤气三联供技术，提高热能综合利用率。"大型热电冷联产是利用热电系统发展供热、供电和供冷为一体的能源综合利用系统。冬季用热电厂的热源供热，夏季采用溴化锂吸收式制冷机供冷，使热电厂冬夏负荷平衡，高效经济运行。

(4) 国家计委、国家经贸委、建设部、国家环保总局联合发布的《关于发展热电联产的规定》(计基础［2000］1268 号文)中指出："以小型燃气发电机组和余热锅炉等设备组成的小型热电联产系统，适用于厂矿企业、写字楼、宾馆、商场、医院、银行、学校等分散的公用建筑。它具有效率高、占地小、保护环境、减少供电线路损失和应急突发事件等综合功能，在有条件的地区应逐步推广。"分布式热电冷联供系统以天然气为燃料，为建筑或区域提供电力、供冷、供热（包括供热水）三种需求，实现天然气能源的梯级利用，能源利用效率可达到 80%以上，大大减少 SO_2、固体废弃物、温室气体、NOx 和 TSP 的排放，减少占地面积和耗水量，还可应对突发事件，确保安全供电，在国际上已经得到广泛应用。我国已有少量项目应用了分布式热电冷联供技术，取得较好的社会和经济效益。目前国家正在制定的《国家十二五规划》、《国家中长期能源规划》、《国家中长期科技规划》，都把分布式燃气热电冷联供作为发展的重点。

(5) 大量电力驱动空调的使用是导致高峰期电力超负荷的主要原因之一。同时由于空调负荷分布极不均衡、全年工作时间短、平均负荷率低，如果为满足高峰期电力需求大规模建设电厂，将会导致发输配电设备的利用率低、电网的技术和经济指标差、供电的成本提高。随着国家西气东输等天然气工程的建设，夏季天然气出现大量富余，北京冬季供气高峰和夏季低谷的供气量相差7～8倍。为平衡负荷，不得不投巨资建设调峰储气库，天然气输配管网和设施也必须按最大供应能力建设。在夏季供气低谷时，造成管网资源的闲置和浪费。可见燃气与电力都存在峰谷差的难题。但是燃气峰谷与电力峰谷有极大的互补性。发展燃气空调和楼宇冷热电三联供可降低电网夏季高峰负荷，填补夏季燃气的低谷，同时降低电力和燃气的峰谷差，平衡能源利用负荷，实现资源的优化配置，是科学合理利用能源的双赢措施。

（6）在应用分布式热电冷联供技术时，必须进行科学论证，从负荷预测、技术、经济、环保等多方面对方案作可行性分析。

（7）当具有电、城市供热、天然气、城市煤气等能源中两种以上能源时，可采用几种能源合理搭配作为空调冷热源，如电＋气、电＋蒸汽等。实际上很多工程都通过技术经济比较后采用了这种复合能源方式，投资和运行费用都降低，取得了较好的经济效益。城市的能源结构若是几种共存，空调也可适应城市的多元化能源结构，用能源的峰谷季节差价进行设备选型，提高能源的一次能效，使用户得到实惠。

（8）水源热泵是一种以低位热能作能源的中小型热泵机组，具有可利用地下水、地表水或工业余废水作为热源供暖和供冷，供暖运行时的性能系数 COP 一般大于4，优于空气源热泵，并能确保供暖质量。水源热泵需要稳定的水量，合适的水温和水质，在取水这一关键问题上还存在一些技术难点，目前也没有合适的规范、标准可参照，在设计上应特别注意。采用地下水时，必须确保有回灌措施和确保水源不被污染，并应符合当地的有关保护水资源的规定。

（9）采用地下埋管换热器的地源热泵可省去水质处理、回灌和设置板式换热器等装置。埋管换热器可以分为立式和卧式。我国对这一新技术还处于研究阶段，土壤热物性受地质条件影响，设计上应注意关键数据和设计方法。在工程实施中宜由小型建筑起步，不断总结完善设计与施工的经验。

9-29 什么是热泵技术？热泵原理与节能特性是什么？

(1) 热泵的构造、原理与制冷装置相同，它们都是在一定的能量补偿条件下（外部能源如空气、水、土壤等）将低温位热源的热量向高位热源转移的制冷制热装置。热泵技术依据的热力学原理完全相同，但因其使用目的不同，它们工作的温度范围也有所不同。制冷装置是消耗了电能从被冷却物体处取出热量，并维持这个低温来实现供冷，而热泵则是消耗了较少的电能，将低温位（环境）的热量连同压缩机工作消耗的机械功转换成的热量实现供热。

1) 在大自然中蕴藏着大量的较低温度的热能，而建筑供热最终需要的只是 20～25℃的低温热能。这种低温热能若是通过电锅炉加热或矿物燃料燃烧产生的高温热能来获得，则意味着大量可利用的高品位能的流失，把高品位的能量当做低品位能量使用，是“能质不匹配”，也是一种不可忽视的常规能源的浪费。

2) 供热用热泵的能耗比 *COP* 值（即建筑所获得的热能与热泵压缩机所消耗的电能之比）可达 3～6，即当驱动压缩机的功率为 1kW 时，可在高温热源处得到 3～6kW 的热能。所以，采用热泵技术为建筑物供热可节省燃料和电能的消耗，降低运行费用，节能效果突出。热泵若以太阳能、地热能为热源，即太阳能热泵和地源热泵，又可开发利用太阳能、地热能等可再生能源。

3) 建筑能耗主要是以供暖和空调为主，要减少建筑能耗在国家总能耗中所占的比例，就是要尽可能地利用大自然中蕴藏着的低温热能、太阳能、风能、地热能等可再生能源和节能热泵技术，替代常规能源——电能和煤炭、石油等矿物能，满足建筑物的供暖和空调要求。

(2) 建筑的空调系统一般应满足冬季的供热和夏季制冷两种

相反的要求。热泵技术使机组在夏季以制冷机模式运行，副产品是热水，可兼顾沐浴和其他生活用热水；在冬季以热泵供热的模式运行，所产的60℃左右热水可供沐浴用，也可作为供暖空调的热源。若热泵机组在夏季也以热泵供热的模式运行，除所产的60℃左右热水可供沐浴用之外，还可得到较冷空气或近冰点的冷水作为空调制冷的冷源。这样一机多用，灵活方便，一套系统可以代替原来的电锅炉和制冷机两套装置。而且系统紧凑，省去了锅炉房和冷却塔，节省了初投资，也节省了建筑空间。所以，可根据不同地区的建筑在不同季节的不同要求，因地制宜地综合利用太阳能、地热能和周围环境中的低温热能等可再生能源，采用少量电能这种清洁能源驱动压缩机工作，为建筑物供热和空调制冷，既满足了减少建筑能耗的要求，又避免了供暖和空调造成的大气污染问题。

9-30　热泵分类?

（1）风冷（空气源）热泵，利用室外空气的能量通过机械做功制冷制热的系统装置，具有节能、冷热兼供、无需冷却塔和锅炉等优点，特别适用于我国夏热冬冷地区的集中空调系统供冷供热。

（2）水源热泵，利用低品位水的能量通过机械做功制冷制热的系统装置，水源可为江、湖、河、海、污水、中水等，水温条件供冷小于40℃，供热大于3℃；不同条件的水温应选择相适应的机组，最好的热泵机组水温差为1～2℃。

（3）土壤（地）源热泵，利用土壤、岩石的能量通过机械做功制冷制热的系统装置，是一种通过地下埋管换热器利用地下浅层土壤地热资源既可供热又可制冷的高效节能空调系统。地源热泵利用地能一年四季保持温度稳定，冬季把地能作为热泵供暖的热源，夏季把地能作为空调的冷源：即在冬季把高于环境温度的地能中的热能取出来供给室内供暖，夏季把室内的热能取出来释放到低于环境温度的地能中，通过少量的高位电能输入，实现低位能向高位能转移的一种技术，地源热泵利用地下岩土中的低品位热能，属于可再生能源利用技术，是住房和城乡建设部可再生能源利用技术推广项目之一。

土壤源热泵的优缺点：

1）土壤源热泵使用电力，没有燃烧过程，对周围环境无污染排放，不需使用冷却塔，不向周围环境排热，没有热岛效应，没有噪声。

2）土壤源热泵技术可以做到一机三用：冬季供暖、夏季制冷以及全年提供生活热水，运行费用低廉。

3）土壤源热泵系统可以使用20年以上，其使用寿命是分体式或窗式空调器的2～4倍。

4）初投资高，换热效率受土壤换热参数的条件的影响，设计前需进行地勘及土壤换热条件勘察，系统在冬夏热负荷平衡时的条件下效率高。

5）具体实施时需根据当地土壤如地下温度、传热系数、土壤性质等技术资料进一步计算核实。换热孔可布设在建筑物周围停车场、路面及绿地下面，换热孔口位于地面2m以下，钻孔完成后不会影响地面绿化及道路。采用高密度聚乙烯管立埋入地下，与土壤进行热交换。

(4) 水环热泵，闭式水环路热泵（water loop heat pump）空调系统是水——空气源热泵的一种综合应用方式，水环是通过双管封闭的水路可将多组水——空气热泵机组并联起来，热泵机组将系统中的循环水作为吸热的“热源”或排热（制冷工况）的“放热”，形成一个以回收建筑物内部余热为主要特征的空调系统。为维持系统循环水温度，系统需设置辅助加热（锅炉、换热器、太阳能等）和冷却装置（冷却塔等）。

1）主要优点是初投资（相对其他热泵形式）少，节能，系统设置灵活方便，可按需供冷供热。

2）缺点是噪声大，新风处理困难、配电容量大。

（5）太阳能热泵。太阳能热泵是将空气热源改为太阳能热源，利用热泵直接收集或间接利用太阳能的装置。根据太阳能利用的方式可分为直接蒸发式太阳能热泵和采取太阳能制取的热水作为低温热源的水源热泵。

9-31 空气源热泵冷热水机组的选用应符合什么原则？

空气源热泵冷热水机组的选用应按不同气候区的具体情况确定，并符合以下原则：

（1）较适用于夏热冬冷地区的中小型公共建筑。

（2）夏热冬暖地区采用时，应以热负荷选型，不足冷量由水冷机组提供。

（3）在寒冷地区，当冬季运行性能系数低于1.8时或具有集中热源、气源时不宜采用。

注：冬季运行性能系数＝冬季室外空调计算温度时的机组供热量（W）/机组输入功率（W）。

9-32 安装分体式空气调节器室外机的安装位置应注意什么？

安装分体式空气调节器（含风管机、多联机）时，室外机的安装位置必须符合下列规定：

（1）能通畅地向室外排放空气和自室外吸入空气。

（2）在排出空气与吸入空气之间不会发生明显的气流短路。

（3）可方便地对室外机的换热器进行清扫。

（4）对周围环境不造成热污染和噪声污染。

9-33 什么是变频调速技术？

在锅炉房供热系统中，风机、水泵电耗占全部用电的80％

以上；在全年空调的现代化旅游饭店、高级宾馆以及办公大楼中，风机、水泵电耗占整个建筑用电的40％～55％。采用调速技术是降低风机、水泵的电耗的有效手段。

风机、水泵调速的方法很多，常用的有变极调速、二次电阻控制调速、电磁离合器调速、液力耦合器调速、可控硅串级调速、变频调速等。这些调速方法各有其特点，当流量调节在90％以上时，各种调速方法的效率差不多。如果流量在60％以下时，变频、变极和串级调速效率高。在这三种方法中，后两种调速方式不如变频调速应用方便。

变频调速是通过改变供电频率来实现电机调速的。交流异步电动机的转速 n 与电极极对数互成反比，与电源频率成正比，因为电网的频率是不能随意改变的，所以必须通过一个变频装置来实现供电频率的调节，这个变频装置称为变频器。

变频方式有两种，一种是把交流电源经整流器整流成直流电源，简称“交——直——交”变频；另一种是把交流电源直接变成频率可调的交流电源，简称“交——交”变频。在“交——直——交”变频中，频率的改变是在逆变时通过控制晶闸管轮流导通、关断（换流过程）的快慢实现的。换流速度加快，输出交流电的频率就提高，反之频率就下降。这种变频器晶闸管数量少，电路简单，水泵、风机等轻负载多用这种方法。“交——交”变频器用的晶闸管多、电路复杂，功率因数较低，多用于低速大容量的拖动系统。

变频调速的最大优点是调速过程转差率（电动机定子形成的旋转磁场转速与转子的旋转速度差/定子形成的旋转磁场转速）小，转差损耗（电动机定子形成的旋转磁场转速—转子的旋转速度）小，能够使鼠笼异步电动机实现高效调速，而其他调速方法都不能获得这样的运行性能。在变频的同时，电源电压也可以根据负载大小做相应调节。此外，还可以在额定电流下启动电动机，因而能降低配用变压器的容量。变频器体积小巧，运行平稳，可靠性高，调速范围广且平滑，节点率一般可达30％左右，是较理想的调速方案；但初投资大，维护要求高。

9-34 如何控制空调系统安装质量?

(1) 要求对有关节能材料与设备进行进场验收、核查及复验，依此来保证通风与空调系统所采用的材料与设备是节能的，并符合设计和节能标准要求。材料与设备本身符合节能标准要求，是实现通风与空调系统节能的基本条件。对通风与空调系统节能工程所使用的设备、管道、阀门、仪表、绝热材料等产品进场时应按设计要求对其类型、材质、规格及外观等进行验收，对重要的通风与空调设备的性能参数应进行核查，且验收与核查的结果应经监理工程师（建设单位代表）检查认可，并应形成相应的验收、核查记录。

(2) 要求通风与空调系统的安装制式符合设计要求，依此来保证安装后的通风与空调系统具有节能运行功能，特别规定通风与空调节能工程中的送、排风系统、空调风系统、空调水系统的安装制式应符合设计要求。

(3) 要求各种节能设备，特别是自控阀门与仪表、温控装置、冷热量计量装置及水力平衡装置等应按照设计要求安装齐全，并不得随意增减和更换。

(4) 要求通风与空调工程安装完毕后，必须对通风机和空调机组等设备进行单机试运转和调试，并对系统的风量进行平衡调试，且试运转和调试结果应满足设计要求。

9-35 冷、热源系统的基本控制要求应包括哪些方面?

冷、热源系统的基本控制要求应包括如下方面：

(1) 对系统的冷、热量（瞬时值和累计值）进行监测，冷水机组优先采用由冷量优化控制运行台数的方式。

(2) 设备（冷水机组或热交换器、水泵、冷却塔等）连锁起停。

（3）供、回水温度及压差的控制或监测。

（4）设备运行状态的监测及故障报警。

（5）技术可靠时，宜考虑冷水机组出水温度优化设定。

（6）设计人员或使用单位认为需要进行监测和控制的其他参数及设备。

9-36 空调冷却水系统的基本控制要求是什么？

空调冷却水系统的基本控制要求如下：

（1）冷水机组运行时，冷却水最低回水温度的控制。

（2）冷却塔风机的运行台数控制或风机调速控制。

（3）采用冷却塔供应空调冷水时的供水温度控制。

（4）排污控制。

9-37 空调风系统（包括空调机组）的基本控制要求是什么？

空调风系统（包括空调机组）的基本控制要求如下：

（1）空气温、湿度的监测和控制。

（2）采用定风量全空气空调系统时，宜采用变新风比焓值控制方式。

（3）采用变风量系统时，风机应优先采用变速控制方式。

（4）设备运行状态的监测及故障报警。

（5）需要时，设置盘管防冻保护。

（6）过滤器超压报警或显示。

9-38 风管保温工程施工要点？

（1）施工工艺流程

隐检→领料→粘保温钉、涂胶粘剂、保温材料下料→铺覆保温材料→保护层安装→检验。

(2) 保温材料裁切

保温材料下料要准确，切割面要平齐，在裁料时要使水平、垂直面搭接处以短面两头顶在大面上，如图 9-3 所示。

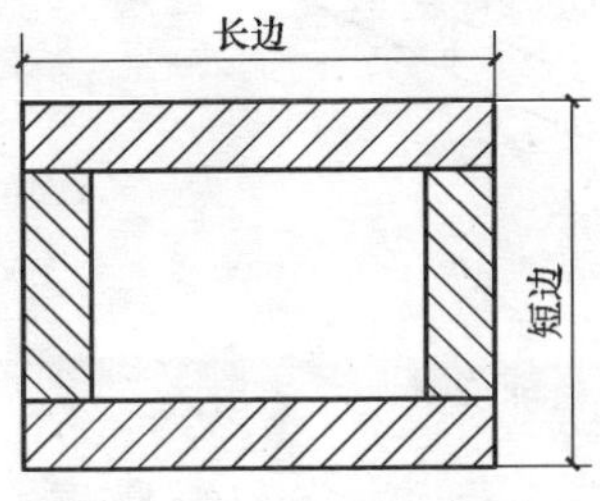

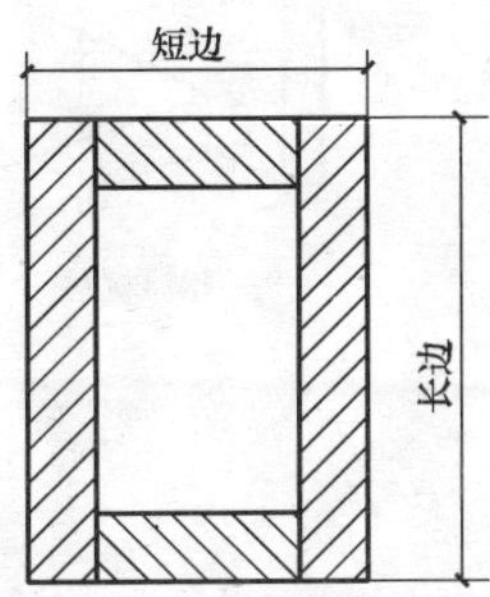

图 9-3 保温材料裁切

(3) 粘保温钉及保温材料铺覆

1) 粘保温钉前要将风管表面的尘土、油污擦干净，将胶粘剂分别涂抹在管壁和保温钉的粘结面上，稍后再将其粘上。

2) 矩形风管及设备保温钉数量：底面不少于每平方米 16 个，侧面不少于 10 个，顶面不少于 8 个；保温钉均匀布置，首行保温钉至风管或保温材料边沿的距离小于 120mm；保温钉粘上后待 12～24h 后再铺覆保温材料。

3) 保温材料铺覆应使纵、横接缝错开，如图 9-4 所示。

4) 小块保温材料应尽量铺覆在水平面上。

5) 离心玻璃棉、岩棉等保温材料每块之间的搭头采取图 9-5 所示的做法。

(4) 粘贴固定保温材料的施工

1) 胶粘剂应符合使用温度和环境卫生的要求，并与保温材料相匹配。

2) 刷胶粘结剂前要将风管表面的尘土、油污擦干净，将胶粘剂均匀地涂在风管、部件和保温材料的表面上。

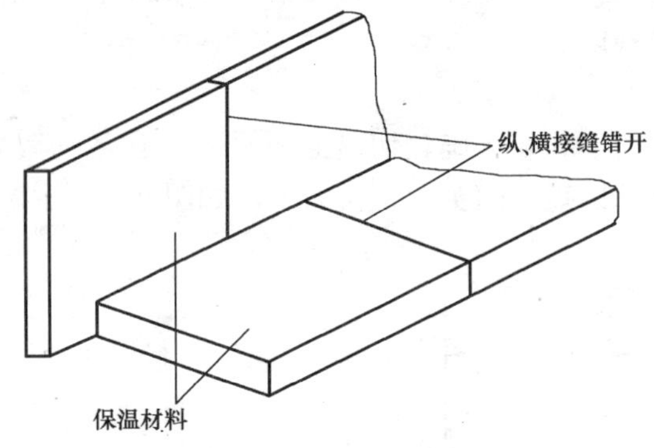

图 9-4　保温材料铺覆

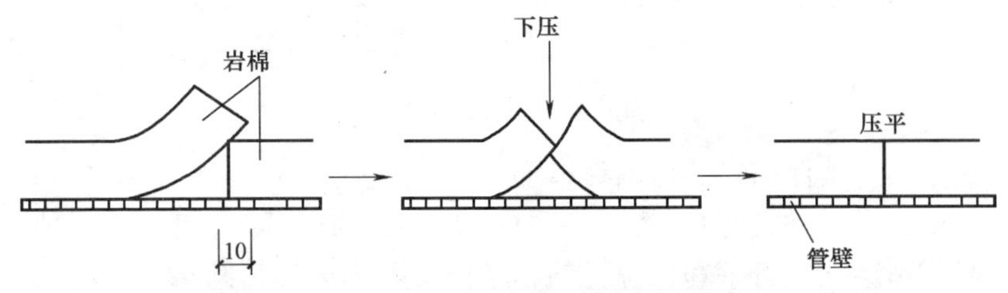

图 9-5　保温材料每块间的搭头做法

3）用刀切开保温平板后将板材放平整，在板材表面横、竖方向涂上胶粘剂，涂刷要均匀；涂刷完毕应根据气温条件按规定静放后再进行板材的安装粘结。

4）板块与板块之间根据保温风管的形状相互错开，并对粘结处加压，保证粘合牢固。

5）对形状复杂的阀门、三通、弯头等用板材切割组合后按上述方法粘合成型。

（5）风管部件的保温不得影响其操作功能。调节阀保温要留出调节转轴或调节手柄的位置，并标明启闭位置，保证操作灵活方便。

（6）风管法兰部位保温层的厚度，不应低于风管绝热层厚度的 80%。

（7）带有防潮隔汽层保温材料的接缝处，用宽度不小于50mm 的胶带牢固地粘在防潮面层上，不得有胀裂、褶皱和脱落现象。

（8）风管穿楼板和墙体处的保温层应连续不间断。

（9）用绝热涂料做绝热层时：应分层涂抹，厚度均匀，不得有气泡和漏涂等缺陷，表面固化层应光滑、牢固、无缝隙。

9-39 空调水管道保温施工要点是什么？

（1）采用橡塑做保温材料时，胶粘剂涂抹要均匀，要分别涂在管壁和管壳粘结面上，根据气温条件按规定静放后再覆盖管壳；采用玻璃棉等管壳做保温材料时，用镀锌钢丝将其捆紧，钢丝间距一般为 300～350mm，每根管壳捆扎不少于 2 处，捆扎要松紧适度。

（2）水平管道保温管壳纵向接缝应在侧面；垂直管道一般是自下而上施工，其管壳纵横接缝要错开。

（3）管件及管道附件保温处理

1）管道弯头、三通处的管壳应根据管径割成 45°斜角，对拼成 90°或将保温材料按虾米弯头下料对拼。

2）三通处的保温一般先做主干管后做支管；主干管和开口处的间隙要用碎保温材料塞实并密封，如图 9-6 所示。

3）阀门、法兰、管道端部等部位的绝热结构应能单独拆卸，且不得影响其操作功能，保温结构形式如图 9-7～图 9-9 所示。

（4）交叉管道的保温

管道交叉时，两根管道均需保温但距离又不够时，应先保低温管道，后保高温管道，与高温管道交叉的部位要用整节的管壳纵向接缝放在上面；管壳的纵、横向接缝要用胶带密封，不得有间隙；高温管和低温管相接处的间隙用碎保温材料塞严，并用胶带密封；其中只有一根管道需保温时，为防止冷桥产生，可将不需保温的管道在与保温管道交叉处两侧各延伸 200～300mm 进行绝热处理，如图 9-10 所示。

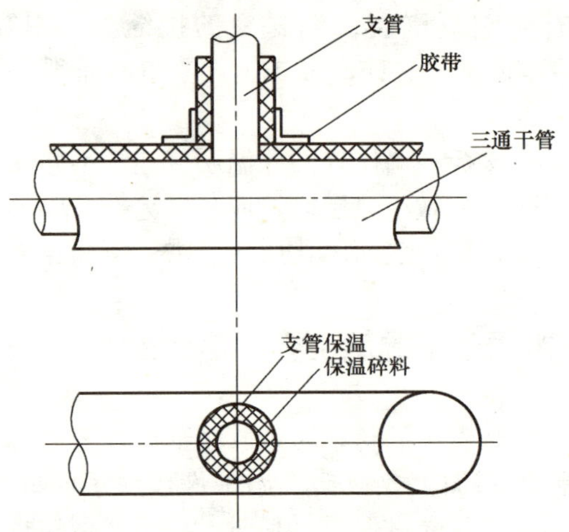

图 9-6　三通处保温

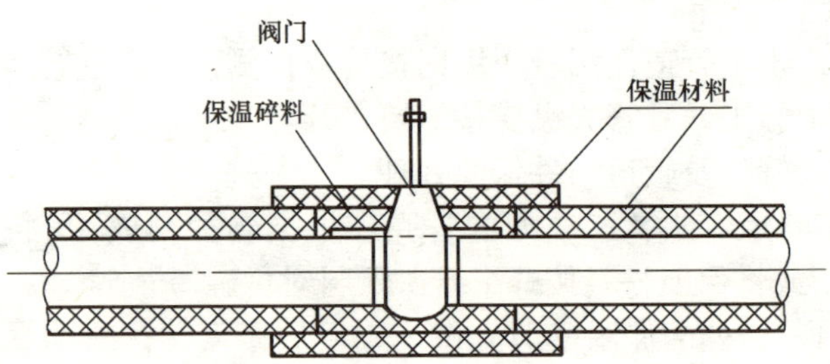

图 9-7　阀门保温结构形式

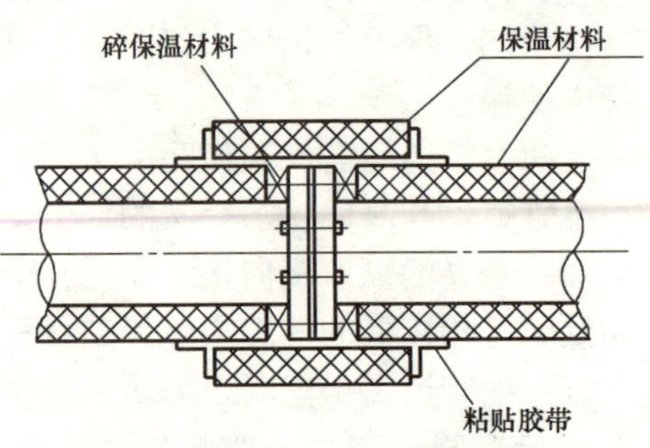

图 9-8　法兰保温结构形式

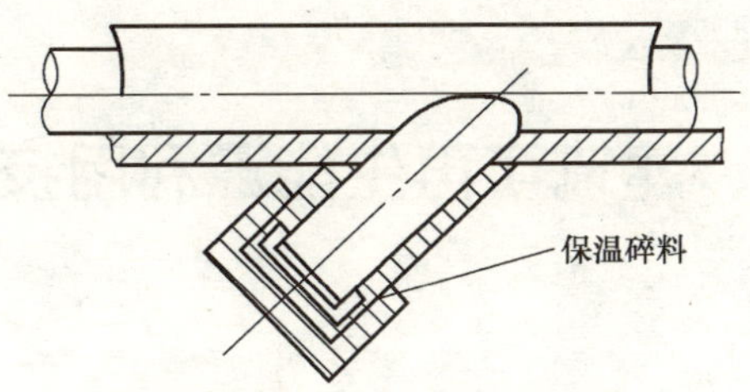

图 9-9　管道端部保温结构形式

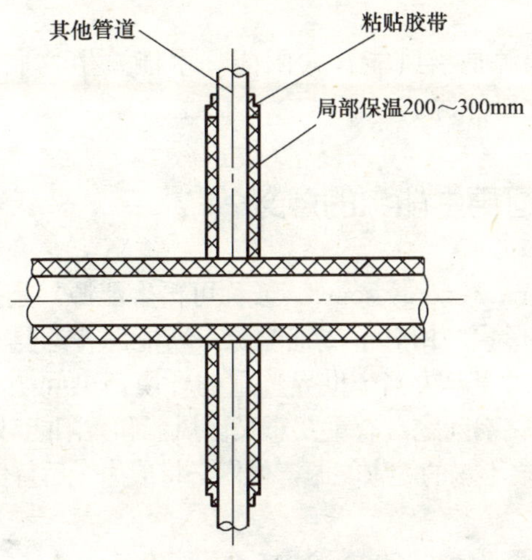

图 9-10　交叉管道保温

（5）松散或软质保温材料应按规定的密度压缩其体积，疏密应均匀；毡类材料在管道上包扎时，搭接处不应有空隙。

（6）硬质或半硬质绝热管壳的拼接缝隙，保温时不应大于5mm，保冷时不应大于 2 mm，并用粘结材料勾缝填满；纵缝应错开，外层的水平接缝应设在侧下方。当保温层的厚度大于100mm 时，应分层铺设，层间应压缝。

（7）管道穿楼板和墙体处的绝热层应连续不间断，且绝热层与套管之间应用不燃材料填实，不得有空隙。

十、建筑可再生能源利用技术

10-1 何为可再生能源?

可再生能源是指风能、太阳能、水能、生物质能、地热能、海洋能等非化石能源。

10-2 使用可再生能源的意义?

新能源（new energy sources 或称可再生能源）是指传统能源之外的各种能源形式。相对于传统能源，新能源普遍具有污染少、储量大的特点，对于解决当今世界严重的环境污染问题和资源（特别是化石能源）枯竭问题具有重要意义。风能和太阳能对于地球来讲是取之不尽、用之不竭的健康能源，他们必将成为今后替代能源的主流。

10-3 什么是土壤（地）源热泵系统?

土壤（地）源热泵系统是一种通过输入少量的高位能（如电），实现从浅层地能（土壤热能、地下水中的低位热能或地表水中的低位热能）向高位热能转移的热泵空调系统。由四部分组成：浅层地能采集系统、水源热泵机组（水/水热泵或水/空气热泵）、室内供暖空调系统和控制系统。

10-4 应如何利用水源热泵技术?

水源热泵技术是利用地球表面浅层水源（如地下水、河流、湖泊）中吸收的太阳能和地热能而形成的低温低位热能资源，采用热泵原理，通过少量的高位电能输入实现低位热能转移的技术。该技术通过辐射方式，在室内达到地板供暖和吊顶冷辐射，即满足人们"足暖头寒"的舒适感觉。在夏冬两季均能降低供暖制冷能耗，达到舒适、节能的双重目的。

10-5 什么是太阳能的利用？

太阳能是取之不尽、用之不竭的洁净能源，也是人们最早开发利用的可再生能源。太阳能光热应用已成为太阳能利用的先锋，太阳能与建筑结构及节能的结合；太阳能热水器是最普遍的太阳能光热应用，其技术也在不断地创新，如太阳能热水器的紫金超限涂层技术和"Tri-tube 管中管"技术，突破性地提升了太阳能的吸热和传热效率，增加了能源的利用效率。

分体式太阳能技术的应用推进了太阳能建筑一体化进程，该技术将太阳能光伏光热综介利用技术和建筑节能有机结合，提高了太阳能的综合利用效率，极大地降低了建筑能耗。凭借该核心技术将太阳能光热、光电、制冷、温屏节能玻璃与建筑完美结合。通常采用的是太阳能光电系统，该系统是将太阳光能通过光伏板组件转化为电能。太阳能光伏板组件主要应用在幕墙和屋顶等外围护结构上。在烈日炎炎的夏天，利用太阳能产生的电源就可以在局部范围内满足照明、空调制冷的用电等需求，起到综合节能的效果。

10-6 什么是太阳能在建筑中的应用？

太阳能在建筑中的应用，实际上是利用建筑结构本身所形成的集热、蓄热和隔热系统以及附加在建筑物上的专用太阳能部件，对太阳光进行光——电和光——热转换等来满足建筑物的热水供应、供暖、空调及照明等方面的能耗需求，从而达到减少建筑能耗，节约常规能源，改善生态环境的目的。太阳能与建筑结合的技术具有很高的研究价值，热水、供暖、空调对太阳能的利用已成为太阳能与建筑结合的关键之一。

太阳能热利用技术在建筑节能中的应用包括太阳能热利用和太阳能光伏发电。根据我国的国情，在建筑物中大力推行太阳能热利用技术必将把我国的建筑节能推向一个新的高度。

10-7 太阳能热水器的种类有哪些？

热水是建筑物中排在供暖、空调和照明之后的第四大能耗。充分利用太阳能热水器产生的热水是降低建筑物能耗的有效手段之一。太阳能热水器是太阳能热利用技术中最成熟、应用最广泛、产业化发展最快的领域。

1. 平板式太阳能集热器

太阳能集热器是太阳能热利用装置中承担能量转换的核心部件，其性能和成本对整个装置起着决定作用。目前，建筑物中大多采用非聚光型集热器（含平板式和真空管集热器）对太阳能进行采集，其中我国的平板式集热器的加工制造技术已比较成熟。

2. 真空管太阳能集热器

真空管太阳能集热器的结构类似热水瓶胆，二层玻璃之间抽成真空，大大地改善了集热器的绝热性能，提高了集热温度。真空管内壁采用选择性涂层，有的集热管背部还加装了反光板，因此具有较高的集热效率。真空管太阳能集热器可分为：全玻璃真空管太阳能集热器，适用于低、中温环境；玻璃——金属真空管太阳能集热器，产品有热管——半圆柱面吸热板、同轴热流体——平面吸热板和储热式真空管太阳能集热管等。

3. 太阳能热泵式热水器

由于常规的太阳能热水器在应用上因其本身的特点存在一些局限性，严重影响整个系统效率，影响其进一步的推广作用。早在20世纪60年代初期，在日本和美国曾利用无盖板的平板集热器与热泵系统结合，设计了可以向建筑物供热和供冷的系统。

目前，太阳能热泵系统按照集热器和热泵的连接方式来说可以分为串联式、并联式和双热源式三种形式，热泵蒸发器的热源分别是太阳能、周围空气以及两者兼而有之。

(1) 串联式可分为两种：

1) 常规太阳能辅助热泵装置中，太阳能集热器和热泵蒸发器是两个独立的部件，通过储热器进行热交换，储热器用于存储集热器收集到的热能，集热器内的工质为水或空气。

2) 直接膨胀式太阳能热泵，内充制冷剂，将太阳能集热器用做热泵蒸发器。

(2) 并联式由传统的太阳能集热器和传统的热泵共同组成。它们各自独立工作，太阳能集热器通过水箱中的换热器将工质的热能传递给水，热泵则以周围的大气为热源而将冷凝器设在水箱中。

(3) 双热源系统实际上是串联和并联系统的结合，此时热泵需设两个蒸发器，一个以大气为热源，另一个以被太阳能系统加热的水为热源。

10-8 什么是墙体型太阳能集热器？

目前大多数家庭仍采用燃气或电加热方式，太阳能热水器供应热水的比例相对较少，其中一个关键因素是太阳能热水器放置在顶层会影响建筑物的整体效果。而墙体型太阳能热水器的出现大大提高了太阳能热水器的使用率。墙体型太阳能集热器的实质是平板集热器的一个变型，其集热器由外到内分别由透光保温涂层、光热转化层、外墙支撑及导热层、集热管、发泡保温层、内墙支撑层、内墙涂抹层等部分组成。其工作原理为：阳光沿某一角度入射墙面，按有效投影截面获取的有效光能透过透光保温涂层，入射至光热转化层，在光热转化层内完全或选择性地转化为热。

由于集热器又是墙体的一部分，因而需要足够的强度、外观美化效果及保温效果。根据天津大学太阳能研究所所做的墙体太阳能集热器的性能实验，该热水器经热性能测试在低温生活用热水方面，低温差条件下可获得 90%的高效率，在温差较高时，由于有效投影截面的提高以及吸热面积足够大，即使在冬季，仍可满足居民的热水需求。可见该集热器具有一定的推广价值。

10-9 太阳能在供暖、空调中如何应用?

随着经济的发展和人民生活水平的提高，供暖空调越来越普及。利用太阳能供暖空调是一个理想的方案，它不仅使太阳能得到更充分、更合理的利用，可以把低品位的能源（太阳能）转变为高品位的供暖、空调能源。主要有以下几种类型：

（1）太阳能供暖系统：太阳能供暖包括以空气为介质和以水为介质的系统。以空气为介质的太阳能供暖系统一般由空气集热器、蓄热装置、风机、辅助热源以及风道等组成。以水为介质的太阳能供暖系统是太阳能热水系统的进一步发展，它的集热效率比太阳能空气供暖系统高，通过适当增加太阳能集热器的供光面积，太阳能供暖系统可以和太阳能热水系统联合使用。

（2）热风集热式供暖系统：空气在风机的作用下通过设置在屋顶南向的空气集热器，被加热后通过碎石蓄热槽送入房间。辅助热源可采用煤气热风炉或电加热器，并设置一定的自控装置即可根据送风温度来控制辅助热源的摄入比例，以维持房间的供暖温度。

（3）太阳能地板供暖系统：在利用太阳能集热系统进行供暖时，由于普通的利用散热器进行供暖的工质温度要求较高（70℃以上），不适合太阳能出水的要求，因此利用地板供暖的方式与太阳能集热系统配合是最佳解决方案，地板供暖系统一般要求水温在 35～60℃，且地板下的水有一定的蓄热作用，非常符合太阳能集热系统的工作原理。该系统在北京地区已有建成的示范工程，此方式很有希望在北方地区得到推广。

(4) 太阳能空调系统：实现太阳能空调有两条途径：

1) 太阳能光电转换，利用电力制冷。

2) 太阳能光热转换，以热能制冷。

前一种方法成本高，国际上太阳能空调的应用主要是后一种方法。利用光热转换技术的太阳能空调一般要通过太阳能集热器和除湿装置、热泵、吸收式或吸附式制冷机组相结合来实现。太阳能集热器用于向发生器提供所需的热源。为了使制冷机达到较大的 *COP* 值，通常选用在较高运行温度下仍具有较高热效率的真空管集热器。目前，较为普遍的太阳能制冷空调系统的形式有氨-水吸收式、溴化锂-水吸收式和固体吸附式。

10-10 什么是被动式太阳房?

人们总是喜欢冬暖夏凉的居住环境，历来建造房屋都注意太阳能的利用，建筑物大多数坐北朝南，具有被动式太阳房的基本特点。早在 20 世纪 30 年代，美国就开始太阳房的试验研究，先后建成一批实验太阳房；90 年代后期，世界上又掀起“太阳屋顶”热。目前世界上许多发达国家已经拥有相当先进的太阳能建筑应用技术。

被动式太阳房间是一种完全通过建筑朝向和周围环境的合理布置，内、外部空间的巧妙处理以及材料、结构的恰当选择来实现集取、蓄存、分配、利用太阳能的建筑。被动式太阳能建筑的类型很多，按照太阳能采集方式的不同，可分为间接得热式（如特朗伯集热墙、附加阳光间式）和直接得热式两种。直接得热式是最简单，也是一种最易推广的太阳能供暖设施。在这种太阳能房中，冬季让太阳能从南面玻璃窗直接射入房间内部，用楼板层、墙及家具设备等作为吸热体和储热体，当室温低于这些储热体表面温度时，这些物体就会向室内供暖。对于居住建筑而言，南面装的玻璃的总面积与地板总面积之比应在 20%～30%。为减少热损失，要求玻璃窗具有良好的密封性能（如采用隔热套窗、双层玻璃窗）来防止热损失，夜间须用保温窗帘。为避免夏季直射阳光引起室内过热，可利用阳台、挑檐等作为遮阳构件，同时太阳房应配置适当的通风设备。

10-11 什么是太阳能制冷技术？

利用太阳能制冷空调有两种方法，一是先实现光——电转换，再以电力推动常规的压缩式制冷机制冷；二是进行光——热转换，以热能制冷。前者系统比较简单，但其造价约为后者的3～4倍，因此国内外的太阳能空调系统至今以第二种为主。太阳能制冷的方法有多种，如压缩式制冷、蒸汽喷射式制冷、吸收式制冷等。压缩式制冷要求集热温度高，除采用真空管集热器或聚焦型集热器外，一般太阳能集热方式不易实现，所以造价较高；蒸汽喷射式制冷不仅要求集热温度高，一般说其制冷效率也很低，约为0.2～0.3左右的热利用效率；吸收式制冷系统所需集热温度较低，大约70～90℃即可，使用平板式集热器也可满足其要求，而且热利用较好，制作容易，制冷效率可达0.6～0.7，所以一般采用也多，但设备庞大，影响推广。

10-12 什么是太阳房？

太阳房是利用太阳能供暖和降温的房子。人们的生活能耗中，用于供暖和降温的能源占有相当大的比重。特别对于气候寒冷或炎热的地区，供暖和降温的能耗就更大。太阳房既可供暖，也能降温，最简便的一种太阳房叫被动式太阳房，建造容易，不需要安装特殊的动力设备。比较复杂一点，使用方便舒适的另一种太阳房叫主动式太阳房。更为讲究高级的一种太阳房，则为空调制冷式太阳房。

10-13 什么是太阳能发电技术?

太阳能发电是太阳能利用中的重要项目。太阳能发电是利用集热器把太阳辐射能转变成热能，然后通过汽轮机、发电机来发电。根据集热的温度不同，太阳能发电可分为高温热发电和低温热发电两大类。按太阳能采集方式划分，太阳能发电站主要有塔式、槽式和盘式三类。

10-14 什么是地热发电技术?

地热发电是地热利用的最重要方式。高温地热流体应首先应用于发电。地热发电和火力发电的原理是一样的，都是利用蒸汽的热能在汽轮机中转变为机械能，然后带动发电机发电。所不同的是，地热发电不像火力发电那样要备有庞大的锅炉，也不需要消耗燃料，它所用的能源就是地热能。地热发电的过程，就是把地下热能首先转变为机械能，然后再把机械能转变为电能的过程。要利用地下热能，首先需要有“载热体”把地下的热能带到地面上来。目前能够被地热电站利用的载热体，主要是地下的天然蒸汽和热水。按照载热体类型、温度、压力和其他特性的不同，可把地热发电的方式划分为蒸汽型地热发电和热水型地热发电两大类。

10-15 什么是太阳能光伏系统?

利用太阳电池的光伏效应将太阳辐射能直接转换成电能的发电系统，简称光伏系统。

光伏通过专门设计，形成与建筑良好结合的光伏系统。光伏构件一般是具备光伏发电功能的建筑材料或建筑构件。

光伏构件或方阵的选型和设计应与建筑结合，在综合考虑发电效率、发电量、电气和结构安全、适用美观的前提下，优先选用光伏构件，并与建筑模数相协调，满足安装、清洁、维护和局部更换的要求。

10-16 什么是地热供暖技术?

将地热能直接用于供暖、供热和供热水是仅次于地热发电的地热利用方式。因为这种利用方式简单、经济性好，备受各国重视，特别是位于高寒地区的西方国家，其中冰岛开发利用得最好。该国早在 1928 年就在首都雷克雅未克建成了世界上第一个地热供热系统，现今这一供热系统已发展得非常完善，每小时可从地下抽取 7740t80℃的热水，供全市 11 万居民使用。由于没有高耸的烟囱，冰岛首都已被誉为“世界上最清洁无烟的城市”。此外利用地热给工厂供热，如用做干燥谷物和食品的热源，用做硅藻土生产、木材、造纸、制革、纺织、酿酒、制糖等生产过程的热源也是大有前途的。目前世界上最大两家地热应用工厂就是冰岛的硅藻土厂和新西兰的纸浆加工厂。我国利用地热供暖和供热水发展也非常迅速，在京津地区已成为地热利用中最普遍的方式。

10-17 什么是风力制热技术?

风力制热是将风能转换成热能。目前有三种转换方法：

一是风力机发电，再将电能通过电阻丝发热，变成热能。虽然电能转换成热能的效率是 100%，但风能转换成电能的效率却很低，因此从能量利用的角度看，这种方法是不可取的。

二是由风力机将风能转换成空气压缩能，再转换成热能，即由风力机带动离心压缩机，对空气进行绝热压缩而放出热能。

三是将风力机直接转换成热能。显然第三种方法制热效率最高。风力机直接转换热能也有多种方法。最简单的是搅拌液体制热，即风力机带动搅拌器转动，从而使液体（水或油）变热。液体挤压制热是用风力机带动液压泵，使液体加压后再从狭小的阻尼小孔中高速喷出而使工作液体加热。此外还有固体摩擦制热和涡电流制热等方法。

10-18 太阳能供热供暖系统有哪些类型？

（1）太阳能供热供暖系统按所使用的太阳能集热器类型可分为下列三种系统：

1）平板集热器太阳能供热供暖系统。

2）全玻璃真空管集热器太阳能供热供暖系统。

3）热管真空管及其他金属吸热体真空管集热器太阳能供热供暖系统。

（2）太阳能供热供暖系统按所使用的末端供暖系统类型和集热器工作温度可分为下列两类系统：

1）低温辐射太阳能供热供暖系统。

2）非低温太阳能供热供暖系统。

（3）太阳能供热供暖系统按蓄热能力可分为下列两种系统：

1）短期蓄热太阳能供热供暖系统。

2）季节蓄热太阳能供热供暖系统。

10-19 应如何选择太阳能供热供暖系统的类型？

太阳能供热供暖系统的类型选择应符合以下要求：

（1）太阳能供热供暖系统应优先选用低温辐射供暖末端和平板太阳能集热器。

（2）非低温太阳能供热供暖系统宜使用中温太阳能集热器，如高效平板太阳能集热器或金属吸热体真空管太阳能集热器。

（3）安装场所维护不方便时不宜使用全玻璃真空管太阳能集

热器。

（4）小型太阳能供暖系统（太阳能集热器面积小于 $100m^2$）不宜采用季节蓄热太阳能供热供暖系统。

10-20 太阳能集热器的设置安装应注意什么？

（1）太阳能集热器可安装在建筑屋面、阳台、墙面或建筑其他部位，不得影响该部位的建筑功能，并应与建筑协调一致，保持建筑统一和谐的外观。

（2）太阳能集热器宜朝向正南，或南偏东、偏西 30°的朝向范围内设置；安装倾角宜选择在 30°～60°的范围内或朝南立墙上；受实际条件限制时，可以超出范围，但应按规定进行面积补偿，合理增加集热器面积，并进行经济效益分析。

（3）放置在建筑外围护结构上的太阳能集热器，在冬至日集热器采光面上的日照时数应保证不少于 4h。前、后排集热器之间应留有安装、维护操作的足够间距，排列整齐有序。

（4）太阳能集热器不得跨越建筑变形缝设置。

10-21 太阳能蓄热系统如何选型？

（1）应根据太阳能集热系统形式、系统性能、系统投资，供热供暖负荷、太阳能保证率进行技术经济分析，选取适宜的蓄热系统。

（2）短期蓄热供暖系统宜采用贮热水箱、地下水池或相变材料等蓄热方式，季节蓄热系统宜采用地下水池或土壤埋管等蓄热方式。选择蓄热方式应考虑投资规模和当地的地质、水文、土壤条件及使用要求。

（3）短期蓄热太阳能供暖系统，宜用于单体建筑的供暖；季节蓄热太阳能供暖系统，宜用于较大建筑面积的区域供暖。

10-22 太阳能集热系统如何防冻、防过热？

（1）使用排空和排回防冻措施的太阳能集热系统宜采用定温控制。当太阳能集热系统出口水温低于设定的防冻执行温度（取3～4℃）时，通过控制器启闭相关阀门完全排空集热系统中的水或将水排回贮水箱。

（2）水箱防过热温度传感器应设置在贮热水箱顶部，防过热执行温度应设定在80℃以内；系统防过热温度传感器应设置在集热系统出口，根据系统部件的耐热能力，防过热执行温度的设定范围应在95～120℃。

（3）为防止因系统过热造成运行故障或安全隐患而设置的安全阀，其设定的开启压力应与系统可耐受的最高工作温度对应的饱和蒸汽压力相一致。

10-23 太阳能集热系统施工要点是什么？

（1）太阳能集热系统施工应符合《民用建筑太阳能热水系统应用技术规范》（GB 50364—2005）和北京市地方标准《太阳能热水系统施工技术规程》（DB11/T 461—2007）。

（2）太阳能集热器的相互连接以及真空管与联箱的密封应按照产品设计的连接和密封方式安装，具体操作应严格按产品说明书进行。

（3）安装在平屋面专用基础上的太阳能集热器，应按照设计要求保证基础的强度；应做好防水处理，防水制作应符合国家标准《屋面工程质量验收规范》（GB 50207—2002）的规定要求。

（4）埋设在坡屋面结构层的预埋件应在结构层施工时同时埋入，并按设计要求准确定位。

（5）太阳能集热系统管线穿过屋面、露台时，应预埋防水套管。

10-24 太阳能蓄热系统施工要点是什么?

（1）用于制作贮热水箱的材质、规格应符合设计要求；钢板焊接的贮热水箱，水箱内、外壁应按设计要求做防腐处理，内壁防腐涂料应卫生、无毒、能长期耐受所贮存热水的最高温度。

（2）贮热水箱制作应符合相关标准的规定；贮热水箱保温应在水箱检漏后进行，保温制作应符合国家标准《工业设备及管道绝热工程施工质量验收规范》（GB 50185—2010）的规定要求；贮热水箱内箱应做接地处理，接地应符合国家标准《电气装置安装工程接地装置施工及验收规范》（GB 50169—2006）的规定要求。

（3）贮热水箱和支架间应有隔热垫，不宜直接刚性连接。

10-25 地源热泵系统施工要点是什么?

地源热泵系统机房内的设备、管道施工与制冷机房相同，机房外部以应用范围最广的垂直埋管换热器为例阐述其施工要点。

（1）主要施工机具：钻孔设备、注浆设备、热熔焊机、电熔焊机、试压设备。

（2）室外垂直埋管换热系统的施工工艺

孔位放样→钻孔→U 形换热器的预制、试压→U 形换热器的下放→U 形换热器的二次试压、保压→注浆→U 形换热器冲洗→开挖环路集管沟槽→沟槽找平、填砂→环路集管的制作、安装→第三次试压→回填、夯实→第四次试压。

（3）孔位放样

按照孔位图进行平面定位，采用水平仪测出各孔位的地面高程，根据环路集管的埋深确定钻孔深度。

（4）钻孔

1）如果钻孔区域土质比较好，可以采用裸孔钻进；如果是砂层，孔壁容易坍塌，必须下套管护壁。

2）按照确定的井位修整场地，遇坑洼地形，需垫平、夯实；充分了解井位地下的建筑设施，有无地下文物、人防设施、热力、电力、通信、煤气、水管线等，遇有上述设施必须避让；现场安排好钻具、材料存放位置，井位区域要留有车辆通道，以保证泥浆外运；凿井过程中做好地层原始记录。

3）钻机进入现场，按已定的井位进行安装，钻机必须支稳，冲击钻桅杆前倾 3°～5°，桅杆滑轮前沿对准井位中心。

（5）U 形管制作

1）U 形管及至分集水器的管道一般均采用高密度 PE 材料，进场时要有产品合格证、材料检测报告，并分批取样检测产品的长度、壁厚、外径等。

2）U 形管加工地点尽量靠近孔位；PE 材料采用热熔或电熔连接，为保证下管时的垂直度，宜选用加重管底接头；U 形管应尽量减少接头，竖直管道上除必不可少的 U 形弯头外不能有其他接头。

3）U 形管插入钻孔前，用堵头封闭管口做第一次水压实验。实验压力：当工作压力不大于 1.0MPa 时，为工作压力的 1.5 倍，且不小于 0.6MPa；当工作压力大于 1.0MPa 时，为工作压力加 0.5MPa；在实验压力下，稳压 1h，压力降不大于 0.02MPa 为合格。

（6）下管

U 形管应在钻孔孔壁固化后立即进行；下管时，U 形管内宜充满水，并采用每隔 2～4m 设一弹簧卡（或固定支卡）的方式将 U 形管支管分开，且尽可能紧靠孔壁，加强换热管与地层的换热效果，减小 U 形管之间的换热干扰。

（7）填料（注浆）

为提高填料的密实程度，要严格控制填料的速度，沿孔壁四周均匀慢速填料，同时沿管壁注水或空气，边提管边填料，使填料处于悬浮状态，均匀下沉。

(8) 环路集管土方开挖

1) 开挖前书面向建设单位提出地下障碍物情况调查表，明确障碍物的位置、埋深、大小、物品性质、物品名称等内容，并明确处理、保护方法，签字后方可施工。

2) 根据设计图纸放线；根据现场条件、结构埋深、土质、地下水等因素确定开槽断面；当现场条件不能满足开槽上口宽度时，应采取边坡支护措施。

3) 开挖过程中发现事先未查到的地下障碍物时应停止施工，报建设单位同意后再继续施工；当开挖发现文物时，应采取保护措施并通知文物管理部门。

4) 土方开挖至槽底后，对沟槽进行检查验收：槽底不得受水浸泡或受冻；槽壁平整，边槽坡度不得小于设计规定；槽底标高允许偏差：土方为±20mm，石方为－200～＋20mm。

(9) 环路集管铺设与回填

1) 施工间隙管口部位应进行封闭保护；下管时不得损伤管材，宜采用非金属绳索；水准环路集管敷设的坡度不小于2‰。

2) 管道穿越道路、房屋基础、市政管线等应加套管。套管内径不得小于穿越管外径100mm，套管长度应伸出路基或地基1～1.5m；套管内壁应清洁无毛刺，必要时管道表面应加护套保护。

3) 管道敷设后应及时回填，回填时留出管道连接部位，待水压试验合格后再回填；用黄砂或原土先填实管底及管道两侧，然后回填至管顶0.5m处；回填应分层夯实，每层厚度宜为0.2～0.3m，管道两侧及管顶0.5m以内的回填土必须人工夯实；回填土超出管顶0.5m后，可用小型机械夯实，每层松土厚度宜为0.25～0.4m。

(10) 地埋管质量控制

1) 埋管换热器由于敷设在地下，对管材的质量和连接工艺要求应比隐蔽工程严格；管路中应尽量减少接头。

2) 严格控制每道检验工序，U形管下到孔底、环路集管安装及回填完毕均应进行试压，以保证施工过程中无损伤。

10-26 开展可再生能源应注意哪些问题？

新能源（可再生能源）的使用要通过综合评估，因地制宜。同时应注意二次污染，地（水）源热泵应注意井水回灌，注意投资回收期。

十一、其他用电设备节电技术

11-1 什么是光源的发光效能?

光源发出的光通量除以光源功率所得之商，简称光源的光效。单位为流明每瓦特（lm/W）。光源的光效越高，说明单位功率发出的光能越多，越节约照明用电。

11-2 什么是灯具效率?

在相同的使用条件下，灯具发出的总光通量与灯具内所有光源发出的总光通量之比。灯具效率也称灯具光输出比。灯具效率越高，说明灯具发出的光能越多。

11-3 什么是照度?

表面上一点的照度是入射在包含该点的面元上的光通量除以该面元面积之商，该量的符号 E，单位为勒克斯（lx）。

11-4 如何选择光源?

选择光源的原则是在满足使用要求的同时，选用高光效、寿命长、显色性好、运行维护费低、技术经济性合理的光源（表 11-1）。

主要电光源的技术性能指标 **表 11-1**

光源种类	额定功率范围	光效(lm/W)	显色指数(Ra)	色温(K)	平均寿命(h)
普通照明白炽灯	10～1500	15	100	2800	1000
卤钨灯	60～5000	25	100	3000	2000～5000
普通荧光灯	4～200	70	70	全系列	10000
三基色荧光灯	28～32	93	80～98	全系列	12000
紧凑型荧光灯	5～55	60	85	全系列	8000
高压汞灯	50～100	50	45	3300～4300	6000
金属卤化物灯	35～3500	75～95	65～92	3000/4500/5600	6000～2 万
高压钠灯	35～1000	100～120	23/60/85	1950/2200/2500	2 万 4
低压钠灯		200		1750	28000
高频无极灯	55～85	55～70	85	3000～4000	4 万～8 万
LED	低(比高压钠灯节电60%以上)		75～85	3000～7000	6 万～10 万

11-5 节能照明（绿色照明）的优越性是什么?

随着低碳经济的全面推动，绿色照明也备受各国政府的重视。为了在照明领域实现低碳经济，各国政府都提出和实施绿色照明工程，纷纷制定政策扶持 LED 照明产业的发展。

节能灯比普通白炽灯节电 60%～80%，使用寿命多4～6 倍，更换 1000 万只以上高效照明光源，预计年可节约用电 5 亿 kW·h，节约电费 2.4 亿元。相当于每年节约 18 万 t 标准煤，年减排 50 万 t 二氧化碳、1.6 万 t 二氧化硫、13 万 t 碳粉尘、0.8 万 t 氮氧化物，环境效益显著。

11-6 什么是 LED 灯?

LED (light emitting eiode)，发光二极管，是一种固态的半

导体器件，它可以直接把电转化为光。LED 的心脏是一个半导体的晶片。其特点：

（1）电压：LED 使用低压电源，供电电压在 6～24V 之间，根据产品不同而异，所以它是一个比使用高压 LED 光源电源更安全的电源，特别适用于公共场所。

（2）效能：消耗能量较同光效的白炽灯减少 80%。

（3）适用性：很小，每个单元 LED 小片是 3～5mm 的正方形，所以可以制备成各种形状的器件，并且适合于易变的环境。

（4）稳定性：10 万 h，光衰为初始的 50%。

（5）响应时间：其白炽灯的响应时间为毫秒级，LED 灯的响应时间为纳秒级。

（6）对环境污染：无有害金属汞。

（7）颜色：改变电流可以变色，发光二极管方便地通过化学修饰方法，调整材料的能带结构和带隙，实现红黄绿蓝橙多色发光。如小电流时为红色的 LED，随着电流的增加，可以依次变为橙色、黄色，最后为绿色。

（8）价格：LED 的价格比较昂贵，较之于白炽灯，几只白炽灯的价格就可以与一只 LED 灯的价格相当，而通常每组信号灯需由 300～500 只二极管构成。

（9）驱动：LED 使用低压直流电即可驱动，具有负载小、干扰弱的优点，对使用环境要求较低。

（10）显色性高：LED 的显色性高，不会对人的眼睛造成伤害。

11-7 什么是节电器？

节电器一般分为照明灯具类节电器和各动力类节电器。采用高压滤波和能量吸收技术，自动吸收高压动力设备反向电势的能量，并不断回馈返还给负载，节省了用电设备从高压电网上吸取的这部分电能。另一方面利用国际先进的高压电参数优化技术、正弦波跟踪技术及纳米技术和组件，抑制和减少供电线路中的冲击电流、瞬变及高次谐波的产生，净化电源、提高高压电网的供电品质，大幅降低线路损耗及动力设备的铜损和铁损，提高高压用电设备的使用寿命和做功效率，在使用过程中既节省了电能又可大幅降低设备运营成本。

11-8 节电器的种类有哪些？

节电器有电机节电器、空调节电器、照明节电器、箱式节电器。

11-9 什么是用电设备分项计量？其意义如何？

将建筑用电系统按空调供暖、照明系统、室内设备、综合服务、特殊区域、外供电功能等分类，分别计量。

通过用电设备分项计量，可以采集用电设备实际用电负荷，判断所用设备及区域的能耗是否合理。

11-10 照明设备低成本节能改造的基本技术措施是什么？

照明系统是指建筑物的室内照明、室内公共区照明、室外照明（包括景观照明、庭院照明、广告照明、航空障碍灯照明等）、应急照明和应急疏散指示等。成本节能改造主要采用以下基本技术措施：

（1）应采用高效节能型灯具、镇流器及光源。

（2）选用配光曲线好、能效比高的灯具。

（3）采用电子式镇流器或节能型电感镇流器，代替传统电感式镇流器。

（4）对不符合节电要求的灯具布置与控制方式提出改进意见。

（5）根据各区域照明系统特点，调整照明控制方式和运行时间。

（6）室外照明宜采用照度加时间程序控制，并应随季节变化及时调整开/关灯时间。

（7）室内门庭、厅堂等公共区照明宜采用照度加时间程序控制，随不同时段调整照明回路的开/关时间。

（8）室内走道或楼梯间照明应采用高效节能灯具和声控、光控、红外控制，节约照明用电，同时延长灯具的使用寿命。

（9）卫生间的照明宜采用红外感应的方式进行控制，以达到节电的目的。

（10）采取有效措施抑制照明系统的谐波。

（11）定期清洁光源和灯具，具体维护周期应执行《建筑照明设计标准》（GB 50034—2004）中对维护系数的规定。

（12）改造后各区域照度应满足《建筑照明设计标准》（GB 50034—2004）中规定值。

11-11　照明节电的其他措施有哪些？

（1）充分利用天然光源，是节约人工照明用电，实施绿色照明工程的一项重要措施。其利用方式分被动式采光法和主动式采光法。

1）被动式采光法即建筑上的侧窗和天窗。

2）主动式采光法包括镜面反射采光法、导光管导光法、光纤导光；太阳能、光伏效应间接采光、照明等。

（2）合理控制。根据建筑使用功能、时间、不同条件下的光环境设置合理的控制程序和手段，达到照明的节约用电和节能。

11-12　照明系统控制的基本要求是什么？

应该按功能的不同进行分区控制。

（1）普通办公区：对大空间为主的普通办公区，可分成若干独立的照明区域，采用网络开关实现多点控制；在每个出入口可控制整个办公区的灯，方便就近控制，同时可以根据时间进行控制，如平时晚 8 点自动关灯，也可切换为手动开关灯。

（2）高级办公区：高级办公区可采取场景控制、遥控、调光控制等，通过编程进行预设置，使用时通过单键操作。

（3）功能区照明：会议室、多功能厅等场所通过场景设置可将其设定为会议报告状态、多媒体会议状态、娱乐休息状态、清扫状态等，真正使多功能场所在照明上实现多功能化。

（4）辅助区照明：作为辅助区的大厅、走廊、楼梯间、洗手间等场所，使用比较频繁、时间性强，以时间控制为主并结合安装红外感应器等方式以达到节约能源的目的。

1）大厅：大厅使用时间段相对集中，如上下班时间，可以开启全部回路的灯光，方便人员进出；人员进出较少时段可只打开部分回路灯光。此区域控制集中在管理室，可由就地控制、计算机控制、时间定时控制进行操作。

2）走廊：走廊作为各办公室空间的联络通道，主要采用自动控制方法。正常工作时间全开，非工作时间改为减光照明，如可为 1/3，节假日无人时可以只亮少许灯，同时在各出入口装设手动控制开关，可根据需要手动控制。

3）楼梯间：楼梯间一般作为辅助通道及应急疏散通道使用，控制方式以红外感应延时开关为主。人来开灯，人离开后延时关闭，在火灾报警确认后，应急点亮楼梯间照明作为疏散照明。

4）洗手间：洗手间采用红外感应进行控制，人来开灯，人走延时关闭或采用传统方式与时间控制相结合的方式，平时由传统方式控制，晚间无人后通过定时将回路断开。

5）地下停车场照明：地下停车场可采用时间定时控制方式，分为忙时照明、闲时照明、维持照明，忙闲分明。

6）建筑物泛光照明：泛光照明主要通过在主控计算机上对开启/关闭时间进行设定，如晚上 6 点开启整个泛光照明灯，10

点关闭部分灯，12 点以后只保留很少的灯或全部关闭，可根据一年四季昼夜长短的变化和节假日进行相应的调整。

11-13 照明控制系统安装注意事项是什么？

(1) 配电箱安装：配电箱体应安装牢固方正，倾斜度小于 1%；体高 500mm 以下箱体的垂直偏差为 1.5mm，体高 500mm 以上箱体的垂直偏差为 3mm；保证箱门能开启自如；盘盖应紧贴墙面四周无缝隙；配电箱应有铭牌，回路编号齐全、正确并清晰；安装位置符合设计要求，箱体内外清洁、无损伤；箱体开孔合适，做到一管一孔，应利用敲落孔或用机械开孔，严禁用电焊或气割开孔；施工中若导线被剪断，应将断线拉掉重新穿线。

(2) 地线：箱内地线排宜用软导线与盘接地端子相连；保护地线的截面应符合规定；各保护地线应与接地母排相连，严禁串联；地线汇流排应用一根软铜线（黄绿花线）与壳体接地螺栓相连；配线管应与箱体的接地螺栓连接在一起，保证接地畅通良好。

(3) 办公室的最佳光照度应为 400lx，照明控制系统智能传感器感应据此感应室外光线，自动调节光照度。对学校的教室，可在靠窗与靠墙处分别加装传感器，当室外光线强时，自动将靠窗的灯光减弱或关闭及根据靠墙传感器调整靠墙的灯光亮度；当室外光线变弱时，传感器会根据感应信号调整灯的亮度到预先设置的光照度值。

11-14 变配电系统节能基本技术措施？

变配电系统节能基本技术措施是：

(1) 在确保消防负荷、重要负荷用电的前提下，调整负载的供电模式。季节性负荷变压器在过渡季节时应尽量退出运行，以减少变压器的空载损耗。

（2）监测负荷三相是否平衡或基本平衡，如出现三相严重不平衡时，应对末端配电系统进行相序平衡调整。

（3）变电室的电容补偿柜应安装功率因数控制器，功率因数控制器应具有对功率因数检测和自动补偿的功能，补偿后的功率因数控制在 0.9 以上。

（4）应增加对谐波的监测手段，当谐波超过规范规定的上限值时，应增加对谐波抑制的设备。

（5）做好变压器周围的通风散热处理，降低变压器的负载损耗。包括：低损耗节能型变压器；降低线路损耗技术；三相平衡调整技术；无功补偿设备及技术等。

（6）根据用电性质、用电容量选择合理的供电电压和供电方式。正确选择和配置变压器容量、台数、运行方式，合理调整负荷，实现变压器经济运行，降低能耗损失。

（7）变电所的位置应尽量靠近负荷中心，减少变压级数，缩短供电半径。

（8）根据用电设备的共组状态，合理分配与平衡负荷，使用点均衡化。

11-15 为什么变压器要合理选用、调整负荷？

变压器在整个国计民生中是一种应用极广的耗能设备。变压器是电力生产过程中的主要电器，变压器在变压和传递电功率时，其自身要产生有功功率损失和无功功率消耗。由于变压器台数多、总容量大，所以在发、供、用电过程中变压器总的电能损失约占整个电力系统损失的 30%左右。因此，全面开展变压器经济运行是实现电力系统经济运行的重要环节。

11-16 何为变压器经济运行？

变压器经济运行是指在传输电量相同的条件下，通过择优选取最佳运行方式和调整负载，使变压器电能损失最低。换言之，经济运行就是充分发挥变压器效能，合理地选择运行方式，从而降低用电单耗。所以，变压器经济运行无需投资，只要加强供、用电科学管理，即可达到节电和提高功率因数的目的。

按经验值变压器合理负荷是容量的57%左右（经验值），此值下变压器运行比较经济。

11-17 影响变压器经济运行的因素?

影响变压器经济运行的因素是变压器的容量配置、变压器技术参数、变压器有功功率损失和损失率、变压器无功功率消耗和消耗率等。

11-18 何为变压器的“大马拉小车”?

“大马拉小车”是指变压器长期不合理的轻载运行，它使变压器容量得不到充分的利用，效率降低。人们习惯以变压器的容量利用率作为划分“大马拉小车”的标准。节电措施中规定变压器负荷率小于30%即“大马拉小车”。经验值变压器合理负荷是容量的57%左右（经验值），此值下变压器运行比较经济。

11-19 供电损耗主要有哪些?

（1）线路损耗：当电流通过三相供电线路时的功率损耗。

（2）电力电缆线路损耗：电缆线路的电能损耗由导体电阻损耗、介质损耗、铅包损耗和钢铠损耗四部分组成。

（3）配电线路损耗。

（4）低压线路损耗。

（5）变压器损耗。

11-20　降低线路损失的技术措施有哪些？

降低线路损失的技术措施可分为建设措施和运行措施，其中技术措施主要有：

(1) 简化电压等级，减少变电电容量。

(2) 提高运行电压，降低线路损失。

(3) 提高功率因数，减少无功电流。

(4) 调整用电负荷，提高负荷率。

11-21　降低变压器损失的技术措施有哪些？

(1) 选用低损耗节能变压器。

(2) 改善功率因数提高供电能力。

(3) 优化变压器运行方式。

(4) 停用轻载变压器。

11-22　什么是供电系统谐波？

从严格的意义来讲，谐波是指电流中所含有的频率为基波的整数倍的电量，一般是指对周期性的非正弦电量进行傅里叶级数分解，其余大于基波频率的电流产生的电量。

从广义上讲，由于交流电网有效分量为工频单一频率，因此任何与工频频率不同的成分都可以称之为谐波，这时谐波这个词的意义已经变得与原意有些不符。正是因为广义的谐波概念，才有了分数谐波、间谐波、次谐波等说法。

(1) 产生的原因：由于正弦电压加压于非线性负载，基波电流发生畸变产生谐波。主要非线性负载有 UPS、开关电源、整流器、变频器、逆变器等。

(2) 谐波的危害：降低系统容量，如变压器、断路器、电缆等；加速设备老化，缩短设备使用寿命，甚至损坏设备；危害生产安全与稳定；浪费电能等。

（3）随着科学技术的发展和工业生产水平、人民生活水平的提高，非线性用电设备在电网中大量投运，造成了电网的谐波分量占的比重越来越大。它不仅增加了电网的供电损耗，而且干扰电网的保护装置与自动化装置的正常运行，造成了这些装置的误动与拒动，直接威胁电网的安全运行。

电子节能灯在使用量所占比重较小的电网中运行，的确比常用的白炽灯好，不仅亮度高又省电，而且使用寿命也长。但是相反，在大量使用节能灯后，就会发现节能灯的损坏率大大提高。这是由于节能灯是非线性负荷，它产生较大的谐波污染了这一片电网，造成三相负荷基本平衡情况下，中心线电流居高不下，线电压与相电压之比要小得多，造成了该片电网供电质量下降，用电设备发热增加，电网线损增加，使得该区的配变发热严重，严重影响其使用寿命。因此我们对非线性用电设备产生的谐波必须进行治理，使谐波分量不超过国家标准。

（4）哪里有谐波源哪里就有谐波产生。也有可能谐波分量通过供电网络到达用户网络。例如，供电网络中一个用户工厂的运转可能被相邻的另一个用户设备产生的谐波所干扰。

11-23　如何抑制谐波？

谐波的影响是多方面的，必须针对具体情况采取相应的措施。根本的解决途径是抑制谐波电流，使用户注入电网的谐波电流或用电网电压正弦波形畸变率减少到允许范围。

11-24　为什么要开展电动机系统的节能？

我国电动机总装机容量约 5 亿 kW，用电量约占全国总电量的 60%，建筑设备中用电设备（风机、水泵等）都由电动机驱动。目前电动机系统的能源利用率比国际先进水平低 10%～30%，节能潜力很大。

电动机系统的节能是指对整个系统效率提高，它不仅提高异步电动机和被拖动的设备（风机、水泵、空压机等）单元效率的最优化，而且要求系统各单元相配及整个系统效率的最优化。根据负载特性的要求，使设备选型和配套合理，使其负载与电动机功率相匹配；根据负载的要求，采取技术措施，使其电动机保持在经济负载率状态下运行，提高整个系统效率，达到节能降耗的目的。

11-25 电梯系统节能基本技术措施是什么?

电梯系统节能基本技术措施有：高效节能电梯、高效电机；能量回馈装置及技术；电梯群控技术；变频调速、负载动态跟踪等装置及技术。

11-26 什么是电梯系统能量回馈装置及技术?

采用超级电容器组作为电梯子系统再生制动能量存储器件和电梯子系统运行的供电电源，在电梯子系统运行的制动过程中存储能量，通过系统控制器对电源切换控制电路进行控制，实现超级电容器组与外部交流电网之间切换为电梯子系统运行供电，达到节能目的。

十二、建筑节能工程验收及检测技术

12-1 节能工程施工质量验收的重点内容是什么?

对于节能工程的验收来说，虽然《建筑节能工程施工质量验收规范》(GB 50411—2007) 与《居住建筑节能保温工程施工质量验收规程》(DBJ01—97—2005) 在编制依据、适用范围、具体内容等有所区别，但标准编制的原则都是相同的，即《建筑工程施工质量验收统一标准》(GB 50300—2001) 中规定的“验评分离、强化验收、完善手段、过程控制”16 字方针。

对于建筑节能工程的验收来说，其目的在于加强建筑节能工程的施工质量，提高建筑工程节能效果，实质在于以建筑节能工程建立过程控制为主，现场检验为辅的全过程闭合式管理。具体方法就是划大为小，化整为零，将建筑节能分部工程划分为各个分项工程，每个分项工程划分为若干个检验批，进而细分到每道工序，将过程控制与强化验收结合起来，形成以人的工作质量为中心的健全完善的质量管理和验收体系，确保节能工程的整体施工质量。

12-2 节能工程过程控制的重点是什么?

1. 把好事前设计关，认真做好施工方案

在《建筑节能工程施工质量验收规范》(GB 50411—2007) 中 3.1.2 条规定“设计变更不得降低建筑节能效果。当设计变更涉及建筑节能效果时，应经原施工图设计审查机构审查，在实施前应办理设计变更手续，并获得监理或建设单位的确认”。3.3.1条规定“建筑节能工程应按照经审查合格的设计文件和经审查批准的施工方案施工”。并将上述两条列为强制性条文。同样在北京市地标中也明确“建设单位和施工单位不得擅自修改建筑节能设计文件。施工单位应认真审核建筑节能设计文件，若发现重要问题，应与建设单位和设计单位洽商，办理设计变更手续。在节能保温工程施工前，施工单位应编制施工技术方案，进行技术交底和必要的培训”。

这些要求的原因在于设计是节能的源头，只有设计首先符合节能标准的要求才有可能制造出真正合格的节能工程。目前北京所有的新建建筑在设计阶段都要经过节能设计审查并应符合相关节能设计标准，既有建筑节能改造也将出台相应的审查办法。在过去，有的工程因为各种原因出现设计变更，但建设单位却忽视了可能对节能效果的影响，从而导致最终的建筑不能满足节能设计要求。因此在经过审查确认后，建设单位不得擅自修改节能设计文件，当确实需要修改时，则应重新审查以确保其符合节能设计标准。

同时，在施工前施工方案的编制也是不可忽略的一个重要内容。由于目前新材料、新工艺、新设备的大量应用，不同材料、不同工艺的施工方法千差万别，因此施工单位应根据工程情况详细制定个体工程施工方案，选用适宜的材料、设备和做法，对于新材料、新技术、新工艺的应用应按照有关规定进行评审、鉴定及备案，对施工中可能遇到的问题进行全面分析，重点预防并有针对性地对施工人员进行技术交底和必要的培训，切实做好施工前的准备工作。

2. 加强事中施工过程控制，确保每道工序质量

（1）要抓好材料进场检验

1）对于建筑节能工程使用的材料、设备等，必须符合设计要求及国家有关标准的规定。严禁使用国家明令禁止与淘汰的材料和设备。把好材料质量关是节能工程施工质量过程控制的起

点，它将直接影响到整个工程最终的节能效果，因此必须引起充分重视。

2）对于工程所用材料、构件和设备进场后，对其品种、规格、包装、外观和尺寸等要进行检查验收，除核查质量证明文件，如产品合格证和出厂检测报告外，还必须对主要材料（如：保温材料、胶粘剂、增强网、外窗）的主要性能（如：保温材料表观密度、胶粘剂的粘结强度、增强网的抗拉强度、建筑外窗的气密性）进行现场抽样复验，复验合格后方可在施工中使用。对于复验项目设置的原则在于既能有效反映与安全、节能效果有关的材料最终性能，同时还不过多增加建设和施工单位的负担，并且检测周期无需太长，不致影响工程正常的施工进度要求。

（2）要做好样板件（间）的制作

1）建筑节能工程施工前，对于采用相同建筑节能设计的房间和构造做法，应在现场采用相同材料和工艺制作样板件（间），经有关各方确认后方可进行施工。

2）现场的情况千差万别，即使是相同的材料和工艺也不一定能够适合所有的情况，因此样板件（间）的制作一方面可以如实反映材料、工艺与现场的适应情况，另一方面还可以使各方确认实际施工中使用的各种材料与工艺方法是否与样板件（间）一致。

（3）要做好关键工序的细节处理

1）工序质量是施工质量的基础，每道工序都要按施工工艺和质量标准精心施工，特别是对于涉及节能工程安全和节能效果的关键工序来说，在验收标准中都被列为主控项目，一定要做好重点控制。

如对于墙体节能工程，《建筑节能工程施工质量验收规范》（GB 50411—2007）中强调“保温隔热材料的厚度必须符合设计要求；保温板与基层及各构造层之间的粘结或连接必须牢固。粘结强度和连接方式应符合设计要求。保温板材与基层的粘结强度应做现场拉拔试验；保温浆料应分层施工。当采用保温浆料做外保温时，保温层与基层之间及各层之间的粘结必须牢固，不应脱层、空鼓和开裂；当墙体节能工程的保温层采用预埋或后置锚固件固定时，锚固件数量、位置、锚固深度和拉拔力应符合设计要求。后置锚固件应进行锚固力现场拉拔试验”。

2）北京市地标将主要的 6 种外保温系统都单列一节，对其做法进行简要的描述，然后将各道工序区分为主控项目和一般项目，分别列出了质量标准和检验方法。还规定：外墙出挑构件及附墙部件均应按设计要求采取隔断热桥和保温措施；对窗口外侧四周墙面应按设计要求进行保温处理。其目的都是在强调作业过程中的质量检查，除了自检、专职质量检查员检查外，还强调了工序交接检查，上道工序还应满足下道工序的施工条件和要求，使相关专业工序之间形成一个有机的整体，将可能出现的问题消灭在萌芽中，从而确保每道工序的质量，进而提高外墙的整体保温质量。

（4）要做好节能工程现场检验

1）《建筑工程施工质量验收统一标准》（GB 50300—2001）中规定“对涉及结构安全和使用功能的重要分部工程应进行抽样检测”，这类现场检测是在过程控制的基础上，对重要功能项目进行的验证性检查，是强化施工质量验收的重要措施。节能工程是涉及建筑物使用功能的重要工程，建筑物外窗的空气渗透热损失和外墙的传热热损失约占全部损失的 50%，属于重要功能项目。因此，在《建筑节能工程施工质量验收规范》（GB 50411—2007）和《居住建筑节能保温工程施工质量验收规程》（DBJ01—97—2005）中都单列一章“现场检验”，要求对外墙传热系数或节能构造、外窗气密性进行现场检测，国标中还加入了暖通系统的节能性能检测。

2）由于建设部 2001 年发布的行标《采暖居住建筑节能检验标准》（JGJ 132—2001）《居住建筑节能保温工程施工质量验收规程》（DBJ01—97—2005）中规定围护结构传热系数的检测规定宜采用热流计法，北京市 2000 年发布的《民用建筑节能现场检验标准（采暖居住建筑部分）（试行）》（DBJ/T01—44—2000）中还增加了热箱法。但在近年的实际检测中发现两种方法测试的准确性都是有条件的，热流计法、热箱法的检测误差与气候条件、完工后的时间和操作水平等多种因素有关，也与检测方法本身的可靠性有关，用于现场检测时，最大误差可达 20%，但对在冬期完工且正常通暖的建筑节能工程进行实体检测时则具有较高的可靠度。因此在 2005 年北京市地标编制中引入了同条件保温材料试样检测法，即在现场随机抽检保温层厚度，在试验室标准条件下对现场随机抽取或制备的同条件保温材料试样实测导热系数或热阻，进而算出保温外墙实测传热系数，这种方法经过两年的实践，证明此方法简单易行，检测结果可靠。但工程有约定时在适宜的条件下，也可用热流计或热箱法直接测定外墙传热系数。

3）在《建筑节能工程施工质量验收规范》（GB 50411—2007）中还提出了外墙节能构造钻芯现场实体检验方法，通过对完工后的外墙进行钻芯取样来检查保温材料的厚度和保温层构造做法是否符合设计和施工方案要求。

4）在当前建筑市场和建材市场不够规范、竞争激烈、鱼龙混杂的情况下，进行节能保温工程现场检测，具有一定的现实意义。但从根本上讲，还应着力于施工全过程的质量控制，每道工序都做好了，最终产品的质量就一定能够确保。

3. 强化验收管理

在过程控制的基础上，按顺序进行施工质量验收，是行之有效的现代质量管理方法。在《建筑工程施工质量验收统一标准》（GB 50300—2001）中明确了建筑节能工程为单位建筑工程的一个分部工程，并规定了建筑节能分项工程和检验批的划分。而验收的程序同样按照《建筑工程施工质量验收统一标准》（GB 50300—2001）的要求在施工单位自行检查评定的基础上，由建设单位（监理单位）组织相关单位按照检验批、分项工程、分部工程的顺序进行。

（1）检验批是工程验收的最小单位，也是施工质量验收的基础。在建筑节能分部工程的验收中规定了各分项工程检验批的具体划分方法，如墙体保温规定采用相同材料、工艺和施工做法的墙面，每 500～1000m^2 面积划分为一个检验批，不足 500m^2 也为一个检验批。但检验批的划分并非绝对的。当遇到较为特殊的情况时，检验批的划分也可根据方便施工与验收的原则，由施工单位与监理（建设）单位共同商定。

每个检验批包含的施工工序又划分为主控项目和一般项目。因此当检验批的主控项目和一般项目的质量检验合格，且具有完整的施工操作依据和质量检验记录，则确认检验批质量合格。倘若发现检验批有质量问题，应及时查找原因，采取整改措施，把质量问题消灭在萌芽状态，并总结经验，防止同类质量问题再发生，使施工过程始终处于受控状态，施工质量保持稳定且不断提高。

（2）分项工程所含的检验批质量均验收合格，且质量验收资料完整，则确认分项工程质量合格。

（3）各分项工程质量均验收合格后，方可进行建筑节能分部工程专项质量验收，验收合格的标准是：

1）各分项工程的质量均应验收合格。

2）质量控制资料应完整。

3）外墙、外窗的现场检测结果，应符合设计文件和北京市《居住建筑节能设计标准》（DBJ01—602—2004）规定的要求，在《建筑节能工程施工质量验收规范》（GB 50411—2007）中还要求建筑设备工程系统节能性能检测结果也应合格。

（4）对于节能分部工程验收不合格的建筑不得进行竣工验收，不得交付使用。

12-3 《建筑节能工程施工质量验收规范》（GB 50411—2007）中强制性条文有哪些？

1. 基本要求

（1）单位工程竣工验收应在建筑节能分部工程验收合格后

进行。

(2) 设计变更不得降低建筑节能效果。当设计变更涉及建筑节能效果时，应经原施工图设计审查机构审查，在实施前应办理设计变更手续，并获得监理或建设单位的确认。

(3) 建筑节能工程应按照经审查合格的设计文件和经审查批准的施工方案施工。

2. 建筑装饰装修、建筑屋面

(1) 墙体节能工程使用的保温隔热材料，其导热系数、密度、抗压强度、燃烧性能应符合设计要求。

(2) 墙体节能工程的施工，应符合下列规定：

1) 保温隔热材料的厚度必须符合设计要求。

2) 保温板材与基层及各构造层之间的粘结或连接必须牢固。粘结强度和连接方式应符合设计要求。保温板材与基层的粘结强度应做现场拉拔试验。

3) 保温浆料应分层施工。当采用保温浆料做外保温时，保温层与基层之间及各层之间的粘结必须牢固，不应脱层、空鼓和开裂。

4) 当墙体节能工程的保温层采用预埋或后置锚固件固定时，锚固件数量、位置、锚固深度和拉拔力应符合设计要求。后置锚固件应进行锚固力现场拉拔试验。

(3) 严寒和寒冷地区外墙热桥部位，应按设计要求采取节能保温等隔断热桥措施。

(4) 幕墙节能工程使用的保温隔热材料，其导热系数、密度、燃烧性能应符合设计要求。幕墙玻璃的传热系数、遮阳系数、可见光透射比、中空玻璃露点应符合设计要求。

(5) 建筑外窗的气密性、保温性能、中空玻璃露点、玻璃遮阳系数和可见光透射比应符合设计要求。

(6) 屋面节能工程使用的保温隔热材料，其导热系数、密度、抗压强度或压缩强度、燃烧性能应符合设计要求。

(7) 地面节能工程使用的保温材料，其导热系数、密度、抗压强度或压缩强度、燃烧性能应符合设计要求。

3. 供暖、通风与空调

(1) 采暖系统的安装应符合下列规定：

1) 采暖系统的制式，应符合设计要求。

2) 散热设备、阀门、过滤器、温度计及仪表应按设计要求安装齐全，不得随意增减和更换。

3) 室内温度调控装置、热计量装置、水力平衡装置以及热力入口装置的安装位置和方向应符合设计要求，并便于观察、操作和调试。

4) 温度调控装置和热计量装置安装后，采暖系统应能实现设计要求的分室（区）温度调控、分栋热计量和分户或分室（区）热量分摊的功能。

(2) 采暖系统安装完成后，应在采暖期内与热源联合试运转和调试。联合试运转和调试结果应符合设计要求，采暖房间温度相对于设计计算温度不得低于2℃，且不得高于1℃。

(3) 通风与空调节能工程中的送、排风系统、空调风系统、空调水系统的安装，应符合下列规定：

1) 各系统的制式，应符合设计要求。

2) 各种设备、自控阀门与仪表应按设计要求安装齐全，不得随意增减和更换。

3) 水系统各分支管路水力平衡装置、温控装置与仪表的安装位置、方向应符合设计要求，并便于观察、操作和调试。

4) 空调系统应能实现设计要求的分室（区）温度调控功能。对设计要求分栋、分区或分户（室）冷、热计量的建筑物，空调系统应能实现相应的计量功能。

(4) 通风与空调系统安装完毕，应进行通风和空调机组等设备的单机试运转和调试，并应进行系统的风量平衡调试。单机试运转和调试结果应符合设计要求；系统的总风量与设计风量的允许偏差不应大于10%，风口的风量与设计风量的允许偏差不应大于15%。

检验方法：观察检查；核查试运转和调试记录。

检验数量：全数检查。

(5) 空调与采暖系统冷热源设备和辅助设备及其管网系统的安装，应符合下列规定：

1) 管道系统的制式，应符合设计要求。

2）各种设备、自控阀门与仪表应按设计要求安装齐全，不得随意增减和更换。

3）空调冷（热）水系统，应能实现设计要求的变流量或定流量运行。

4）供热系统应能根据热负荷及室外温度变化实现设计要求的集中质调节、量调节或质——量调节相结合的运行。

（6）冷热源侧的电动两道调节阀、水力平衡阀及冷（热）量计量装置等自控阀门与仪表的安装，应符合下列规定：

1）规格、数量应符合设计要求；

2）方向应正确，位置应便于操作和观察。

（7）空调与采暖系统冷热源和辅助设备及其管道和管网系统安装完毕后，系统试运转及调试必须符合下列规定：

1）冷热源和辅助设备必须进行单机试运转及调试。

2）冷热源和辅助设备必须同建筑物室内空调或供暖系统进行联合试运转及调试。

3）联合试运转及调试结果应符合设计要求，且允许偏差或规定值应符合表 12-1 的有关规定。当联合试运转及调试不在制冷期或供暖期时，应先对表 12-1 中序号 2、3、5、6 四个项目进行检测，并在第一个制冷期或采暖期内，带冷（热）源补做序号 1、4 两个项目的检测。

联合试运转及调试检测项目与允许偏差或规定值　表 12-1

序号	检 测 项 目	允许偏差或规定值
1	室内温度	冬季不得低于设计计算温度 2℃，且不应高于 1℃； 夏季不得高于设计计算温度 2℃，且不应低于 1℃
2	供热系统室外管网的水力平衡度	0.9～1.2
3	供热系统的补水率	≤0.5％
4	室外管网的热输送效率	≥0.92％
5	空调机组的水流量	≤20％
6	空调系统冷热水、冷却水总流量	≤10％

检验方法：观察检查；核查试运转和调试记录。

检验数量：全数检查。

4. 建筑电气

(1) 低压配电系统选择的电缆、电线截面不得低于设计值，进场时应对其截面和每芯导体电阻值进行见证取样送检。每芯导体电阻值应符合表 12-2 的规定。

不同标称截面的电缆、电线每芯导体最大电阻值　表 12-2

标称截面(mm^2)	20℃时导体最大电阻(Ω/km)圆筒导体(不镀金属)
0.5	36.0
0.75	24.5
1.0	18.1
1.5	12.1
2.5	7.41
4	4.61
6	3.08
10	1.83
16	1.15
25	0.727
35	0.524
50	0.387
70	0.268
95	0.193
120	0.153
150	0.124
185	0.0991
240	0.0754
300	0.0601

检查方法：进场时抽样送检，验收时核查检验报告。

检查数量：同厂家各种规格总数的 10%，且不少于 2 个规格。

(2) 通风与空调监测控制系统的控制功能及故障报警功能应符合设计要求。

检验方法：在中央工作站使用检测系统软件，或采用在直接数字控制器或通风与空调系统自带控制器上改变参数设定值和输入参数值，检测控制系统的投入情况及控制功能；在工作站或现场模拟故障，检测故障监视、记录和报警功能。

检查数量：按总数的 20%抽样检测，不足 5 台全部检测。

5. 建筑节能分部工程质量验收合格应符合下列规定

（1）分项工程应全部合格；

（2）质量控制资料应完整；

（3）外墙节能构造现场实体检验结果应符合设计要求；

（4）严寒、寒冷和夏热冬冷地区的外窗气密性现场实体检测结果应合格；

（5）建筑设备工程系统节能性能检测结果应合格。

12-4 什么是现场实体检验？

在监理工程师或建设单位代表的见证下，对已经完成施工作业的分项或分部工程，按照有关规定在工程实体上抽取试样，在现场进行检验或送至有见证检测资质的检测机构进行检验的活动简称实体检验或现场检验。

12-5 墙体节能工程应对哪些部位或内容进行隐蔽工程验收？

（1）保温层附着的基层及其表面处理；

（2）保温板粘结或固定；

（3）锚固件；

（4）增强网铺设；

（5）墙体热桥部位处理；

（6）预制保温板或预制保温墙板的板缝及构造节点；

（7）现场喷涂或浇筑有机类保温材料的界面；

（8）被封闭的保温材料厚度；

（9）保温隔热砌块填充墙体。

12-6 墙体节能工程的施工，应符合什么规定？

（1）保温隔热材料的厚度必须符合设计要求。

（2）保温板材与基层及各构造层之间的粘结或连接必须牢固。粘结强度和连接方式应符合设计要求。保温板材与基层的粘结强度应做现场拉拔试验。

（3）保温浆料应分层施工。当采用保温浆料做外保温时，保温层与基层之间及各层之间的粘结必须牢固，不应脱层、空鼓和开裂。

（4）当墙体节能工程的保温层采用预埋或后置锚固件固定时，锚固件数量、位置、锚固深度和拉拔力应符合设计要求。后置锚固件应进行现场拉拔试验。

（5）严寒和寒冷地区外墙热桥部位，应按设计要求采取节能保温等隔断热桥措施。

12-7 外墙外保温系统贴面砖施工和质量控制要点是什么？

1. 贴面砖施工控制要点

（1）保温板粘贴面积至少60%，抹面层厚度5～10mm。

（2）按照面砖粘结性能选配粘结砂浆。

（3）应选用不透水的面砖和勾缝材料。

（4）贴面砖前基面应干透。

（5）应采用双涂法施工（墙面刮涂和瓷砖背涂），面砖粘结层厚度3～5mm，勾缝胶用5.0～6.5kg/m^2。

（6）应设置变形缝。墙角处应设膨胀缝。

（7）边角部位防水一定要做好。

2. 质量控制要点

（1）应采用以粘结为主，粘钉结合方式固定EPS板，锚栓应钉在玻纤网外并钉在粘胶点处。EPS板与基层和抹面层的粘结应可靠。

（2）耐候性试验后，面砖与抹面层的粘结强度应不小于0.4MPa，面砖与EPS板保温层的粘结强度应不小于0.2MPa，并且破坏部位应为EPS板。

(3) EPS 板的密度应不低于 30kg/m^3，厚度 40～200mm。

(4) 胶粘剂耐冻融性能应符合《外墙外保温工程技术规程》(JGJ 144—2004) 规定。

(5) 面密度 160g/m^2，网孔中心距 4mm。玻纤网耐碱性应符合《胶粉聚苯颗粒外墙外保温系统》(JG 158—2004) 规定。

(6) 砖厚度不大于 15mm。

12-8 墙体节能工程见证检测实施细则是什么？

(1) 墙体节能工程采用的保温材料和粘结材料等，进场时应对其进行复验，复验应为见证取样送检。

1) 保温材料的导热系数、密度、抗压强度或压缩强度。

2) 粘结材料的粘结强度。

3) 增强网的力学性能、抗腐蚀性能。

4) 检验方法：随机抽样送检，核查复验报告。

5) 检验数量：同一厂家同一品种的产品，当单位工程建筑面积在 2 万 m^2 以下时各抽查不少于 3 次；当单位工程建筑面积在 2 万 m^2 以上时各抽查不少于 6 次。

(2) 复验项目

1) 保温材料复验见表 12-3 所列。

保温材料复验 **表 12-3**

序号	材料名称及标准	检验项目	送样数量	检验批次
1	绝热用模塑聚苯乙烯泡沫塑料 GB/T 10801.1—2002；JG 149—2003；DB11/T 584—2008	表观密度；压缩强度；导热系数；燃烧性能	1m^2/组	同一厂家同一品种的产品，当单位工程建筑面积在 2 万 m^2 以下时各抽查不少于 3 次；当单位工程建筑面积在 2 万 m^2 以上时各抽查不少于 6 次
2	绝热用挤塑聚苯乙烯泡沫塑料 GB/T 10801.2—2002；DB11/T 584—2008	表观密度；压缩强度；导热系数；燃烧性能	1m^2/组	

续表

序号	材料名称及标准	检验项目	送样数量	检验批次
3	聚氨酯硬泡体保温材料 JC/T 998—2006；GB 50404—2007	表观密度；压缩强度；导热系数；燃烧性能	$1m^2$/组	同一厂家同一品种的产品，当单位工程建筑面积在 2 万 m^2 以下时各抽查不少于 3 次；当单位工程建筑面积在 2 万 m^2 以上时各抽查不少于 6 次
4	玻璃棉 GB/T 13350—2008	密度；导热系数	$1m^2$ 组	
5	岩棉、矿渣棉 GB/T 11835—2007	密度；导热系数	$1m^2$ 组	
6	胶粉聚苯颗粒 JG 158—2004	干表观密度；抗压强度；导热系数	1. 材料进厂复验：不少于 5kg 的粉料及按配合比相对应的聚苯颗粒。 2. 施工中同条件试件每组样品包括：(300× 300 × 30) mm 3 块；(100 × 100 × 100)mm 5 块	1. 材料进场时应进行复验。 2. 施工中制作同条件养护试件： (1)采用相同材料、工艺和施工做法的墙面，每 500～1000m^2 面积划分为一个检验批，不足 500m^2 也为一个检验批。 (2)每个检验批不少于 3 组
7	建筑保温砂浆 GB/T 20473—2006	干密度；抗压强度；导热系数	1. 材料进厂复验：不少于 5kg。 2. 施工中同条件试件每组样品包括：(300× 300 × 30) mm 2 块；(70 × 70 × 70)mm 6 块	

2）粘结材料复验见表 12-4 所列。

3）增强网复验见表 12-5 所列。

粘结材料复验 表 12-4

序号	材料名称及依据标准	检验项目	送样数量	检验批次
1	聚合物粘结砂浆 JG 149—2003；DB11/T 584—2008	常温常态拉伸粘结强度；浸水 48h 拉伸粘结强度	不少于 5kg/组	1. 同一厂家同一品种的产品，当单位工程建筑面积在 2 万 m^2 以下时各抽查不少于 3 次；2. 当单位工程建筑面积在 2 万 m^2 以上时各抽查不少于 6 次
2	聚合物抹面砂浆（抗裂砂浆）JG 149—2003 DB11/T 584—2008	常温常态拉伸粘结强度；浸水 48h 拉伸粘结强度；柔韧性	不少于 5kg/组	

增强网复验 表 12-5

序号	材料名称及标准	检验项目	送样数量	检验批次
1	耐碱玻璃纤维网格布 GB/T 20102—2006（仲裁法）JC 561. 2—2006（快速法）	耐碱拉伸断裂强力；耐碱断裂强力保留率	不少于 $1m^2$	同一厂家同一品种的产品：1. 当单位工程建筑面积在 2 万 m^2 以下时各抽查不少于 3 次；2. 当单位工程建筑面积在 2 万 m^2 以上时各抽查不少于 6 次
2	镀锌钢丝网 QB/T 3897—1999 DB11/T 584—2008（电焊，编织）	焊点抗拉力；镀锌层质量	不少于 $1m^2$	

12-9 墙体节能工程现场检测什么?

1. 现场检测

（1）保温板材与基层的粘结强度应做现场拉拔强度试验。

（2）当墙体节能工程保温层采用预埋或后置锚固件固定时，后置锚固件应进行锚固力现场拉拔试验。

（3）检验方法：粘结强度和锚固力核查试验报告。

检验数量：每个检验批抽查不少于 3 处。

2. 检验批划分

采用相同材料、工艺和施工做法的墙面，每 500～1000m^2

面积划分为一个检验批，不足 $500m^2$ 也为一个检验批。

检验批划分见表 12-6 所列。

检验批划分 **表 12-6**

<table>
<tr><th>序号</th><th>检测项目</th><th>执行(或参照)标准</th><th>检验批划分</th></tr>
<tr><td>1</td><td>保温板材与基层粘结强度</td><td>JGJ 110—2008；
JGJ 144—2008</td><td rowspan="3">1. 采用相同材料、工艺和施工做法的墙面，每 500～1000m² 面积划分为一个检验批，不足 500m² 也为一个检验批。
2. 每个检验批不少于 3 处</td></tr>
<tr><td>2</td><td>后置锚固件锚固力</td><td>JGJ 145—2004</td></tr>
<tr><td>3</td><td>饰面砖粘结强度</td><td>JGJ 110—2008</td></tr>
</table>

12-10 外墙节能构造的现场实体检验是什么？

（1）外墙节能构造的现场实体检验应在围护结构外墙保温施工完成后，节能分部工程验收前进行。

检验的目的：

1）验证墙体保温材料的种类是否符合设计要求；

2）验证保温层厚度是否符合设计要求；

3）检查保温层构造做法是否符合设计和施工方案要求。

（2）抽样数量

可以在合同中约定，但合同中约定的抽样数量不应低于《建筑节能工程施工质量验收规范》（GB 50411—2007）中的要求。当无合同约定时按照下列规定抽样：每个单位工程的外墙至少抽查 3 处，每处一个检查点；当一个单位工程外墙有 2 种以上节能保温做法时，每种节能做法的外墙应抽查不少于 3 处，不宜在同一个房间外墙上取 2 个或 2 个以上芯样。

（3）条件具备时，也可直接对围护结构传热系数进行检测。

12-11 幕墙节能工程见证检测实施细则是什么？

（1）幕墙节能工程使用的材料、构件等进场时，应对其下列性能进行复验，复验应为见证取样送检。

1）保温材料：导热系数、密度；

2）幕墙玻璃：可见光投射比，传热系数、遮阳系数、中空玻璃露点；

3）隔热型材：抗拉强度、抗剪强度。

检验方法：进场时抽样复验，验收时核查复验报告。

检验数量：同一厂家同一品种的产品抽查不少于一组。

（2）送样数量

送样数量见表 12-7 所列。

送样数量 **表 12-7**

<table>
<tr><th colspan="2">材料名称</th><th colspan="2">复验项目</th><th>执行标准</th><th>送样数量</th></tr>
<tr><td rowspan="5">保温材料</td><td>EPS 板</td><td colspan="2">密度、导热系数</td><td>GB/T 10801.1—2002</td><td>0.5m²/组</td></tr>
<tr><td>XPS 板</td><td colspan="2">密度、导热系数</td><td>GB/T 10801.2—2002</td><td>0.5m²/组</td></tr>
<tr><td>硬质聚氨酯</td><td colspan="2">密度、导热系数</td><td>GB 50404—2007</td><td>0.5m²/组</td></tr>
<tr><td>玻璃棉</td><td colspan="2">密度、导热系数</td><td>GB/T 13350—2008</td><td>1m²/组</td></tr>
<tr><td>岩棉、矿渣棉</td><td colspan="2">密度、导热系数</td><td>GB/T 11835—2007</td><td>1m²/组</td></tr>
<tr><td colspan="2" rowspan="4">幕墙玻璃</td><td colspan="2">可见光透射比</td><td>GB/T 2680—1994</td><td>3 块</td></tr>
<tr><td colspan="2">传热系数</td><td>GB/T 8484—2008</td><td>1 块</td></tr>
<tr><td colspan="2">遮阳系数</td><td>GB/T 2680—1994</td><td>300×300(mm)；
50×50(mm)
各 1 块</td></tr>
<tr><td colspan="2">中空玻璃露点</td><td>GB/T 11944—2002</td><td>20 块</td></tr>
<tr><td colspan="2" rowspan="6">隔热型材</td><td rowspan="3">抗拉强度</td><td>高温</td><td rowspan="3">GB 5237.6—2004</td><td rowspan="3">10 个
（长 100±1mm）</td></tr>
<tr><td>室温</td></tr>
<tr><td>低温</td></tr>
<tr><td rowspan="3">抗剪强度</td><td>高温</td><td rowspan="3">GB 5237.6—2004</td><td rowspan="3">10 个
（长 100±1mm）</td></tr>
<tr><td>室温</td></tr>
<tr><td>低温</td></tr>
</table>

12-12 门窗节能工程见证检测实施细则是什么？

（1）建筑外窗进入施工现场时，应按地区类别对其下列性能进行复验，复验应为见证取样送检。

1）严寒、寒冷地区：气密性、传热系数和中空玻璃露点。

2）夏热冬冷地区：气密性、传热系数、玻璃遮阳系数、可见光透射比、中空玻璃露点。

3）夏热冬暖地区：气密性、玻璃遮阳系数、可见光透射比、中空玻璃露点。

检验方法：随机抽样送检；核查复验报告。

检验数量：同一厂家、同一品种、同一类型的产品各抽查不少于 3 樘。

（2）建筑外门窗工程的检查数量

建筑门窗每个检验批应抽查 5%，并不少于 3 樘，不足 3 樘时应全数检查；高层建筑的外窗，每个检验批应抽查 10%，并不少于 6 樘，不足 6 樘时应全数检查。

（3）建筑外窗的现场试验

1）严寒、寒冷、夏热冬冷地区的建筑外窗，应对其气密性做实体检验，检测结果应满足设计要求。

检验方法：随机抽样现场检验。

检查数量：同一厂家、同一品种、类型的产品各抽查不少于 3 樘。

2）外窗现场检测其抽样数量可以在合同中约定，但合同中约定的抽样数量不应低于《建筑节能工程施工质量验收规范》（GB 50411—2007）中的要求。当无合同约定时按照下列规定抽样：每个单位工程的外窗至少抽查 3 樘。当一个单位工程外窗有两种以上品种、类型和开启方式时，每种品种、类型和开启方式的外窗应抽查不少于 3 樘。

3）北京市地标《住宅建筑门窗应用技术规范》（DBJ01-79—2004）建筑门窗的工程验收中，对建筑外窗气密性、水密性能现场试验抽样检测。

12-13 屋面节能工程见证检测实施细则是什么？

（1）屋面节能工程使用的保温隔热材料，进场时应对其导热系数、密度、抗压强度或压缩强度、燃烧性能进行复验，复验应为见证取样送检。

检验方法：随机抽样送检，核查复验报告。

检查数量：同一厂家、同一品种的产品各抽查不少于 3 组。

（2）常用的保温材料送样数量及检验批划分见表 12-8 所列。

屋面节能工程常用的保温材料送样数量及检验批划分

表 12-8

序号	材料名称及标准	复验项目	送样数量	检验批划分
1	绝热用模塑聚苯乙烯泡沫塑料 GB/T 10801.1—2002	表观密度；压缩强度；导热系数；燃烧性能	$1m^2$/组	同一厂家同一品种的产品各抽查不少于 3 组
2	绝热用挤塑聚苯乙烯泡沫塑料 GB/T 10801.2—2002	表观密度；压缩强度；导热系数；燃烧性能	$1m^2$/组	
3	聚氨酯硬泡体保温材料 JC/T 998—2006；GB 50404—2007	密度；导热系数；压缩性能；燃烧性能	$1m^2$/组	
4	蒸压加气混凝土砌块 GB 11968—2006	密度；导热系数；抗压性能	(100×100×100)mm 试样 18 块，(300×300×30) mm 试件 1 块	

12-14 地面节能工程见证检测实施细则是什么？

（1）地面节能工程采用的保温材料进场时应对导热系数、密度、抗压强度或压缩强度、燃烧性能进行复验，复验应为见证取样送检。

检验方法：随机抽样送检，核查复验报告。

数量：同一厂家同一品种的产品各抽查不少于3组。

(2) 常用的保温材料送样数量及检验批划分见表12-9所列。

地面节能工程常用的保温材料送样数量及检验批划分

表12-9

序号	材料名称及标准	复验项目	送样数量	检验批划分
1	绝热用模塑聚苯乙烯泡沫塑料 GB/T 10801.1—2002	表观密度;压缩强度;导热系数;燃烧性能	$1m^2$/组	同一厂家、同一品种的产品各抽查不少于3组
2	绝热用挤塑聚苯乙烯泡沫塑料 GB/T 10801.2—2002	表观密度;压缩强度;导热系数;燃烧性能	$1m^2$ 组	

12-15 供暖节能工程见证检测实施细则是什么？

(1) 供暖系统节能工程采用的散热器和保温材料等进场时，应对其下列技术性能参数进行复验，复验应为见证取样送检。

1) 散热器的单位散热量、金属热强度；

2) 保温材料的导热系数、密度吸水率。

检验方法：现场随机抽样送检，核查复检报告。

检验数量：同一厂家、同一规格的散热器按其数量的1%进行见证取样送检，但不得少于2组。同一厂家、同材质的保温材料见证取样送检次数不得少于2次。

(2) 常用的保温材料送样数量及检验批划分见表12-10所列。

供暖系统节能工程常用的保温材料送样数量及检验批划分

表12-10

序号	材料名称及标准	复验项目	送样数量	检验批划分
1	散热器 GB/T 13754—2008	单位散热量;金属热强度	1组/组	同一厂家、同一规格的散热器按其数量的1%进行见证取样送检,但不得少于2组

续表

序号	材料名称及标准		复验项目	送样数量	检验批划分
2	保温材料	橡塑海绵 GB/T 17794—2008	密度；导热系数；真空吸水率	板(1m²/组) 管(1m/组)	同一厂家、同材质的保温材料见证取样送检的次数不得少于2次
3		岩棉 GB/T 11835—2007	密度；导热系数；质量吸湿率	板(1m²/组) 管(1m/组)	
4		玻璃棉 GB/T 13350—2008	密度；导热系数；质量吸湿率	板(1m² 组) 管(1m/组)	

12-16 地板供暖塑料管材管件如何检测?

根据京建材［2008］718号《关于加强民用建筑地板采暖工程塑料管材管件质量管理的通知》的有关规定进行检测，见表12-11所列。

供暖塑料管材管件检测　　　　表 12-11

序号	管材品种	检验项目	技术要求	送样数量
1	交联聚乙烯管 PE-X	静液压试验	GB/T 18992—2003 中 4.6MPa、95℃、165h 静液压强度	6m
		交联度	GB/T 18992—2003 PE－Xa≥70%　PE－Xb≥65%	
2	耐热聚乙烯管 PE-RT	静液压试验	CJ/T 175—2002 中 3.55MPa、95℃、165h 静液压强度	6m
3	聚丁烯管 PB	静液压试验	GB/T 19473—2004 中 6.2MPa、95℃、165h 静液压强度	6m
4	铝塑复合管 XPAP	静液压试验	GB/T 18997—2003 中搭接焊 2.72MPa、82℃、10h 静液压试验，对接焊 2.42MPa、95℃、1h 静液压强度	6m
		爆破压力	GB/T 18997—2003	
		管环剥离力	GB/T 18997—2003	
		交联度	GB/T 18997—2003	

续表

序号	管材品种	检验项目	技术要求	送样数量
5	无规共聚聚丙烯管 PP-R	静液压试验	GB/T 18742—2002 中 3.8MPa、95℃、165h 静液压强度	直管：1m×6 根；盘管：6m
		熔点	SH/T 1750—2005	
		简支梁冲击	GB/T 18742—2002	
6	聚乙烯(PE)	静液压强度	GB/T 13663—2000 中 4.6MPa，80℃，165h 静液压试验	直管：1m×6 根；盘管：6m
		碳黑分散性	GB/T 13663—2000 中≤等级 3	
7	硬聚氯乙烯建筑给水管(PVC-U)	液压试验	GB/T 10002.1—2006 中 30MPa、20℃、100h	Φ75(包括)以下尺寸：8m；Φ75 以上：4m
		落锤冲击试验	GB/T 10002.1—2006 中 0℃，TIR≤5%	
		密度	GB/T 10002.1—2006 中 1350～1460(kg/m^3)	
8	硬聚氯乙烯建筑排水管(PVC-U)	拉伸屈服强度	GB/T 5836—2006 中≥40MPa	1m×4 根
		落锤冲击试验	GB/T 5836—2006 中 0℃，TIR≤10%	
		密度	GB/T 5836—2006 中 1350～1550kg/m^3	

12-17　通风与空调节能工程见证检测实施细则是什么？

（1）风机盘管机组和绝热材料进场时应对其下列技术性能参数进行复验，复验应为见证取样送检。

1）风机盘管机组的供冷量、供热量、风量、出口静压、噪声及功率；

2）绝热材料的导热系数、密度、吸水率。

检验方法：现场随机抽样送检，核查复检报告。

检验数量：同一厂家同材质的绝热材料复验次数不得少于 2 次。

以同一厂家生产的风机盘管机组按数量复检2%，但不得少于2台。

(2) 送样数量及检验批划分见表12-12所列。

通风与空调节能工程送样数量及检验批划分　表12-12

序号	材料名称及标准		复验项目	送样数量	检验批划分
1	风机盘管机组 GB/T 19232—2003		供冷量；供热量；风量；出口静压；噪声；功率	1套/组	同一厂家的风机盘管机组按数量复检2%，但不得少于2台
2	绝热材料	橡塑海绵 GB/T 17794—2008	密度；导热系数；真空吸水率	板（$1m^2$/组）；管（1m/组）	同一厂家同材质的绝热材料复验次数不得少于2次
3		岩棉 GB/T 11835—2007	密度；导热系数；质量吸湿率	板（$1m^2$/组）；管（1m/组）	
4		玻璃棉 GB/T 13350—2008	密度；导热系数；质量吸湿率	板（$1m^2$/组）；管（1m/组）	

12-18　空调与供暖系统冷热源及管网节能工程见证检测实施细则是什么？

(1) 空调与供暖系统冷热源及管网节能工程的绝热管道、绝热材料进场时，应对绝热材料的导热系数、密度、吸水率等技术性能参数进行复验，复验应为见证取样送检。

检验方法：现场随机抽样送检，核查复检报告。

检验数量：同一厂家、同材质的绝热材料复验次数不得少于2次。

(2) 送样数量及检验批划分见表12-13所列。

冷热源及管网节能工程送样数量及检验批划分　表12-13

序号	材料名称及标准		复验项目	送样数量	检验批划分
1	绝热材料	橡塑海绵 GB/T 17794—2008	密度；导热系数；真空吸水率	板（$1m^2$/组）；管（1m/组）	同一厂家、同材质的绝热材料复验次数不得少于2次

续表

序号	材料名称及标准		复验项目	送样数量	检验批划分
2	绝热材料	岩棉 GB/T 11835—2007	密度；导热系数；质量吸湿率	板（$1m^2$/组）；管（1m/组）	同一厂家、同材质的绝热材料复验次数不得少于2次
3		玻璃棉 GB/T 13350—2008	密度；导热系数；质量吸湿率	板（$1m^2$/组）；管（1m/组）	

12-19 配电与照明节能工程见证检测实施细则是什么？

（1）低压配电系统选择的电缆、电线截面不得低于设计值，进场时应对其截面和每芯导体电阻值进行见证取样送检。

检验方法：现场随机抽样送检，核查复检报告。

检验数量：同厂家各种规格总数的10%，且不少于2个规格。

（2）电缆电线取样规则

1）送样数量：不少于5m。

2）依据标准：

《电线电缆电性能试验方法 第4部分：导体直流电阻试验》（GB/T 3048.4—2007）；

《电缆和光缆绝缘和护套材料通用试验方法 第11部分：通用试验方法》（GB 2951.11—2008）；

《裸电线试验方法 第二部分：尺寸测量》（GB/T 4909.2—2009）。

（3）注意事项

1）所检电线电缆是工程的低压配电系统电气中使用的铜芯电线电缆，用于电能转换。

2）从被试电缆电线上切取不小于1.5m的试样3根，不应有任何导致试样导体横截面发生变化的扭曲。

12-20 设备系统节能性能如何检测?

(1) 供暖通风与空调、配电与照明工程安装完成后，应进行系统节能的检测，且应由建设单位委托具有相应检测资质的检测机构检测并出具报告。受季节影响，未进行的节能性能检测项目，应在保修期内补做。

(2) 系统节能性能检测主要项目

1) 室内温度：居住建筑每户抽测卧室或居室1间，其他建筑按房间总数抽测10%。

2) 供热系统室外管网的水力平衡度：每个热源与换热站均不少于1个独立的供热系统。

3) 供热系统的补水率：每个热源与换热站均不少于1个独立的供热系统。

4) 室外管网的热输送效率：每个热源与换热站均不少于1个独立的供热系统。

5) 各风口的风量：按风管系统数量抽查10%，且不得少于1个系统。

6) 通风与空调系统的总风量：按风管系统数量抽查10%，且不得少于1个系统。

7) 空调机组的水流量：按系统数量抽查10%，且不得少于1个系统。

8) 空调系统冷热水、冷却水总量全数。

9) 平均照度与照明功率密度：按同一功能区不少于2处。

12-21 供暖工程节能运行与监控技术有哪些?

(1) 供暖系统工程安装完工后，为了使供暖系统达到正常运行和节能的预期目标，规定必须在供暖期与热源连接进行系统联合试运转和调试。

进行系统联合试运转和调试，是对供暖系统功能的检验，其结果应满足设计要求。由于系统联合试运转和调试受到竣工时间、热源条件、室内外环境、建筑结构特性、系统设置、设备质量、运行状态、工程质量、调试人员技术水平和调试仪器等诸多条件的影响和制约，又是一项季节性、时间性、技术性较强的工作，所以很难不折不扣地执行；但是，由于它非常重要，会直接影响到供暖系统能否正常运行、能否达到节能目标，所以又是一项必须完成好的工程施工任务。

（2）供暖系统工程竣工如果是在非供暖期或虽然在供暖期却还不具备热源条件时，应对供暖系统进行水压试验，试验压力应符合设计要求。

但是，这种水压试验，并不代表系统已进行了调试并达到平衡，不能保证供暖房间的室内温度能达到设计要求。因此，施工单位和建设单位应在工程（保修）合同中进行约定，在具备热源条件后的第一个供暖期期间再补做联合试运转及调试。补做的联合试运转及调试报告应经监理工程师（建设单位代表）签字确认后，以补充完善验收资料。

（3）延期补做供暖系统的联合试运转及调试，如果失去了监督作用，就无法落实。因此，建议在竣工备案时，对于非供暖期完工的供暖工程，要上交给有关部门调试保证金和监理监督保证金，待调试合格后再退还。

12-22 建筑节能检测依据标准是什么？

建筑节能检测依据标准有：

《居住建筑节能检验标准》（JGJ/T 132—2009）；

《民用建筑节能现场检验标准》（DB11/T 555—2008）；

《空气分布器性能试验方法》（JG/T 20—1999）；

《通风与空调工程施工质量验收规范》（GB 50243—2002）；

《风机盘管机组》（GB/T 19232—2003）；

《组合式空调机组》(GB/T 14294—2008)；
《照明测量方法》(GB/T 5700—2008)；
《建筑照明设计标准》(GB 50034—2004)；
《采暖通风与空气调节设计规范》(GB 50019—2003)；
《严寒和寒冷地区居住建筑节能设计标准》(JGJ 26—2010)；
《公共建筑节能设计标准》(GB 50189—2005)。

12-23 冷、热源系统监测与控制的基本要求是什么?

(1) 对系统冷、热量的瞬时值和累积值进行监测，冷水机组优先采用由冷量优化控制运行台数的方式。

(2) 冷水机组或热交换器、水泵、冷却塔等设备连锁启停。

(3) 对供、回水温度及压差进行控制或监测。

(4) 对设备运行状态进行监测及故障报警。

(5) 技术可靠时，宜对冷水机组出水温度进行优化设定。

12-24 空气调节冷却水系统监测与控制的基本要求是什么?

(1) 冷水机组运行时，冷却水最低回水温度的控制。

(2) 冷却塔风机的运行台数控制或风机调速控制。

(3) 采用冷却塔供应空气调节冷水时的供水温度控制。

(4) 排污控制。

参考文献

[1] 林寿，杨嗣信．建筑工程新技术丛书⑤围护结构节能技术．新型空调和采暖技术．北京：中国建筑工业出版社，2009.

[2] 中国建筑科学研究院等．JGJ 26—2010 严寒和寒冷地区居住建筑节能设计标准．北京：中国建筑工业出版社，2010.

[3] 建设部科技发展促进中心等．外墙外保温技术百问（第二版）．北京：中国建筑工业出版社，2007.

[4] 北京建筑材料管理办公室等．建筑节能工程施工技术．北京：中国建筑工业出版社，2007.

[5] 中华人民共和国建筑部 GB 50189—2005 公共建筑节能设计标准．北京：中国建筑工业出版社，2005.

[6] 中国建筑业协会建筑节能专业委员会等．建筑节能：怎么办?．北京：中国计划出版社，2002.